"十四五"高等教育机械类专业新形态系列教材

模具制造工艺

王　鑫　吴梦陵　陈金山◎主　编

郝洪艳　张　振◎副主编

中国铁道出版社有限公司

2 0 2 3 年·北 京

内 容 简 介

本书按照中国工程教育专业认证协会通过的关于高等院校机械类材料成型及控制工程专业人才培养目标要求，以学以致用为宗旨，以产出导向为理念，较系统地论述了模具制造工艺的基本规律、工艺和方法，主要包括模具制造概述、模具机械加工技术、模具特种加工技术、模具数控加工技术、模具的研磨与抛光、模具现代制造技术、模具制造中的测量技术、典型模具零件加工、模具的装配与试模、模具常用材料及热处理等内容。本书在内容上注重模具制造知识的系统性、实用性和先进性。

本书所举的例子和加工方法主要取自工程实际，以增强读者的工程化意识，并间接获得一定的工程经验。

本书设置了适合作为课程思政的拓展阅读素材，制作了模具制造方法和典型零件加工及装配的动画视频，采用了大量的生产实际图片，以便更好地帮助读者理解和掌握本书内容。

本书适合作为高等院校材料成型及控制工程专业教材，也可作为高等职业院校模具设计与制造专业及成人教育相关专业的教材，还可供有关工程技术人员参考。

图书在版编目（CIP）数据

模具制造工艺/王鑫, 吴梦陵, 陈金山主编. —北京：
中国铁道出版社有限公司, 2023.12
"十四五"高等教育机械类专业新形态系列教材
ISBN 978-7-113-30712-7

Ⅰ.①模…　Ⅱ.①王…②吴…③陈…　Ⅲ.①模具-制造-生产工艺-高等学校-教材　Ⅳ.①TG760.6

中国国家版本馆 CIP 数据核字（2023）第 227774 号

书　　名：	模具制造工艺
作　　者：	王　鑫　吴梦陵　陈金山

策　　划：	曾露平	编辑部电话：（010）63551926
责任编辑：	曾露平　包　宁	
编辑助理：	郭馨宇	
封面设计：	郑春鹏	
责任校对：	安海燕	
责任印制：	樊启鹏	

出版发行：中国铁道出版社有限公司（100054，北京市西城区右安门西街 8 号）
网　　址：http://www.tdpress.com/51eds/
印　　刷：天津嘉恒印务有限公司
版　　次：2023 年 12 月第 1 版　2023 年 12 月第 1 次印刷
开　　本：787 mm×1 092 mm 1/16　印张：17.75　字数：430 千
书　　号：ISBN 978-7-113-30712-7
定　　价：48.00 元

前　言

本书编写定位是:按照中国工程教育专业认证协会通过的高等院校机械类材料成型及控制工程专业培养方案要求,培养适应社会经济发展的,知识、能力和素质协调发展的,能在本领域内从事设计制造、应用研究、生产管理等方面工作的高级工程技术人才。

模具制造是一门综合性、应用性、实践性很强的先进制造技术,近年来发展速度很快。本书结合近年来模具制造技术的发展,注重国内外先进实用的制造技术在模具实际生产中的应用,力求实用。本书所举的例子和加工方法主要取自工程实际,以增强读者的工程化意识,并间接获得一定的工程经验。为响应党的二十大报告提出的"加强教材建设和管理"要求,落实立德树人的根本任务,在每章的结尾处设置了适合作为课程思政的拓展阅读素材。此外,本书配有 30 多副模具制造的仿真动画,直观地表达模具制造的实际过程,增加学生的感性认识,加强理论与实践的结合。

本书设置了适合作为课程思政的拓展阅读素材,制作了模具制造方法和典型零件加工及装配的动画视频、采用了大量的生产实际图片,以便更好地帮助读者理解和掌握本书内容。

除绪论外,全书共分 10 章。第 1 章主要介绍模具制造的基本要求及特点、模具制造的工艺路线、模具的技术经济分析、模具零件结构工艺性、模具零件毛坯选择、零件基准的选择与安装、工艺路线的拟定、模具制造工艺规程的编制、试模鉴定;第 2 章论述模具的车削加工、铣削加工、磨削加工、雕铣加工和其他机械加工方法;第 3 章论述电火花成形加工、电火花线切割加工、超声加工、激光加工及其他特种加工技术;第 4 章论述数控加工技术、数控加工程序编制基础、数控手工编程与自动编程、数控手工程序编制、计算机辅助制造;第 5 章论述模具的研磨、模具的抛光;第 6 章论述快速原型制造技术、逆向工程技术、高速切削技术、并行工程、敏捷制造、精益生产、绿色制造、智能制造;第 7 章论述模具零件加工的技术要求和测量技术、模具零件检验用的常规量具、万能工具显微镜、三坐标测量机;第 8 章论述典型模具零件加工,包括凸模类、凹模类及模架的加工;第 9 章论述模具的装配与试模,包括模具装配概述、模具零件的紧固方法、模具间隙的控制方法及冷冲模架、冷冲模、塑料模的装配;第 10 章简要论述模具常用材料及热处理。

南京工程学院的王鑫、吴梦陵、陈金山、郝洪艳和张振承担了本书的编写工作。其中王鑫、吴梦陵、陈金山任主编,郝洪艳和张振任副主编,王鑫负责全书的统稿及校对工作。

在本书编写过程中,得到了爱通汽车零部件(上海)有限公司高级工程师沈永华、太仓纯康塑胶模具有限公司总经理黄健、興源精密(越南)有限公司副总经理储著国、缔特卡上海贸易有限公司经理徐铁峰、诺兰特移动通讯配件(北京)有限公司经理刘洪宇等有关企业专家的大力支持和帮助,在此表示衷心感谢。

由于编者水平有限,书中难免有不当甚至错误之处,恳请使用本书的教师和广大读者批评指正。

编　者

2023 年 8 月

目 录

绪　　论

模具是生产各种工业产品的重要工艺装备,它以其特定的形状,通过一定的方式使原材料成形。由于采用模具生产产品加工效率高、互换性好、节省原材料,所以模具在铸造、锻造、冲压、塑料、橡胶、玻璃、粉末冶金、陶瓷制品等行业中得到了广泛应用。

模具技术是衡量一个国家产品制造水平的重要标志之一。模具技术能促进工业产品的发展和质量的提高,并能获得极大的经济效益,因此模具被称为"效益放大器",用模具生产的产品价值往往是模具价值的几十倍、上百倍。美国工业界认为"模具工业是美国工业的基石",日本把模具誉为"进入富裕社会的原动力"。

模具工业在我国已经成为国民经济发展的重要基础工业之一。国民经济五大支柱产业——机械、电子、汽车、石油化工和建筑都要求模具工业的发展与之相适应,因此需要大量模具,特别是汽车、电动机、电器、家电和通信等产品中 60% ~ 80% 的零部件都要依靠模具成形。

正因为如此,我国非常重视模具工业的发展及模具技术的提高。通过成立全国模具工业协会,将模具列为机械工业技术改造序列的首位,对部分模具企业实行了增值税返还 70% 等一系列举措,极大地推动了我国模具工业的发展,使我国从过去只能制造简单模具发展,到今天可以利用现代制造技术生产大型、精密、复杂、长寿命的模具。其中具有代表性的模具包括单套模具达到 120 t 的巨型模具、加工精度达到 0.3 ~ 0.5 μm 的超精模具、使用寿命达到3 亿 ~ 4 亿次的长寿命模具、能与 2 500 次/min 高速冲床配套的高速精密冲压模具、能实现多料和多工序成形的多功能复合模具、能实现智能控制的复杂模具等。经过多年的发展,我国的模具制造技术已达到或接近世界先进水平。目前我国模具工业的产值已经超过日本,位于世界第二位。

虽然我国模具工业取得了令人瞩目的发展成就,但有些方面与工业发达国家相比仍有一定的差距。例如,精密加工设备在模具加工设备中的比重较低,CAD/CAM/CAE 技术的普及率不高,许多先进的模具技术应用不够广泛等,导致相当一部分大型、精密、复杂和长寿命模具依赖进口。我国未来模具技术发展趋势可以归纳为以下几点:

1. 大力推广模具 CAD/CAM/CAE 技术

模具 CAD/CAM/CAE 技术,是模具技术发展的一个重要里程碑。随着计算机技术的不断进步,模具计算机辅助设计和制造技术(模具 CAD/CAM)也随之快速发展,从而大大促进了模具制造技术的不断改进。我国的模具设计与制造正朝着数字化方向迈进,一些通用或专用软件已经得到了比较普遍的应用,特别是模具成形零件方面的软件,这种技术采用计算机辅助设计,通过将数据连接到制造设备上,实现计算机辅助制造,或将设计与制造连成一体,实现设计制造一体化。计算机辅助设计和制造不仅提高了设计速度,还可以实现模具工作状况的模拟,同时可以依据设计模型进行自动加工程序的编制,并实现加工结束后的自动检测。实践证明,采用计算机辅助设计与制造技术,大大缩短了模具的制造周期,提升了模具成形零件的设计和制造质量。

2. 加速模具标准化进程

模具标准化程度的高低对缩短模具制造周期,降低模具制造成本非常重要。经过不断地努力,我国模具标准化程度正在不断提高。模具工业的发展会促进模具标准化程度的提高,反之,模具标准化程度的提高也将促进模具工业的发展。

3. 开发新材料及应用先进表面处理技术

模具材料是影响模具寿命、质量、生产率和生产成本的重要因素。开发优质材料及应用先进表面处理技术将受到进一步重视,国内外模具材料的研究者对模具的工作条件、失效形式和提高模具使用寿命的途径进行了大量的研究,并开发出了几十种模具新钢种及硬质合金材料,如塑料模具钢、压铸模具钢等,实践证明,这些材料具有良好的使用效果。同时,模具热处理和表面处理是能否充分发挥模具钢材料性能的关键环节。因此,在实际生产中重视模具新材料的选用及先进表面处理技术的应用对提高模具使用寿命是很有帮助的。

4. 积极应用模具制造的新技术、新工艺

随着模具制造技术的发展,许多新的加工技术、加工设备不断出现,模具制造手段越来越丰富,越来越先进。

快速原型制造(rapid prototyping manufacturing, RPM)是近年来快速发展的一种新技术。这种技术可对零件三维模型采用分层制造的原理快速自动完成复杂的三维实体(模型)制造。采用这种方法制造模具,降低了模具的加工难度,缩短了模具制造周期。

高速铣削加工与传统切削加工相比,具有生产效率高、加工温度上升低(加工工件只升高3 ℃)、热变形小、加工表面精度高、可加工硬度达60 HRC的零件等优点,在汽车、家电行业等中大型模具制造中已得到广泛应用。

逆向工程技术是一种复制技术,它通过扫描仪器和软件,快速地把复杂的模型或实物的图形建立起来,并与机床连接完成相应的加工直至复制出产品来,逆向工程技术大大缩短了模具的研制及制造周期。

5. 加速模具研磨抛光的自动化、智能化

随着加工技术的进步,对产品表面的质量要求越来越高,与之相适应的模具表面研磨与抛光技术的要求也越来越高。国内目前大部分企业以手工研磨抛光为主,带来的效率低(约占整个模具周期的1/3)、工人劳动强度大、质量不稳定等问题严重影响我国模具加工向更高层次发展。因此,研究抛光的自动化、智能化是模具技术重要的发展趋势。

第1章　模具制造概述

本章学习目标及要求

(1) 掌握模具制造的基本概念,掌握模具制造的基本要求。

(2) 了解模具制造的工艺路线。

(3) 了解模具技术经济分析的内容。

(4) 了解模具设计时结构工艺性的一般要求。

(5) 掌握模具毛坯种类、尺寸及形状的确定方法。

(6) 掌握零件基准的选择和安装。

(7) 掌握工艺路线的拟定。

(8) 了解模具制造工艺规程编制的一般工作内容及编制过程,熟悉模具制造工艺规程的格式。

(9) 了解模具试模鉴定的工作内容及一般验收技术要求。

在一定的制造装备和制造工艺条件下,直接对模具零件材料(一般为金属材料)进行加工,以改变其形状、尺寸、粗糙度、公差和材料性质,使之成为符合要求的零件,再将这些零件经连接、配合、固定与定位,装配成为模具的过程称为模具制造。

1.1　模具制造的基本要求和特点

1.1.1　模具的技术要求

模具是一种特殊的产品,与其他机械产品相比,模具在设计、制造、使用过程中有其特殊的要求。具体表现在以下几方面。

1. 良好的机械加工性能

模具零件是在高温、高压、连续使用和高速冲击的条件下工作的,具有较高的强度、刚度、耐磨性、耐冲击性、淬透性和较好的切削加工性是选择模具零件材料的重要依据。良好的机械加工性能是模具零件在工作过程中不变形、不磨损,并有一定寿命的重要保证。

2. 良好的加工精度和表面质量

模具零件的精度直接决定了产品的精度,这就要求模具零件的形状精度、尺寸精度要高,表面粗糙度数值要低。一般来说,模具成形部分的精度在 IT6 级左右,一般精度的模具,其工作零件的尺寸精度见表 1.1。模具零件的表面粗糙度直接影响到产品的质量,其中塑料注射模、玻璃模、压铸模和冲模的凸、凹模型面对零件的表面粗糙度要求较高,不同模具精加工表面粗糙度见表 1.2。表面粗糙度在模具零件加工表面上的使用范围见表 1.3。

表 1.1　模具工作零件的尺寸精度

模具类别	尺寸精度/mm	模具类别	尺寸精度/mm
冲模	大型 0.010 小型 0.005	塑料注射模	0.010
拉深模	0.005	玻璃模	0.015
精锻模	0.036	粉末冶金模	0.005
压铸模	0.010	陶瓷模	0.050

表 1.2　不同模具精加工表面粗糙度

模具类别	零件表面粗糙度 $Ra/\mu m$	模具类别	零件表面粗糙度 $Ra/\mu m$
冲裁模	<0.8	玻璃模	<0.4
拉深模	<0.4	橡皮模	<2
锻模	0.8~1.6	粉末冶金模	<0.4
压铸模	<0.4	陶瓷模	<3
塑料注射模	<0.4		

表 1.3　模具零件表面粗糙度使用范围

表面粗糙度 $Ra/\mu m$	使用范围
0.1	抛光的旋转体表面
0.2	抛光的成形面和平面
0.4	1. 弯曲、拉深、成形凸、凹模工作表面 2. 圆柱表面和平面刃口 3. 滑动精确导向件表面
0.8	1. 成形凸、凹模刃口 2. 凸、凹模镶块刃口 3. 过盈配合、过渡配合表面——用于热处理零件 4. 支承、定位和紧固表面——用于热处理零件 5. 磨削表面的基准平面 6. 要求准确的工艺基准面
1.6	1. 内孔表面——非热处理零件上配合用 2. 底板平面
6.3	不与制件及模具零件接触的表面
12.5	粗糙的不重要的表面
∇	不进行机械加工的表面

3. 高的模具标准化程度

　　模具零件的标准化程度越高,模具的制造周期越短,生产成本越低,互换性越好。实际生产中,模具的许多标准件(如模架、推杆、浇口套等)在模具制造时可以直接选用,因此随着模具制造技术的发展,标准化生产是模具制造的必然趋势。

4. 合理的模具间隙

模具的凸、凹模间隙是否均匀是保证模具正常工作及生产出合格产品的必要条件,间隙不均匀会造成模具不能正常工作,甚至损坏模具、降低模具寿命、产品不符合要求等一系列问题。

1.1.2 模具制造的基本要求

通过模具生产产品可以保证良好的质量,提高生产效率并降低成本。因此,除了正确进行模具设计,采用合理的模具结构之外,还必须以先进的模具制造技术作为保证,不论采用哪一种方法都应满足以下几个基本要求。

1. 制造精度高

模具精度主要是由其制品精度和模具结构的要求来决定的。为了保证制品精度,模具工作部分的精度通常要比制品精度高 2~4 级;模具结构对上下模之间的配合有较高的要求,因此组成模具的零部件都必须有足够高的制造精度,否则将不可能生产出合格的制品,甚至会损坏模具。

2. 使用寿命长

模具使用寿命是指模具从生产第 1 个产品开始至完全报废为止所能生产的零件总个数。模具是比较昂贵的工艺装备,其使用寿命长短将直接影响产品的成本。因此,除了小批量生产和新产品试制等特殊情况外,一般都要求模具有较长的使用寿命,在大批量生产的情况下,模具的使用寿命更加重要。

3. 制造周期短

模具制造周期的长短主要取决于设计上的模具标准化程度、制造技术和生产管理水平的高低。为了满足产品的市场需求,提高产品的竞争力,在保证质量的前提下尽量缩短模具制造周期。

4. 模具成本低

模具成本与模具结构设计的复杂程度、模具材料要求、制造精度要求及加工方法等有关。模具技术人员必须根据制品要求,合理设计和制订其加工工艺,降低成本。

需要指出的是,上述四项要求是相互关联、相互影响的。片面追求模具精度和使用寿命必然会导致制造成本的增加,当然,只顾降低成本和缩短制造周期而忽视模具精度和使用寿命的做法也不可取。在设计与制造模具时,应根据实际情况做出全面的考虑,即应在保证制品质量的前提下,选择与制品生产批量相适应的模具结构和制造方法,使模具的制造周期短、成本低。

1.1.3 模具制造特点

模具作为一种专用工艺装备,它的生产不仅具有一般机械产品生产的共性,还具有其特殊性,这就决定了模具制造与一般机械制造相比难度更大,模具生产和工艺主要有以下特点。

1. 加工精度及表面质量要求高

模具加工精度的质量要求主要体现在两方面:一是模具零件本身的加工精度要求高;二是相互关联零件的配合精度要求高。一般来说,模具工作部分的制造极限偏差都应控制在 ±0.01 mm 以内,有的甚至要求在微米级范围内。模具加工后对其表面缺陷的要求非常严格,工作部分的表面粗糙度要求小于 $Ra0.8\ \mu m$。

2. 形状复杂

模具的工作部分一般都是三维的复杂曲面(尤其型腔模具),因此加工时除采用一般的机械加工及特种加工(如电火花线切割、电火花成形、电铸等)外还常采用配合方法加工,即在加工时,某些零件的基本尺寸允许稍大或者稍小一些,但与其相配合的零件也必须相应放大或缩小,这样既保证了模具的质量,又降低了模具的加工难度,并可避免不必要的零件报废。

3. 模具属于非定型产品

模具是根据用户的合同或生产产品的需要来组织生产的,其任务的来源随机性强,计划性差,每一副模具均有其不同的技术要求及不同的加工方法,因此,模具制造是一项创造性的工作。这要求从事模具制造的人员除了必须具有丰富的实践经验外,还必须具有广泛的生产知识及较强的开发能力。

4. 模具生产为单件、多品种生产

每副模具只能生产某一特定形状、尺寸和精度的制件。在制造工艺上尽量采用通用机床、通用刀具量具和仪器,尽可能地减少专用工具的数量。在制造工序安排上,要求工序相对集中,以保证模具加工的质量和进度,简化管理和减少工序周转时间。

5. 模具零件加工过程复杂,加工周期长

模具零件加工包括毛坯的下料、锻造、粗加工、半精加工、精加工等工序,其间还需热处理、表面处理、检验等工序进行配合。同时,某些复杂零件加工需要多台机床、多个工人、多个车间、多个工厂共同协作完成。所以,模具零件加工短则一两周,长则一两个月,甚至更长时间。

6. 模具零件需反复修配、调整

模具在试模后,根据试模情况,需重新调整模具的形状及尺寸。例如,弯曲模由于回弹而修整间隙、塑料模浇注系统的调整等。为了方便模具零件的修配、调整,加工过程中,常常把热处理、表面处理等工序放在零件加工的最后,即试模后进行。

7. 考虑模具在工作过程中的磨损及热胀冷缩的影响

模具零件加工中,常常有意识控制模具零件的取值方向,如冲裁模中考虑模具磨损时,凸模的尺寸大于工件孔的名义尺寸;塑料模中考虑塑件冷却收缩时,型腔的尺寸略大于塑件的名义尺寸等,从而保证模具的工作要求,延长使用寿命。

1.2 模具制造的工艺路线

模具制造的工艺路线如图 1.1 所示。首先根据产品零件图或实物进行估算,然后进行模具设计、零件加工、装配调整、试模,直至生产出符合要求的产品。

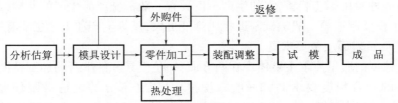

图 1.1 模具制造的工艺路线

1. 分析估算

当接到产品加工委托时,首先要根据要求分析将采用的模具套数、结构及主要加工方法,然后进行模具估算,一个优秀的模具技术人员,应对模具制造和试模过程中可能出现的问题以及制成后的使用情况有充分的了解和估计。估算的内容包括:

(1)模具费用:包括材料费、外购零件费、设计费、加工费、装配调整及试模费等。必要时还要估算各种加工方法所用的工具及其加工费等,最后得出模具制造价格。

(2)交货期:估算完成每项工作的时间,并决定交货期。

(3)模具总寿命:估算模具单次寿命以及经过多次简单修复后的总寿命(即在不发生事故的情况下,模具的自然寿命)。

(4)制品材料:制品规定使用的材料性能、尺寸大小、消耗量及材料的利用率等。

(5)所用的设备:了解应用模具的设备性能、规格及其附属设备。

2. 模具设计

在进行模具设计时,首先要尽量多收集信息,并认真地加以研究,否则即使是设计出的模具功能优良,精度很高,也不能符合要求。要达到最佳设计,需要收集如下信息:

(1)来自营业方面的信息最重要,包括:①产量(月产量和总产量等);②产品单价;③模具价格和交货期;④被加工材料的性质及供应方法等;⑤将来的市场变化等。

(2)所要加工制品的质量要求、用途及设计修正、改变形状和公差的可能性。

(3)生产部门的信息,包括使用模具的设备性能、规格、操作方法及技术条件。

(4)模具制造部门的信息,包括加工设备及技术水平等。

(5)标准件及其他外购件的供应情况等。

3. 绘制模具图

(1)装配图。如果模具设计方案及其结构已经确定,就可以绘制装配图。装配图的绘制方法有三种:①主视图画成上、下模闭合状态(下止位置),俯视图只画下模;②主视图画上、下模组合状态,俯视图上、下模各画一半;③绘制组合状态的主视图后再分别画上、下模俯视图。应用时,可根据模具结构的需要选用其中一种。

(2)零件图。零件图要根据装配图绘制,使其满足各种配合关系,并注明位置尺寸、形状尺寸、表面粗糙度、公差及技术要求。标准件不必画零件图,但标准件再加工仍要画零件图。

4. 零件加工

每个需要加工的零件,都必须按图样要求制订其加工工艺(填写工艺卡),然后分别进行粗加工、半精加工、热处理及精修抛光,在加工中需要穿插进行热处理。

5. 装配调整

装配就是把加工好的零件组合在一起构成一副完整的模具。在这一过程中,仅仅把加工好的零件紧固,或是打入定位销等纯装配操作是极少见的,一般都是在调整过程中完成装配。

6. 试模

装配调整好的模具,还需要安装在机器设备上(如冲床、注射机等)进行试模。检查模具在运行过程中是否正常,所得到的制品形状尺寸等是否符合要求。如有不符合要求的则必须拆下来加以修正并重新装配以便再次试模,直到能够正常运行并加工出合格的制品。

1.3　模具的技术经济分析

同一个零件的机械加工工艺过程,往往可以拟定出多个不同的方案,这些方案都能满足该零件的技术要求。但是它们的经济性是不同的。因此要进行经济分析比较,选择在给定的生产条件下最为经济的方案。分析模具技术经济性的指标主要有:模具的制造精度和表面质量、模具的生产周期。模具的生产成本和模具的寿命。它们相互制约,又相互依赖。在生产过程中,应根据实际生产条件和设计要求,综合考虑各项指标。

1. 模具的制造精度

模具的制造精度主要体现在模具工作零件的加工精度和相关零部件的装配精度,模具零件的表面质量是保证制品质量的基础。

加工精度是指零件加工后的实际几何参数与理想(设计)几何参数的误差范围。误差范围越小,加工精度就越高,在机械加工过程中,由于各种因素的影响,使得加工出的零件不可能与理想(设计)的要求完全一致。

零件的加工精度包含三方面的内容:尺寸精度、形状精度和位置精度,这三者之间是有联系的。通常形状公差应限制在位置公差之内,而位置公差也应限制在尺寸公差之内。当尺寸精度要求高时,相应的位置精度、形状精度也需要提高要求,但当形状精度要求高时,相应的位置精度和尺寸精度有时却并不需要提高,这要根据零件的功能要求来决定。

零件的加工精度越高,加工成本就越高,生产率就越低。因此设计人员应根据零件的使用要求,合理地规定零件的加工精度。

影响模具制造精度的主要因素有:

(1)制件的精度。产品制件的精度越高,模具工作零件的精度就越高。模具精度的高低不仅对产品制件的精度有直接影响,而且对模具的生产周期、生产成本以及使用寿命都有很大的影响。

(2)模具加工技术的水平。模具加工设备的加工精度和自动化程度是保证模具精度的基本条件,今后模具零件精度将更大限度地依赖于模具加工技术的高低。

(3)模具装配钳工的技术水平。模具的最终精度在很大程度上依赖于装配调试,模具光整表面的表面粗糙度值大小则主要取决于模具钳工的技术水平,因此模具装配钳工技术水平的高低是影响模具精度的重要因素。

(4)模具制造的生产方式和管理水平。模具制造的生产方式和管理水平同样在很大程度上影响模具制造精度。例如,模具工作刃口尺寸在模具设计和生产时,是采用"修配法"还是"互换法"是影响模具精度的重要方面,对于高精度模具只有采用"互换法",才能满足高精度的要求,实现互换性生产。

加工表面质量又称表面完整性,它主要由表面的几何特征和表面力学物理性能两方面的内容组成。表面的几何特征包括表面粗糙度、表面波纹度、表面加工纹理和伤痕,表面力学物理性能主要包括表面层加工硬化、表面层金相组织的变化及表面层残余应力。零件表面质量对零件的使用性能,如耐磨性、抗疲劳强度、耐腐蚀性及零件间的配合性质都会产生影响。

表面粗糙度是构成加工表面几何特征的基本单元。因此影响加工表面几何特征的主要因素是切削加工后的表面粗糙度和磨削加工后的表面粗糙度;由于受到切削力和切削热的作用,表面金属层的力学物理性能会产生很大的变化,最主要的变化是加工表面的冷作硬化、金相组织的变化和在表层金属中产生残余应力等。

2. 模具的生产周期

模具的生产周期越短,市场竞争和更新换代的能力越强,因此,模具生产周期长短是衡量模具企业生产能力和技术水平的重要标准之一,也关系到一个模具企业在激烈的市场竞争中有无立足之地,同时也代表了一个国家和地区模具技术管理水平的高低。影响模具生产周期的主要因素有:

(1)模具技术和生产的标准化程度。模具标准化程度是一个国家模具技术和生产发展达到一定水平的产物。目前,我国模具技术的标准化已有良好的基础,有模具基础技术标准、各种模具设计标准、模具工艺标准、模具毛坯和半成品件标准以及模具检验和验收标准等,但是模具标准件的商品化程度还不高,这是影响模具生产周期的重要因素。

(2)模具企业的专门化程度。现代工业发展的趋势是企业分工越来越细,企业产品的专门化程度越高,越能提高产品质量和经济效益,并有利于缩短产品生产周期。目前,我国模具企业的专门化程度还较低,只有各模具企业生产自己最擅长的模具类型,有明确和固定的服务范围,同时各模具企业互相配合搞好协作化生产,才能更有效地缩短模具生产周期。

(3)模具生产技术手段的现代化。模具设计、生产、检测手段的现代化也是影响模具生产周期的重要因素,只有大力推广和普及模具 CAD/CAM 技术和网络技术,才能使模具的设计效率得到大幅度提高。例如,在模具的机械加工中,毛坯下料采用高速锯床、阳极切割和砂轮切割等高效设备;粗加工采用高速铣床、强力高速磨床;精密加工采用高精度的数控机床,如数控光学曲线磨床、高精度数控电火花线切割机床、数控连续轨迹坐标磨床等。高效推广先进快速制模技术将模具生产技术手段提高到一个新的水平。

(4)模具生产的经营和管理水平。从管理上要讲求效率,研究模具企业生产的规律和特点,采用现代化的管理手段和制度管理企业,也是影响模具生产周期的重要因素。

3. 模具的生产成本

模具的生产成本是指企业为生产和销售模具所支付费用的总和。模具生产成本包括原材料费、外购件费、外协件费、设备折旧费、经营开支等。从性质上分为生产成本、非生产成本和生产外成本,这里所讲的模具生产成本是指与模具生产过程有直接关系的生产成本。影响模具生产成本的主要因素有:

(1)模具结构的复杂程度和模具功能的高低。现代科学技术的进步使得模具向高精度和多功能自动化方向发展,相应地使模具生产成本提高。

(2)模具精度的高低。模具的精度和刚度越高,模具生产成本也越高。因此,模具的精度和刚度应该与产品制件、生产纲领的客观需要相适应。

(3)模具材料的选择。模具费用中,材料费在模具生产成本中占 25% ~ 30%,由于模具工作零件材料类别的不同,模具的生产成本会产生较大的差异。所以应该正确地选择模具材料,使模具工作零件的材料类别与要求的模具寿命相协调,同时应采取各种措施充分发挥材料的效能。

(4)模具加工设备。模具加工设备向高效、高精度、高自动化、多功能方向发展,这使得模具成本相应提高。但是,这些发展是模具高效生产所必需的,应该充分发挥这些设备的效能,提高设备的使用效率。

(5)模具的标准化程度和企业生产的专门化程度。这些都是制约模具成本和生产周期的重要因素,应通过模具工业体系的改革,有计划、有步骤地解决。

4. 模具寿命

模具寿命是指模具在保证所加工产品零件质量的前提下,所能加工的制件的总数量,包括工作面的多次修磨和易损件更换后的寿命。

一般在模具设计阶段就应明确该模具的设计寿命。不同类型的模具正常损坏的形式也不一样,综合来看,工作表面损坏的形式有摩擦损坏、塑性变形、开裂、疲劳损坏、啃伤等。影响模具寿命的主要因素有:

(1)模具结构。合理的模具结构有助于提高模具的承载能力,减轻模具承受的热-机械负荷水平。例如,模具可靠的导向机构,对于避免凸模和凹模间的互相啃伤是至关重要的;又如,承受高强度负荷的冷镦和冷挤压模具,对应力集中十分敏感,当承力件截面尺寸变化较大时,由于应力集中最容易开裂。因此,截面尺寸变化是否合理,对模具寿命影响较大。

(2)模具材料。应根据产品零件生产批量的大小,选择模具材料。生产的批量越大,对模具的寿命要求也越高,此时应选择承载能力强,抗疲劳破坏能力好的高性能模具材料。另外,应注意模具材料的冶金质量可能造成的工艺缺陷对工作时的承载能力的影响,采取必要的措施来弥补冶金质量的不足,以提高模具寿命。

(3)模具加工质量。模具零件在机械加工、电火花加工,以及锻造、预处理、淬火、表面处理等过程中的缺陷都会对模具的耐磨性、抗咬合能力、抗断裂能力产生显著的影响。例如,模具表面残存的刀痕、电火花加工的显微裂纹、热处理时的表层增碳和脱碳等缺陷,都会对模具的承载能力和寿命产生影响。

(4)模具工作状态。模具工作时,使用设备的精度与刚度、润滑条件、被加工材料的预处理状态、模具的预热和冷却条件等都会对模具寿命产生影响。例如,薄料的精密冲裁对压力机的精度、刚度尤为敏感,必须选择高精度、高刚度的压力机,才能获得良好的效果。

(5)产品零件状况。被加工零件材料的表面质量状态、材料硬度、伸长率等力学性能及被加工零件的尺寸精度等都与模具寿命有直接的关系。如镍的质量分数为80%的特殊合金成形时极易和模具工作表面发生强烈的咬合现象,使工作表面咬合拉毛,直接影响模具的正常工作。

模具的技术经济指标间互相影响和制约,而且影响因素也是多方面的。在实际生产过程中,要根据产品零件和客观需要进行综合平衡,抓住主要矛盾,求得最佳的经济效益,满足生产的需要。

1.4　模具零件的结构工艺性

模具零件的结构工艺性是指设计的模具结构在满足使用要求前提下的制造可行性及经济性。设计的模具在现有的生产条件下能用较经济的方法加工出来,并易于装配和维修,则认为该模具具有良好的结构工艺性。若模具结构只满足使用要求,但加工、装配却很困难,甚至根本无法加工,则不能称为有良好的工艺性。因此,在模具设计过程中,对模具的结构工艺性问题必须引起足够的重视。

1.4.1　模具设计时应考虑的问题

1. 模具设计必须满足使用要求且结构尽可能简单

由模具生产出来的产品必须符合产品图纸要求,在使用过程中工作应可靠、稳定,成品率高。这是模具设计和使用的根本目的,也是考虑模具结构工艺性的前提。如设计的模具不能满足使用要求,即使工艺性很好,这副模具也是一副废品。因此,在保证使用要求的前提下,模具结构越简单越好。

2. 合理设计模具的精度

模具的精度直接影响模具零件加工的难易程度、模具寿命及模具制品的质量。精度等级过高、表面粗糙度数值过小,会增加模具制造难度,提高成本;反之,则会降低模具制品的质量。因此在设计时,应根据制件的精度和表面质量要求,确定合理的精度和表面粗糙度。

3. 模具结构工艺性必须综合考虑、分清主次

模具加工包括从零件毛坯备料开始,经加工、热处理、装配、试模、调整、刃磨等一系列过程。在设计过程中,应兼顾到各个阶段都具有良好的工艺性,若不能同时兼顾,则应分清主次,保证主要方面,照顾次要方面。

4. 模具设计必须考虑生产条件

在模具设计过程中,应充分利用现有设备及加工手段,尽可能减少外协加工,这样不但节约了成本,还能有效地缩短模具制造周期,并保证模具的质量。

模具结构工艺性的好坏是相对的。随着加工技术的进步,加工手段也要随之改变。因此模具设计人员必须时刻关注新工艺、新技术的应用,并在设计过程中加以运用。

1.4.2　模具结构工艺性举例

1. 尽可能采用标准化设计

模具的结构形式、外形尺寸应尽可能选用标准设计,这样不但能够简化设计和制造过程,还能缩短模具制造周期、降低模具制造成本。模具零件(如卸料螺钉、模柄、模架、推杆、浇口套等)的设计及模具中使用的连接螺钉、销钉应选用相应的标准,以便使用标准的刀具、量具,同时也便于更换。另外,在同一副模具中,应尽可能采用同一规格大小的标准件(如螺钉、销钉等),以减少制造过程中刀具的种类和数量,一般来说,模具设计时大都采用内六角圆柱头螺钉(GB/T 70.1—2000)和圆柱销(GB/T 119.1—2000)连接。

2. 便于在机床上定位、装夹

模具零件在机床上定位装夹时应可靠、方便,装夹次数越少越好,有位置精度要求的各表面应尽可能在一次装夹中完成加工。

(1)凸模或型芯外圆表面若有同轴度要求时,其外形需一次磨出,加工时可采用顶尖、拨盘和卡箍装夹。图 1.2(a)所示的结构安装较困难;图 1.2(b)所示的结构为两凸模连在一起,磨好后再从中间分开;图 1.2(c)所示的结构则增加了一个工艺凸台,待磨好后再去除。

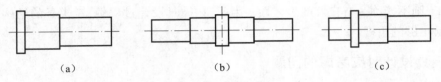

图 1.2　凸模的加工工艺性

（2）图 1.3 所示为异形凸模的安装，它的一个端部带有圆角，上表面需要铣削加工，图（a）所示的结构在采用螺钉压板装夹时压板没有装夹位置，因此在铣床上无法安装；图（b）所示的结构在不影响凸模使用要求的情况下，在凸模两侧开设两条沟槽放置压板，即可方便地在铣床上进行装夹。

图 1.3　异形凸模的安装

3. 零件应有足够的刚度

图 1.4（a）所示凸模又细又长，加工时会因切削力作用而变形，若结构允许应设计成阶梯结构，如图 1.4（b）所示，既增加了凸模的刚度，同时也方便了模具装配。

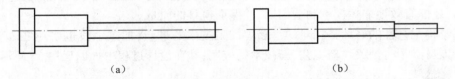

图 1.4　细长凸模

4. 减少加工困难

（1）钻头切入或切出的表面应与孔轴线垂直，否则钻孔时钻头由于受力不均匀而导致钻偏甚至折断。在图 1.5 中，图（a）所示结构不合理，图（b）所示结构则比较合理。

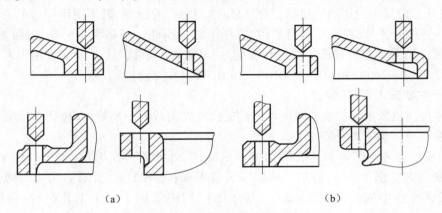

图 1.5　钻头进出表面的结构

（2）避免采用角部是直角的封闭型腔。在图 1.6 中,图(a)所示的结构侧壁与侧壁之间是直角,铣削加工时无法直接成形,并且直角部位在材料热处理淬火时易开裂;图(b)所示的结构则可以采用铣削加工。

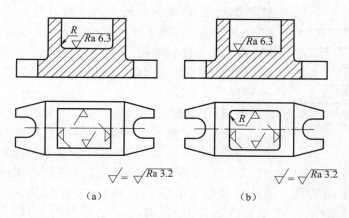

图 1.6　封闭型腔的结构

（3）采用镶拼结构,变内形加工为外形加工。图 1.7(a)所示的结构由于尺寸过小,机械加工较为困难;图(b)所示结构将零件沿型腔线分开,变内形加工为外形加工,加工较方便,但要注意左右 2 块凹模装配的定位问题。

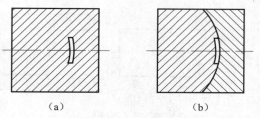

图 1.7　变内形加工为外形加工

（4）采用共用安装沉孔。当模具的凸模、型芯或推杆相互位置靠得很近时,为避免加工多个沉孔装夹定位的麻烦,可将多个沉孔合并成一个沉孔,如图 1.8 所示。

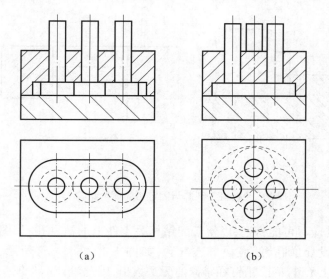

图 1.8　共用安装沉孔

5. 减少和避免热处理变形和开裂

模具工作零件大都需要进行热处理,因此模具零件设计时需考虑热处理要求,应尽量避免尖角、窄槽和狭长的过桥;孔的位置应尽量均匀、对称分布;模具工作型面的截面形状不能急剧变化,以减少和避免热处理过程中因应力集中而引起的变形和开裂。图 1.9 所示的长方形凹模型孔有一狭长的过桥,若采用整体式结构,淬火时过桥的冷却速度快,容易产生内应力而使零件开裂,因此可采用镶拼结构,避免热处理变形和开裂。

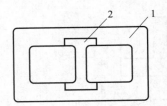

图 1.9 长方形凹模
1—凹模套;2—过桥

6. 便于装配

(1)有配合要求的零件端部应有倒角或圆角,以便于装配,并且外露部分较为美观,也能避免对装配人员造成伤害。图 1.10(a)所示的导柱套配合时,不仅装配不方便,端部毛刺也容易划伤配合面,因此应采用图 1.10(b)所示的结构。当凸模或型芯装入固定板时,装入部分也应用倒角导入,如图 1.11(a)所示;当型芯表面不允许倒角时,则应在固定板上倒角,以方便型芯装入,如图 1.11(b)所示。

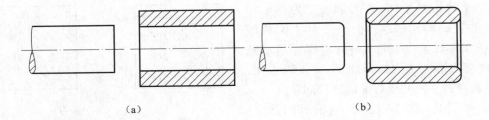

（a） （b）

图 1.10 导柱、导套端部结构

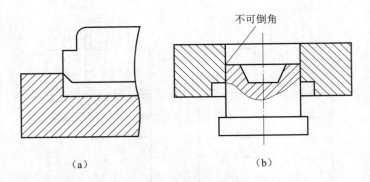

（a） （b）

图 1.11 型芯与固定板的配合结构

(2)销钉连接孔应尽可能打通,以便于配钻相关零件上的销钉孔,如图 1.12(a)所示。当零件结构限制不能设计通孔时,应设置透气孔,如图 1.12(b)、(c)所示,以方便销钉安装。图 1.12(d)结构设计无透气孔,销钉在维修时无法拔出,因此设计不合理。

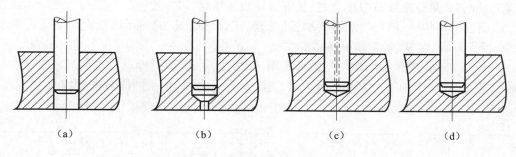

图 1.12　销钉连接

（3）当轴肩与孔的端面要求贴紧时，应在轴上切槽，如图 1.13（b）所示。图 1.13（a）轴肩与孔不能贴紧，故设计不合理；当考虑强度问题在轴上不能切槽时（如冷冲模凸模），则应在相配合的孔口开倒角，如图 1.13（c）所示。

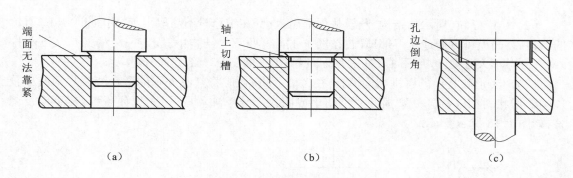

图 1.13　轴肩与孔的配合

（4）相配合的零件在同一方向的接触面只能有一对（例如，塑料模中推杆与型芯和推杆与推杆固定板在注塑方向上只能有一个配合，即推杆与型芯之间采用 H7/f7 或 H8/f8 配合，推杆与推杆固定板之间留有 0.5 mm 的间隙，否则会造成推杆加工难度增大），图 1.14 所示的结构中，图（a）、（c）所示的结构不合理，图（b）、（d）所示的结构合理。

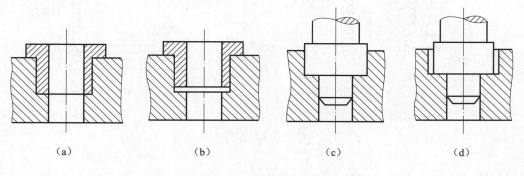

图 1.14　配合件的结构

（5）轴和孔是过渡或过盈配合时，轴应设计成阶梯状，以方便轴的加工与装配。因此在如图 1.15 所示的结构中，图（a）所示的结构不合理，应设计成图（b）所示的结构。

7. 便于刃磨、维修、调整和更换易损件

（1）图 1.16（a）所示的结构中当模具使用一段时间后刃磨时，模具的轴向尺寸 h 会发生变化，故设计不合理；采用图 1.16（b）所示的结构，A 面刃磨时，B 面同样磨去相应尺寸，轴向尺寸 h 不变。

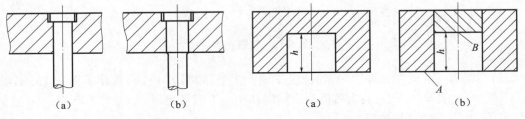

图 1.15　轴与孔的配合　　　　　　　　图 1.16　模具刃磨

（2）图 1.17（a）所示的结构，凸模从顶部压入后，在维修时不易取出，改用图 1.17（b）所示的结构后，凸模可方便地从下部顶出；在图 1.17（c）所示的结构中，固定凸模的螺钉从下部拧入，维修时不太方便；改用图 1.17（d）所示的结构后，螺钉从上部拧入，操作比较方便。

（3）对于形状复杂的镶拼结构模具，在考虑分块时，应将其不规则的形状变成规则或比较规则的形状，将其薄弱、易磨损的个别凸出或凹入部分单独做成一块，以便于维修、更换及调整，如图 1.18 所示。

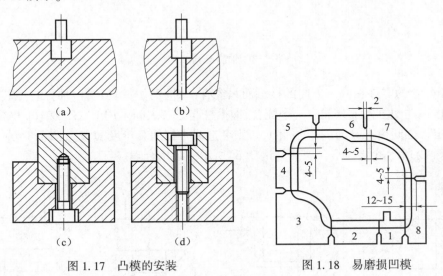

图 1.17　凸模的安装　　　　　　　图 1.18　易磨损凹模

1.5　模具零件毛坯的选择

模具零件毛坯的选择，是模具加工过程的第一步。毛坯的种类、形状和特性，在很大程度上决定着模具的质量和寿命、模具制造过程中工序的多少、机械加工的难易程度、材料消耗量的大小及制造成本。因此,应根据模具零件所要求的性能和结构、模具零件的生产规模、加工方法等合理选择毛坯。

1.5.1　毛坯的种类及选择

1. 毛坯的种类

模具常用的毛坯种类有:铸件、锻件、型材及焊接件等。

(1)铸件。铸铁具有良好的铸造成形性能、切削性能、耐磨与润滑性能,具有一定强度且价格低廉。常用铸铁作模具材料的零件有:上模座、下模座和大型覆盖件等。

(2)锻件。锻造毛坯是制造中、小型模具凸模和凹模等成形零件毛坯的主要方法。采用锻造的目的是改善模具成形零件材料的金相组织结构和力学性能。

模具中常采用自由锻造。模具凸、凹模锻造毛坯材料及其热处理规范,详见第 10 章模具常用材料及热处理。

(3)型材。根据模具结构要求,除凸、凹模等成形零件外,其他零件常采用相应牌号的板材、棒材、管材等型材毛坯,经下料加工制成。

(4)焊接件。主要用于大、中型模具结构较复杂的场合,很多情况是在单件生产中替代铸件,避免了铸铁模具制作费时费力等制造过程缺陷。

2. 毛坯种类的选择

在选择毛坯种类时,首先可根据模具图纸的规定进行选择,如模架采用铸件,碟形弹簧采用冲压件,部分导套、推杆采用冷挤压件等。其次可根据模具零件的结构形状和尺寸大小来选择毛坯的种类。如图样毛坯直径超过最大圆钢直径,或与台阶轴毛坯的外圆直径相差悬殊时应采用锻件,模块太厚无法用钢板气割时也用锻件,大型模具(如汽车覆盖件模具)采用合金铸件等;此外可根据生产批量选择毛坯,如专业化生产中,模架及其他一部分标准件(如推杆、卸料螺钉等),为提高生产效率,降低加工成本,可采用一些特殊手段(如模锻、冷挤压、精铸等)来获得毛坯。最后模具零件的材料及对材料组织和力学性能的要求是决定毛坯种类的主要因素。模具制造时,为了保证模具的质量和使用寿命,往往规定模具的主要零件(如凸、凹模)采用锻造方法获得毛坯。通过锻造,使零件材料内部组织细密、碳化物分布和流线分布合理,从而提高模具的质量和使用寿命。

1.5.2　毛坯尺寸的确定

1. 加工余量的确定

毛坯尺寸通常是根据模具零件的尺寸加适当的加工余量确定的。确定加工余量的方法有计算法、经验法和查表法三种。

(1)计算法。在对影响加工余量的各项因素进行分析和综合运算后,依据试验资料和计算公式确定加工余量的方法。这种方法是比较准确的,但需要比较全面的统计分析资料,主要在批量、大批量加工模具标准件毛坯时使用。

(2)经验法。由一些有经验的工程技术人员或工人根据经验确定加工余量的大小。由经验法确定的加工往往偏大,这主要是因为主观上怕出废品的缘故,这种方法用于单件小批量生产。

（3）查表法。通过查阅相关手册，根据生产实践和实验研究积累的经验，结合实际加工情况加以修正来确定加工余量的方法，这种方法方便、迅速，生产上应用比较广泛。

常见的铸件加工表面最小余量见表 1.4；常见的锻件加工表面最小加工余量见表 1.5 和表 1.6。

表 1.4　铸件的加工表面最小加工余量

材　料	铸造加工表面位置	铸件最大尺寸/mm				
		≤500	500~1 000	1 000~1 500	1 500~2 500	2 500~3 150
铸　钢	顶面	5~7	7~9	9~12	12~14	14~16
	底面、侧面	4~5	5~7	6~8	8~10	10~12
铸　铁	顶面	4~5	5~7	6~8	8~10	10~14
	底面、侧面	3~4	4~6	5~7	7~9	9~12

注：（1）模板上的导柱导套孔，原则上不铸出，当孔径大于 100 mm 时，可酌情铸出。

（2）大型拉深模铸件曲面部分采用机械加工成形时，其曲面加工余量可比表中增大 2~3 mm。

表 1.5　矩形锻件表面最小加工余量

工件截面尺寸 B 或 H	工件长度 L/mm									
	<150		151~300		301~500		501~750		751~1 000	
	加工余量 $2b$、$2h$、$2l$									
	$2b$ 或 $2h$	$2l$	$2b$ 或 $2h$	$2l$	$2b$ 或 $2h$	$2l$	$2b$ 或 $2h$	$2l$	$2b$ 或 $2h$	$2l$
<25	4^{+2}_0	4^{+4}_0	4^{+3}_0	4^{+3}_0	4^{+3}_0	4^{+5}_0	4^{+4}_0	4^{+5}_0	5^{+5}_0	5^{+6}_0
26~50	4^{+4}_0	4^{+4}_0	4^{+4}_0	4^{+5}_0	4^{+4}_0	4^{+5}_0	4^{+5}_0	5^{+5}_0	5^{+6}_0	6^{+7}_0
51~100	4^{+4}_0	4^{+5}_0	4^{+4}_0	5^{+5}_0	4^{+4}_0	5^{+7}_0	5^{+6}_0	5^{+7}_0	5^{+6}_0	7^{+6}_0
101~200	5^{+5}_0	4^{+5}_0	5^{+5}_0	5^{+7}_0	5^{+5}_0	8^{+8}_0	6^{+6}_0	8^{+8}_0	—	—
201~350	5^{+7}_0	5^{+8}_0	6^{+5}_0	9^{+9}_0	6^{+6}_0	10^{+9}_0	—	—	—	—
351~500	9^{+8}_0	10^{+8}_0	7^{+6}_0	13^{+10}_0	7^{+7}_0	13^{+10}_0	—	—	—	—

注：（1）表列加工余量及公差均不包括锻件的凸台及圆弧。

（2）应按 H 或 B 的最大截面尺寸选择余量，例如：$H=50$ mm，$B=120$ mm，$L=160$ mm 的工件，其中 H 的最小加工余量应按 120 mm 取 5 mm，而不是按 50 mm 取 4 mm。

表 1.6　圆形锻件表面最小加工余量

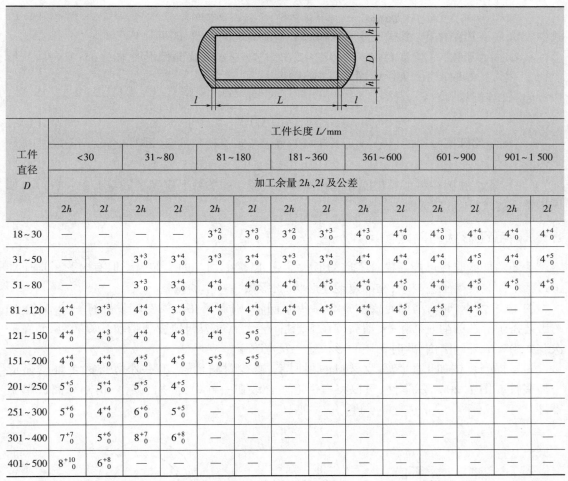

工件直径 D	工件长度 L/mm													
	<30		31~80		81~180		181~360		361~600		601~900		901~1 500	
	加工余量 2h、2l 及公差													
	2h	2l	2h	2l	2h	2l	2h	2l	2h	2l	2h	2l	2h	2l
18~30	—	—	—	—	3^{+2}_{0}	3^{+3}_{0}	3^{+2}_{0}	3^{+3}_{0}	4^{+3}_{0}	4^{+4}_{0}	4^{+3}_{0}	4^{+4}_{0}	4^{+4}_{0}	4^{+4}_{0}
31~50	—	—	3^{+3}_{0}	3^{+4}_{0}	3^{+3}_{0}	3^{+4}_{0}	3^{+3}_{0}	3^{+4}_{0}	4^{+4}_{0}	4^{+4}_{0}	4^{+4}_{0}	4^{+5}_{0}	4^{+4}_{0}	4^{+5}_{0}
51~80	—	—	3^{+3}_{0}	3^{+4}_{0}	4^{+4}_{0}	4^{+4}_{0}	4^{+4}_{0}	4^{+5}_{0}	4^{+4}_{0}	4^{+5}_{0}	4^{+4}_{0}	4^{+5}_{0}	4^{+5}_{0}	4^{+5}_{0}
81~120	4^{+4}_{0}	3^{+3}_{0}	4^{+4}_{0}	3^{+4}_{0}	4^{+4}_{0}	4^{+4}_{0}	4^{+4}_{0}	4^{+5}_{0}	4^{+4}_{0}	4^{+5}_{0}	4^{+5}_{0}	4^{+5}_{0}	—	—
121~150	4^{+4}_{0}	4^{+3}_{0}	4^{+4}_{0}	4^{+3}_{0}	4^{+4}_{0}	5^{+5}_{0}	—	—	—	—	—	—	—	—
151~200	4^{+4}_{0}	4^{+4}_{0}	4^{+5}_{0}	4^{+5}_{0}	5^{+5}_{0}	5^{+5}_{0}	—	—	—	—	—	—	—	—
201~250	5^{+5}_{0}	5^{+4}_{0}	5^{+5}_{0}	4^{+5}_{0}	—	—	—	—	—	—	—	—	—	—
251~300	5^{+6}_{0}	4^{+4}_{0}	6^{+6}_{0}	5^{+5}_{0}	—	—	—	—	—	—	—	—	—	—
301~400	7^{+7}_{0}	5^{+6}_{0}	8^{+7}_{0}	6^{+8}_{0}	—	—	—	—	—	—	—	—	—	—
401~500	8^{+10}_{0}	6^{+8}_{0}	—	—	—	—	—	—	—	—	—	—	—	—

注：(1) 表列加工余量均不包括锻件的凸面及圆弧。

　　(2) 表列长度方向的余量及公差，不适合锻后再切断的坯料。

2. 锻件下料尺寸的确定

由于模具工作零件大多采用锻件生产，其毛坯形式往往是圆棒料，经下料、锻造后再进行加工而制造完成，因此需要计算所下圆棒料的尺寸。在确定棒料尺寸时，需要先确定零件的加工余量，如果锻件机械加工的加工余量过大，不仅浪费了材料，还会造成机械加工工作量过大，增加了机械加工工时；如果锻件的加工余量过小，不能消除锻造过程中产生的锻造夹层、表层裂纹、氧化层、脱碳层和锻造不平等现象，无法得到合格的零件。

因此，合理地选择圆棒料的尺寸规格和下料方式，对于保证锻件质量和方便锻造操作都有直接的关系。在满足上述关系的前提下，尽量选用小规格的圆棒料，对于下料方式，当模具采用钢材料时，原则上采用锯床切割下料，应避免一个切口后打断，这样易生成裂纹。如果用热切法下料，应注意将毛刺除尽，否则易生成折叠，造成锻件废品。

锻件毛坯下料尺寸的确定：

（1）锻件坯料体积 $V_{坯}$ 为

$$V_{坯} = K \cdot V_{锻} \tag{1.1}$$

式中　$V_{锻}$——锻件体积，根据零件形状和加工余量确定锻件图，即可计算出 $V_{锻}$；

　　　K——系数，一般为 1.05~1.10，1~2 次锻成，基本无余面鼓形时取 1.05；有余面鼓形时取 1.10；火次增加时，K 取大值。

（2）计算圆棒料直径 $D_{计}$

$$D_{计} = \sqrt[3]{0.637V_{坯}} \tag{1.2}$$

（3）确定实际圆棒料的直径 $D_{料}$，圆棒料的直径按现有棒料的直径规格选取。选取时应使

$$D_{料} \geq D_{计} \tag{1.3}$$

（4）校验。在圆棒料下料长度 L 和圆棒料的直径 d 的关系上应满足 $L = (1.25~2.5)d$，如果不符合要求，应重新选取 $D_{料}$。

1.5.3　毛坯形状的确定

毛坯的形状应尽可能与模具零件的形状一致，以减少加工的工作量。但有时为了适应加工过程中的装夹等工艺要求，在确定毛坯形状时，需做一些小的调整。

图 1.19 所示凸模，磨削时要求 ϕ10 与 ϕ14 同轴，则需要在凸模左端设置有一个 ϕ10×10 的工艺搭子。在磨削时，将一夹箍夹持在工艺搭子上，通过磨床的拨杆带动其旋转，从而在一次装夹中完成外圆磨削，此时毛坯的形状就会发生改变。

为了提高机械加工生产率及材料的利用率，减少材料消耗，有些小零件的毛坯常做成一坯多件。图 1.20 所示零件，可以将三件毛坯合锻在一件中，待加工后再切割分离成单个零件。

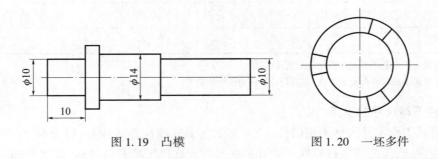

图 1.19　凸模　　　　　　　　　　　图 1.20　一坯多件

1.6　零件基准的选择和安装

模具设计人员为保证模具的工作性能，设计零件时都需确定设计基准，工艺人员在编制工艺时应按设计基准选择合理的定位基准、装配基准、测量基准及工序基准，以保证零件加工后达到设计要求。

在制订零件加工工艺规程时，正确地选择基准具有十分重要的意义。定位基准的选择，不仅影响零件加工的位置精度，而且对零件各表面的加工顺序也有很大的影响。

1.6.1　基准的概念

零件是由若干表面组成的,各表面之间有一定的尺寸和相对位置要求。模具零件表面间的相对位置要求包括两方面内容:表面间的尺寸精度和相对位置精度(如同轴度、平行度、垂直度等)。一般来讲,基准就是零件上用以确定其他点、线、面位置的那些点、线、面。按照其作用不同,基准可分为设计基准和工艺基准两大类。

1. 设计基准

在零件图上用以确定其他点、线、面的基准,称为设计基准。如图 1.21 所示的导套,轴心线 O—O' 是各外圆和内孔的设计基准,端面 A 是端面 B、C 的设计基准,内孔表面 D 的轴心线是 $\phi40$ h6 外圆表面径向圆跳动和端面 B 端面圆跳动的设计基准。

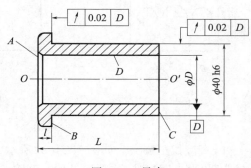

图 1.21　导套

2. 工艺基准

零件在加工和装配过程中所使用的基准,称为工艺基准。工艺基准按用途不同,又分为定位基准、工序基准、测量基准和装配基准。选择工艺基准时应尽量使工艺基准与设计基准一致,但工艺基准需随不同的加工方法而变更。

(1)定位基准是加工零件时确定刀具与被加工表面相对位置的基准。

(2)工序基准是工序图上用来表示被加工表面位置的基准,即加工尺寸的起点。被加工表面位置装配后磨平的尺寸称为工序尺寸。

(3)测量基准是测量零件已加工表面位置及尺寸的基准。

(4)装配基准是装配时用于确定零件在模具中位置的基准,零件的主要设计基准常作为零件的装配基准。

如图 1.22 所示的零件是经铣削、磨削加工后的注塑模型芯。为了便于型芯加工,型芯与推料板和固定板配合部分采用基轴制配合,H 及 H_3 尺寸均留有组装修配余量。零件的 A 平面为尺寸 H、H_3 的设计及工艺基准,中心线 O—O 是零件外形的设计及工艺基准,圆心 O_1 是半径 R 的设计及工艺基准,平面 B 是尺寸 l 的设计及工艺基准。

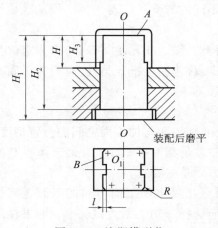

图 1.22　注塑模型芯

1.6.2　工件的安装方式

工件的安装是模具加工过程中的一个重要步骤,它不仅直接影响工件的加工精度,还会因为工件安装的快慢而影响生产率。为了保证加工表面与设计基准间的相对位置精度,工件在加工前应以工艺基准找正、定位并夹紧(总称为装夹)。

常用的工件装夹方式有三种,如图 1.23 所示。

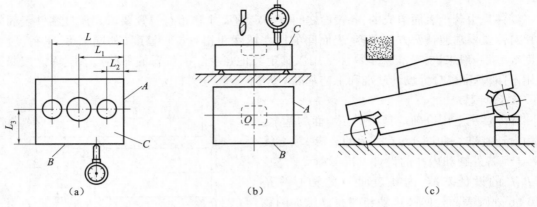

（a）　　　　　　　　　　（b）　　　　　　　　　　（c）

图 1.23　工件装夹方式

（1）直接找正装夹。如图 1.23(a)所示,利用千分表检查工件 A、B、C 三个基面,靠平后夹紧,并以此为工序基准,移动刀具加工型腔。

（2）划线装夹。如图 1.23(b)所示,以 A、B 两平面为基准找平工件,以平面 C 及划线中心点 O 为定位基准,移动刀具加工型腔。

（3）夹具装夹。如图 1.23(c)所示,工件直接装夹到已调整好角度的正弦夹具上,不必找正即可磨出要求的斜度。

1.6.3　定位基准的选择

设计基准由零件图样给定,而定位基准可以有多种不同的方案。正确选择定位基准是设计工艺过程的一项重要内容。

在最初的工序中只能选择未经加工的毛坯表面(即铸造、锻造或轧制等表面)作为定位基准,这种基准称为粗基准。用已加工的表面作为定位基准,称为精基准。另外,有时为了满足工艺需要而在工件上专门设计的定位面,称为辅助基准。

1. 粗基准的选择

粗基准的选择会影响各加工面加工余量的分配以及非加工面与加工面之间的位置精度。而这两方面的要求常常是相互矛盾的,因此选择粗基准时,必须先明确哪一方面是主要的。

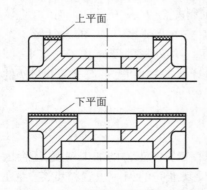

图 1.24　冲压模模座粗基准的选择

如果必须首先保证工件上加工面与非加工面之间的相对位置要求,一般应选择非加工面为粗基准。如果在工件上有很多不需加工的表面,则应将其中与加工面位置精度要求较高的表面作为粗基准。

如果必须首先保证工件重要表面的加工余量均匀,则应选择该表面作粗基准。图 1.24 所示为冲压模模座粗基准的选择。此时应以下平面为粗基准,然后以下平面为定位基准,加工上表面与模座其他部位,这样可减少毛坯误差,使上、下平面基本平行,最后再以上平面为精基准加工下表面,这时下平面的加工余量就比较均匀,且厚度较小。

作为粗基准的表面应尽量平整,没有浇口、冒口或飞边等表面缺陷,以便使工件定位可靠,夹紧方便。粗基准一般只使用一次,不应重复使用,以免产生较大的位置误差。

2. 精基准的选择

选择精基准应保证加工精度及装夹准确方便,一般应遵循如下原则:

(1)应尽可能选用加工表面的设计基准作为精基准,避免基准不重合造成的定位误差。这一原则就是"基准重合"原则。图 1.21 所示的导套,当精磨外圆时,按照基准重合原则,应选择内孔表面(设计基准)为定位基准。

(2)当工件以某一组精基准定位,可以比较方便地加工其他各表面时,应尽可能在多数工序中采用同一组精基准定位,这就是"基准统一"原则。例如,导柱、复位杆、拉杆等轴类零件的大多数工序都采用顶尖孔为定位基准。

(3)当精加工和光整加工工序要求余量尽量小而均匀时,应选择加工表面本身作为精基准,而该加工表面与其他表面之间的位置精度则要求由先行工序保证,即遵循"自为基准"的原则,如左导轨磨床上磨削导轨,安装后用百分表找正导轨的精度,此时导轨磨床床脚仅起支撑作用。

(4)为了获得均匀的加工余量或较高的位置精度,在选择精基准时,可遵循"互为基准"的原则,如左压模垫板上,下面有平行度要求时,须将垫板上、下面交替反复磨削,即垫板上、下面互为基准。

(5)精基准的选择应使定位准确,装夹可靠。为此,作为精基准的表面与被加工表面的面积相比,应有较大的长度和宽度,以提高其位置精度。

3. 辅助基准的选择

当零件上的重要工作表面不适宜选作定位基准时,为了装夹或定位的需要,将一些本来不需加工或加工精度要求较低的表面(如非配合表面),按较高的精度加工出来,用作定位基准,称为辅助基准。例如,轴类零件上的顶尖孔和零件上的工艺凸台,就是专为工艺需要而加工出来的辅助基准或工艺基准。

上述基准选择原则,在实际应用时应全面考虑,灵活应用。定位基准的选择不仅要考虑本工序定位、夹紧,还要结合整个工艺路线统一考虑,使各工序都有合适的定位基准和夹紧方式。

1.7 工艺路线的拟订

在具体工作中,应该通过充分调查研究提出多种工艺方案,并进行分析、比较,正确制订模具加工工艺规程。工艺路线不但会影响加工的质量和生产效率,还会影响工人的劳动强度、设备投资、车间面积和生产成本等。

拟订工艺路线就是制订工艺规程的总体布局,其主要任务包括选择各个加工表面的加工方法和加工方案,确定各个表面的加工顺序以及整个工艺过程的工序等。

关于工艺路线的拟订,目前还没有一套通用而完整的方法,但通过多年来的生产实践,已总结出一些综合性原则。在应用这些原则时,要结合生产实际,分析具体条件,避免生搬硬套。在合理选择定位基准后,拟订工艺路线还要考虑以下几个方面。

1.7.1　零件表面加工方法的选择

确定零件表面加工方法时,在保证零件质量和技术要求的前提下,要兼顾生产率和经济性。因此,加工方法的选择是以加工经济精度和其相应的表面粗糙度为依据的。任何一种加工方法,可以获得的加工精度和表面质量均有一个比较大的范围,但只在一定的精度范围内才是经济的,这种加工精度范围,即为该种加工方法的加工经济精度;相应的粗糙度称为经济粗糙度。在选用加工方法时,要综合考虑下列因素:

(1)要保证加工表面的加工精度和表面粗糙度的要求。由于获得同一精度及表面粗糙度的加工方法往往有若干种,实际选择时应结合零件的结构、形状、尺寸、材料和热处理等要求进行全面考虑。例如,加工公差等级为 IT7 的孔,采用镗削、铰削、拉削和磨削均可达到要求,但对于型腔上的孔,一般不宜选择拉削和磨削,常选择镗削或铰削,孔径大时选择镗削,孔径小时选择铰削。

(2)工件材料的性质对加工方法的选择也有影响。如淬火钢精加工应采用磨削;而对于非铁金属零件,为避免磨削时堵塞砂轮,一般都采用高速镗削或高速精密车削进行精加工。

(3)表面加工方法的选择,除了保证质量要求外,还应考虑生产效率和经济性的要求。大批量生产时,应尽量采用高效率的先进工艺方法。选择加工方法时,应根据工件的精度要求选择与加工经济精度相适应的加工方法。例如,对于公差等级为 IT7、表面粗糙度为 $Ra0.4~\mu m$ 的导柱外圆,通过精密车削虽然可以达到要求,但在经济上就不如选择磨削合理。

(4)为了能够正确地选择加工方法,同时考虑本厂、本车间现有设备情况及技术条件,应该充分利用现有设备,挖掘企业潜力,发挥工人及技术人员的积极性和创造性。

零件上精度较高的表面,是通过粗加工、半精加工和精加工逐步达到的。对于这些表面,仅仅根据质量要求选择最终加工方法是不够的,还应确定从毛坯到最终成形的加工路线(即加工方案)。表 1.7、表 1.8、表 1.9 分别为常见的外圆、平面和内孔的加工方案,可供制订工艺时参考。

表 1.7　外圆表面加工方案

序号	加工方法	公差等级	表面粗糙度 $Ra/\mu m$	适用范围
1	粗车	IT11～IT13	12.5～50	适用于淬火钢以外的各种金属
2	粗车—半精车	IT9～IT10	3.2～6.3	
3	粗车—半精车—精车	IT6～IT7	0.8～1.6	
4	粗车—半精车—精车—抛光(滚压)	IT6～IT7	0.02～0.025	
5	粗车—半精车—磨削	IT6～IT7	0.4～0.8	适用于淬火钢、未淬火钢、钢铁等,不宜加工强度低、韧性大的有色金属
6	粗车—半精车—粗磨—精磨	IT5～IT6	0.2～0.4	
7	粗车—半精车—粗磨—精磨—高精度磨削	IT3～IT5	0.008～0.1	
8	粗车—半精车—粗磨—精磨—研磨	IT3～IT5	0.008～0.01	精度极高的外圆面
9	粗车—半精车—粗磨—精磨—研磨	IT5～IT6	0.025～0.4	适用于有色金属

表 1.8　内圆面加工方案

序号	加工方案	经济精度	表面粗糙度 $Ra/\mu m$	适用范围
1	钻	IT11~IT12	12.5	加工未淬火钢及铸铁的实心毛坯,也可用于加工有色金属(但表面粗糙度稍大,孔径小于 15 mm)
2	钻—铰	IT8~IT10	1.6~3.2	
3	钻—铰—精铰	IT7~IT8	0.8~1.6	
4	钻—扩	IT10~IT11	6.3~12.5	同上,但孔径大于 20 mm
5	钻—扩—铰	IT8~IT9	1.6~3.2	
6	钻—扩—粗铰—精铰	IT7~IT8	0.8~1.6	
7	钻—扩—机铰—手铰	IT6~IT7	0.1~0.4	
8	钻—扩—拉	IT7~IT9	0.1~1.6	大批量生产(精度视拉刀精度而定)
9	粗镗(或扩孔)	IT11~IT12	6.3~12.5	除淬火钢外各种材料,毛坯有铸出孔或锻出孔
10	粗镗(粗扩)—半精镗(精扩)	IT8~IT9	1.6~3.2	
11	粗镗(扩)—半精镗(精扩)—精镗(铰)	IT7~IT8	0.8~1.6	
12	粗镗(扩)—半精镗(精扩)—精镗—浮动镗刀精镗	IT6~IT7	0.4~0.8	
13	粗镗(扩)—半精镗—磨孔	IT7~IT8	0.2~0.8	主要用于淬火钢,也可用于未淬火钢,但不宜用于有色金属
14	粗镗(扩)—半精镗—粗磨—精磨	IT6~IT7	0.1~0.2	
15	粗镗—半精镗—精镗—金刚镗	IT6~IT7	0.025~0.2	主要用于精度高的有色金属加工
16	钻—(扩)—粗铰—精铰—珩磨;钻—(扩)—拉—珩磨;粗镗—半精镗—精镗—珩磨;粗镗—半精镗—粗镗—精镗—珩磨	IT6~IT7	0.05~0.4	精度要求很高的孔
17	用研磨代替上述方案中的珩磨	IT6 级以上	<0.1	

表 1.9　平面加工方案

序号	加工方案	经济精度	表面粗糙度 $Ra/\mu m$	适用范围
1	粗车—半精车	IT8~IT9	3.2~6.3	回转体零件的端面
2	粗车—半精车—精车	IT6~IT7	0.8~1.6	
3	粗车—半精车—磨削	IT7~IT9	0.2~0.8	
4	粗刨(或粗铣)—精刨(或精铣)	IT7~IT9	1.6~6.3	精度要求不太高的不淬硬平面
5	粗刨(或粗铣)—精刨(或精铣)—刮研	IT5~IT6	0.1~0.8	精度要求较高的不淬硬平面
6	粗刨(或粗铣)—精刨(或精铣)—磨削	IT6~IT7	0.2~0.8	精度要求高的淬硬平面或不淬硬平面
7	粗刨(或粗铣)—精刨(或精铣)—粗磨—精磨	IT6~IT7	0.02~0.4	
8	粗铣—拉	IT7~IT9	0.2~0.8	大量生产,较小的平面(精度视拉刀精度而定)
9	粗铣—精铣—磨削—研磨	IT5 以上	0.006~0.1	高精度平面

1.7.2　成形零件加工方法的确定原则

成形零件是模具中的关键零件,确定其加工方法时,在保证尺寸、形位精度及表面质量的前提下,应以工时最短、成本最低为目的。因此,必须对成形件的结构特点、加工工艺、材质等进行深入透彻的分析,根据各成形件的具体情况,确定恰当的加工方法。比如在粗加工时,多采用高速、大切削量加工,以节约工时,加快进度。回转体类工件多选用高速车削;箱体类工件多采用高速铣削加工;小孔的粗加工多采用钻削,精加工则用铰削;大孔则多采用镗削加工;而热处理后的精加工多采用磨削加工。在采用平面精密磨床,内圆、外圆磨,工具磨以及成形磨床等加工方法时,不规则的异形面可以采用电化学、超声加工等特种加工方法,形状较简单且较浅的多型腔可考虑用冷挤压成形或压印修磨加工;深腔、不规则的异形不通孔可采用电火花加工;有镜面要求的凹腔可选用电火花加工技术;通孔采用线切割加工;对于不规则的异形镶拼组合型腔,可采用线切割加工与磨削加工组合的方法,也可用慢走丝镜面加工技术成形,或用数控铣床或加工中心成形,之后采用特种加工方法抛光,以加快速度,保证质量。而 0.3 mm 以下的深腔微型孔,则可采用激光加工完成。

要提高加工速度,保证加工质量,不仅要选择恰当的加工方法,还应选择恰当的材料。例如,有镜面要求的塑料模成形件,可选用 20CrNi3AlMnMo(SM2)、1Ni3Mn2CuAlMo(PMS)两种时效硬化型塑料模具钢,在预硬化后进行时效硬化(精加工前),硬度可达 40~45 HRC,易于加工,精车、铣削均可。还有马氏体时效钢 06Ni6CrMoVTiAl(06Ni)等都易于加工,精加工后在 480~520 ℃进行时效处理,硬度可达 50~57 HRC,适于制造高精度中、小型成形零件,并可作镜面抛光。

1.7.3　加工阶段的划分

零件表面的加工方法确定之后,就要安排加工的先后顺序,选择合适的加工设备,合理地安排热处理、检验等其他工序在工艺过程中的位置,零件加工顺序安排得是否合理,对加工质量、生产率和经济性等有较大的影响。

模具零件加工是将各表面的粗、精加工分开进行的。一般一个工艺过程可划分为以下几个阶段:

(1)粗加工阶段。切除各加工面的大部分加工余量,并加工出精基准,尽可能大地提高生产率。

(2)半精加工阶段。切除粗加工后可能产生的缺陷,为表面的精加工做准备,要求达到一定的加工精度,保证适当的精加工余量,同时完成次要表面的加工。

(3)精加工阶段。在此阶段采用大的切削速度,小的进给量和切削深度,切除上道工序所留下的精加工余量,使零件表面达到图样的技术要求。

(4)光整加工阶段。主要用于降低表面粗糙度或强化加工表面,主要用于表面粗糙度要求很高($Ra \leqslant 0.32$ μm)的表面加工。

(5)超精密加工阶段。加工精度在 $0.01 \sim 0.1$ μm,表面粗糙度 $Ra \leqslant 0.001$ μm 的加工阶段。主要的加工方法有:金刚石刀具精密切削、精密和镜面磨削、精密研磨和抛光等。

1.7.4　工序的集中与分散

工序集中在即每一工序中加工尽可能多的加工面,以减少总的加工工序,减少重复装夹所需的工、夹具,以及减少重复装夹、定位造成的定位积累误差,来提高加工精度。工序集中有利于选用高效的设备,如高速车床、铣床等,还可以节约装夹及校正定位工时、转序工时,有利于提高生产率。加工中心即是工序集中、高效自动化生产的典型设备。

工序分散是将零件的各加工部位分别由多个工序完成,使各工序的加工面单一而相对简单、易于加工,因此对工人的技术水平要求相对较低。自动生产线和传统的流水生产线、装配线是工序分散的典型实例。

1.7.5　加工顺序及其确定原则

合理确定加工顺序对保证工件质量、提高工效、降低制造成本具有至关重要的作用。加工工序的确定应遵循以下原则。

1. 机械加工工序应遵循的原则

(1)基准先行。用作精基准的表面,要先加工出来,然后以精基准定位加工其他表面。在精加工之前,有时还需对精基准进行修复,以确保定位精度。例如,采用中心孔作为统一基准的精密轴,在每一加工阶段都要修正中心孔。

(2)先粗后精。整个零件的加工工序,应首先进行粗加工,再进行半精加工,最后安排精加工和光整加工。

(3)先主后次。先安排主要表面的加工,后进行次要表面的加工。如导柱,导套的内、外圆表面,模板的分型面,与其他零件有配合要求的配合面等。由于主要表面加工容易出废品,应放在前阶段进行,以减少工时浪费,次要表面的加工一般安排在主要表面的半精加工之后,精加工或光整加工之前进行,也有放在精加工后进行加工的。

(4)先面后孔。先加工平面,后加工内圆表面。如箱体类、支架类等零件,其平面所占轮廓尺寸较大,用它作为精基准定位稳定,而且在加工过的平面上加工内圆表面,刀具的工作条件较好,有利于保证内圆表面与平面的位置精度。

2. 热处理工序应遵循的原则

(1)退火、回火、调质与时效处理应在粗加工后进行,以消除粗加工产生的内应力。

(2)淬火或渗碳淬火应在半精加工后进行,用以提高耐磨性和硬度,其引起的变形可在后续精加工中去除。

(3)渗氮或碳氮共渗等工序也应在半精加工后进行。因为渗氮或碳氮共渗处理时温度低、变形小,在精加工时可将变形去除。另外,渗氮或碳氮共渗的深度浅,只能进行精加工。

3. 辅助工序及其应遵循的原则

辅助工序包括检验、清洗整理(去毛刺)和涂覆等,其中检验工序为辅助工序中的主要工序,应遵循如下原则:

(1)应在粗加工及半精加工之后、精加工之前进行检验,不合格的工件不得进入下一工序。

（2）重要工序加工前后应进行检验。

（3）热处理前应进行检验。

（4）特种性能检验（如磁力探伤）前应进行检验。

（5）工件从某一车间转送另一车间前后应进行检验。

（6）完成全部加工，装配前或入库（成品库）前应对尺寸精度、形位精度、表面质量及技术要求等进行全面检验。不符合图样要求的，不得进行装配，也不准进入成品库。

1.7.6 确定模具组装件的配制加工方案

模具是由许多零件组装而成的，对各零件间的相对位置都有较高的要求，例如，注射模中动模与定模的同轴度、精密冲压模的凸模与卸料板间的精密配合、冲压凸模与凹模组装后的间隙等。因此，模具制造时常采用配制、组合加工或修配等方法来解决上述问题，这样既可以降低零件加工时的精度要求，又可以保证较高的装配精度，但钳工的修配工作量较大。

对于高精度的模具，工作零件均需淬火处理，若采用钳工修配的方法不仅工作量大，而且很难达到高精度的要求，此时模具均采用镶拼结构，并用高精度机床加工，加工误差为微米级，从而保证零件的互换性。

在用配制法加工时，工艺人员要根据模具的要求及本厂的技术条件决定哪些零件和部位要采用配制或修配工艺，在编制工艺时要写清楚。配制工艺的形式很多，下面介绍几种常用方法。

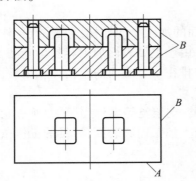

图 1.25 统一定位基准

1. 利用统一定位基准进行加工

如图 1.25 所示，定模型腔必须与型芯固定板型孔保持同心，为此划线时两模板应统一利用合模时的 A、B 侧基面为基准，并将两模板同时划出每一尺寸线，加工时都以 A、B 侧基面作为定位基准和工序基准。

2. 利用样板划线进行加工

如图 1.26 所示，要求合模后的凹、凸模必须同心，以保证成形件壁厚均匀。加工时先按凹模和凸模尺寸做样板，然后按图示加工凸、凹模定位工艺孔，再以工艺孔定位分别在凹、凸模分型面上划出型腔及型芯的加工线，并利用槽形样板进行铣削加工。

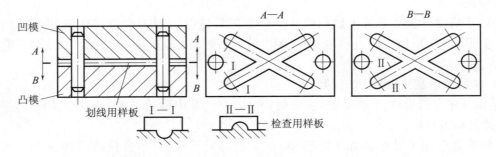

图 1.26 利用样板划线进行加工

3. 组合加工

图 1.27(a)所示为上下模板以销孔为基准组合后一次装夹加工上下型芯固定孔,上、下型芯在一次装夹中加工出内、外型孔,以保证上、下模同心。图 1.27(b)所示为一次装夹加工上、下模不同尺寸型孔的组合加工示例。图 1.27(c)所示为保证两侧型孔一致的组合加工示例。

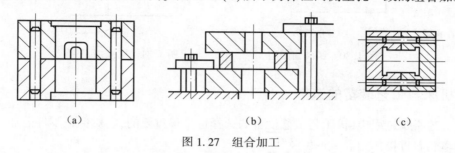

(a)　　　　　　　　(b)　　　　　　　(c)

图 1.27　组合加工

4. 复印法

图 1.28(a)所示为保证安装齿轮轴的孔与齿轮型腔同心的方法,利用齿形复印顶尖,合模时在上、下板上印出中心孔,然后以此为基准加工嵌件固定孔。图 1.28(b)所示为保证型腔侧孔与侧抽芯滑块上的型芯孔同心的复印示例。

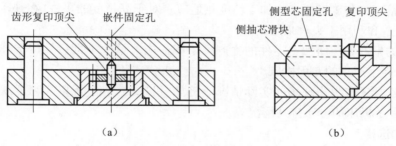

(a)　　　　　　　　　　　　　　(b)

图 1.28　复印法

5. 压印法

如图 1.29 所示,上、下型芯侧面与端面必须保证紧密配合,以防止产生飞边。加工时预先在型芯侧面和端面留一定修配余量,上型芯淬火后利用合模,可在下型芯上压出印痕,然后钳工按印痕修正下型芯,保证上、下型芯紧密配合。

6. 组装修配法

下型芯为保证斜楔与滑块斜面的合理接触,经常采用组装修配的方法。首先在一个零件上留有余量,在组装时按实际情况修磨斜楔或滑块的斜面,直至达到合适的配合为止,如图 1.30 所示。

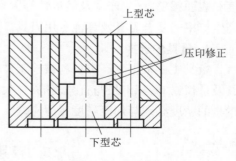

图 1.29　压印法

7. 引孔加工法

如图 1.31 所示,为保证上下模同心,常将一工件加工成形并淬硬,然后以同一基准组合后以所淬硬件上的孔为导向,向另一工件引钻定心,并以此为准再加工出孔。

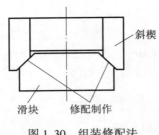

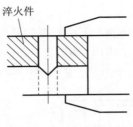

图 1.30　组装修配法　　　　图 1.31　引孔加工

1.7.7　机床与工艺装备的选择

拟订工艺路线过程中,机床与工艺设备的选择也是很重要的,它对保证零件的加工质量和提高生产率起着直接作用。

1. 机床的选择

选择机床时,应注意以下四点:

(1)机床的加工范围应与零件的外廓尺寸相适应。即小零件应选小的机床,大零件应选大的机床,做到合理使用机床。

(2)机床精度应与工序要求的加工精度相适应。对于高精度的零件,在缺乏精密设备时,可通过设备改造和利用工夹具来加工。

(3)机床的生产率与所加工零件的生产类型相适应。单件小批量生产选择通用机床,大批量生产选择高生产率的专用机床。

(4)机床选择还应考虑现场的实际情况。例如,机床的类型、规格及精度状况,机床负荷的平衡状况,以及机床的分布排列情况等。

2. 夹具的选择

单件小批量生产,应尽量选用通用夹具,如各种卡盘、台虎钳和回转台等。为提高生产率,应积极推广使用组合夹具。大批量生产,应采用高生产率的气、液传动的专用夹具。夹具的精度应与零件的加工精度相适应。

3. 刀具的选择

刀具的选择主要取决于工序所采用的加工方法、加工表面的尺寸、工件材料、所要求的精度和表面粗糙度、生产率及经济性等因素。一般应尽可能采用标准刀具,必要时也可采用各种高生产率的复合刀具及其他专用刀具。刀具的类型、规格及精度等级应符合加工要求。

4. 量具的选择

量具主要根据生产类型和被检工件的精度来确定。在单件小批量生产中,应采用通用量具及量仪,如游标卡尺与百分表等;在大批量生产中,应采用各种量规和高生产率的专用检具。量具的精度必须与加工精度相适应。

1.8　模具制造工艺规程的编制

模具零件机械加工工艺规程就是以规范的表格和必要的图片及文字形式,将模具制造工艺过程中涉及的各工序的加工顺序、加工内容、采用的方法和技术要求、所需设备和辅助工装、需用的加工工时和加工余量等信息,按顺序完整编入模具制造过程的指导性文件,并以此对模具制造的各个环节进行组织、指导、管理和控制。

1.8.1　模具制造工作内容

模具加工时工艺人员的工作内容包括以下四方面。

1. 编制工艺文件

模具工艺文件主要包括模具零件加工工艺规程、模具装配工艺要点或工艺规程、原材料清单、外购件清单和外协件清单等。在充分理解模具结构、各零件之间的相互位置关系和功能以及配合要求的情况下,模具工艺技术人员可结合企业现有设备条件、生产和技术状态等条件编制模具零件加工和装配等工艺文件。

2. 设计二类工具并编制其加工工艺卡

二类工具是指加工和装配模具时所用的各种专用工具。这些专用的二类工具,一般由模具工艺技术人员负责设计和编制工艺(特殊的部分由专门技术人员完成)。二类工具的质量和效率对模具质量和生产进度起着重要的作用。在客观允许的条件下可以利用通用工具改制,注意应该将二类工具的数量和成本降低到客观允许的最小程度。

经常设计的二类工具有:非标准的铰刀和铣刀、型面检验样板、非标准量规等,电火花成形加工电极、装配时使用的间隙调整装置、型面检验放大图等。

3. 处理加工现场技术问题

在模具零件加工和装配过程中,模具工艺技术人员需要处理技术、质量和生产管理等问题。如对工艺文件进行解释与技术指导、调整加工方案和方法、处理尺寸超差和带料等,从而保证零件加工质量和生产进度。

4. 参加试模和鉴定工作

试模是模具在装配之后的重要环节,模具工艺技术人员通过试模可看到各种技术问题,进而提出解决方案,并对模具的最终技术质量状态给出正确的结论。

1.8.2　模具制造工艺规程编制

模具制造工艺规程编制的过程包括以下五个步骤。

1. 分析模具零件的工艺性

模具零件的工艺性包括零件的结构工艺性及加工工艺性。在充分理解模具装配图及零件图的结构特点、工作原理、配合要求等基础上,分析模具零件在材料、形状、尺寸、粗糙度和精度要求上的工艺性是否合理,找出加工的技术难点,提出合理的解决方案和技术保证措施。

2. 确定毛坯种类和尺寸

根据零件的材料类别、作用和要求等确定哪些零件分别属于自制件、外购件和外协件,填写外购件清单和外协件清单。对于自制件则确定其毛坯种类及尺寸,并填写毛坯备料清单。

3. 拟定零件加工工艺路线

选择定位基准、主要表面加工方法和机床、确定各工序余量,计算工序尺寸、公差,提出技术要求。

4. 设计二类工具和编制加工工艺卡

设计加工模具用的二类工具并编制其制造工艺,专用二类工具的设计原则应符合模具生产的特点。

5. 工艺规程内容的填写

将模具制造工艺内容用文件的形式确定下来,并填写成一定的表格形式。模具工艺规程内容的填写,应该文字简洁、明确且符合工厂用语,对于关键工序的技术要求、保证措施及检验方法应给出必要的说明,并根据需要画出工序加工简图。模具零件加工工艺规程的常用格式见表1.10。

表 1.10　模具加工工艺规程

（单位）		工艺过程卡片						
零件名称		模具编号		零件编号				
材料名称		毛坯尺寸		件　　数				
工序号	机号	工种	施工简要说明	定额工时	实做工时	制造人	检验	等级
工艺员		年　月　日		零件质量等级				

对于一般模具的装配只编制装配要点、重要技术要求的保证措施及在装配过程中需要机械加工和其他加工配合加工的要求,而模具的具体装配程序多由模具装配钳工自行掌握,只有对于大型复杂模具才编制较详细的装配工艺规程。

1.9　试模鉴定

模具在交付使用前,应进行试模鉴定,必要时还需做小批量试生产鉴定。试模需将模具安装在相应的设备(如冲床、注塑机)上进行。试模鉴定的内容包括:产品成形工艺及模具结构设计是否合理,模具制造质量的高低,模具是否能顺利地成形出产品,成形产品的质量是否符合要求,模具采用的标准是否合理等。例如,在塑料模具设计中,浇口尺寸的大小必须在试模时反复修正,以保证浇注系统的平衡。冲压模具中零件毛坯展开尺寸的计算、卸料力的大小等均需要在试模中确定。试模时应由模具设计、工艺编制、模具装配、设备操作及模具用户等相关人员一同进行。

具体验收的技术要求内容见表1.11。

表 1.11　模具验收技术要求

序号	验收项目		说明(验收方法,引用标准及要求等)
1	制件技术要求	几何形状、尺寸与尺寸精度、形状公差	1. 主要根据产品图上标注和注明的尺寸与尺寸公差,形状位置偏差,以及其他技术要求 2. 根据有关冲压件、塑料件等行业或国家模具技术标准
		表面粗糙度	
		表面装饰性	
		冲压件毛刺与断面的质量	
2	技术要求模具零部件	凸模与凹模质量标准,零部件质量,其他辅助零件质量	1.《冲模 零件 技术条件》(JB/T 7653—2020);《冲模 模架技术条件》(JB/T 8050—2020);《冲模模架精度检查》(JB/T 8071—2008) 2.《塑料注射模零件及技术条件》(GB/T 4170—2006);《塑料注射模模架》(GB/T 12555—2006)
3	技术要求模具装配与试模	模具整体尺寸和形状位置精度	1.《冲模技术条件》(GB/T 14662—2006) 2.《塑料注射模技术条件》(GB/T 12554—2006) 3. 检查制件是对模具质量的综合检验,即制件须符合用户产品零件图样上的所有要求 4. 外观须符合用户和标准规定
		模具导向精度	
		间隙及其均匀性	
		使用性能和寿命	
		制件检查	
		模具外观检查	
4	标记、包装、运输		按相应的标准规定内容验收

拓展阅读

辉煌的中国古代模具技术

　　早在 5 000~7 000 年前,我国古代就开始了模具的使用,因为不使用模具,要制造像青铜大立人、裸体带冠祭师立人像及后母戊鼎这样的大型青铜作品是无法想象的,如图 1.32 所示。一件铜器的制作,如果要全面考察,大致可以包括这样一些程序:采矿、冶炼、合金配制、制范、浇铸与后期处理等。其中的制范其实就是模具的制作,"范"是我国古代对模具的称谓。在古代,曾先后出现了这样一些模具制作方式:泥范、石范、陶范、铜范及铁范、熔模等。在我国,泥范、铁范、熔模被称为先秦"三绝"。

图 1.32　我国古代青铜器

青铜器，在古时被称为"金"或"吉金"。商代青铜器风格浑厚、庄重，纹饰设计有浓厚的神秘色彩，西周青铜器风格简练、优雅且纹饰大方。春秋以后，青铜器风格更加新颖、灵动，花纹富丽繁缛，造型和工艺水平均达到了一个新的巅峰。对于这些器型硕大、纹饰繁复精美无比的青铜器，古人是用什么方法铸造而成的呢？

1. 模范法（范铸法或块范法）

模范法是先用陶泥做出"模"（想要铸造的青铜器的样子，也就是青铜器的草稿），"范"（将泥土敷在模上，脱出用来形成铸件外轮廓的组成部分）和"芯"（体积与容器内腔相当的范），而后将范和芯组合起来，范、芯之间的空腔就形成了所要铸造器物的形体，再将熔化的青铜液浇注进空腔里，经过冷却，分离陶范，修整等步骤，呈现出的就是最后的青铜器了。图 1.33 所示为模范法的铸造过程。

2. 失蜡法

失蜡法的原理是采用易融化且便于塑形的材质，如蜂蜡、动物油脂（牛油、羊油等）或松香等制成欲铸器物的蜡模，随后在蜡模表面用细泥浆多次浇淋形成泥壳，再涂上耐火材料。加热烘烤，熔点低的蜡模融化流出，形成空腔。往腔内浇注青铜液，凝固后打碎外范即可得到光洁细密而又精巧的铸件。图 1.34 所示为失蜡法制造的云纹铜禁。

图 1.33　模范法的铸造过程　　　　图 1.34　失蜡法制造的云纹铜禁

思　考　题

1. 什么是模具制造？模具制造基本要求包括哪几个方面？
2. 模具的技术经济分析主要有哪几个方面的内容？
3. 简述模具制造的特点。
4. 模具毛坯种类有哪些？如何确定毛坯尺寸？
5. 模具设计时，应怎样考虑模具零件的结构工艺性？
6. 模具制造工艺规程的编制包括哪些工作内容？
7. 什么是基准？基准一般分成哪几类？
8. 粗、精基准的选择原则有哪些？
9. 如何正确拟定模具机械加工工艺路线？

第 2 章　模具机械加工技术

本章学习目标及要求

(1) 了解车削加工的范围、精度及粗糙度,掌握车削零件的装夹方法。

(2) 了解铣削加工的范围、精度及粗糙度,了解常用的机床及附件,掌握圆弧面的加工方法。

(3) 了解磨削加工的范围、精度及粗糙度,了解常用的机床及其使用方法,掌握普通及成形磨削的各种工艺方法。

(4) 了解其他机械加工方法。

机械加工又称传统加工方法,虽然模具制造出现了许多新的加工方法,但在模具制造中机械加工仍是不可或缺的。当模具零件结构简单、精度要求不高时可采用机械加工方法直接完成加工;当模具结构复杂时,机械加工可作为粗加工及半精加工工序,为模具的进一步精加工做准备。

机械加工常用的加工方法有:车削加工、铣削加工、磨削加工等。

2.1　车　削　加　工

车削加工主要用于回转体类零件,如内外旋转表面、螺旋面、端面、钻孔、镗孔、铰孔及滚花等加工。车削是机械加工中主要的加工方式之一。车削可分为普通车削和成形车削。普通车削的经济精度可达 IT7~IT9,经济表面粗糙度为 $Ra3.2\ \mu m$;精车的尺寸精度可达 IT6,表面粗糙度可达 $Ra0.8\ \mu m$。

在模具零件加工中,普通车削可加工具有回转体表面的凸模、凹模、导柱、导套、顶杆、模柄等。根据模具的要求,对于一般模具零件,车削加工可以作为最终工序;而对于需要淬火的模具零件来说,一般是作为中间工序,淬火后继续进行精加工。

车床的种类很多,其中卧式车床的通用性较好,应用较为广泛。卧式车床如图 2.1 所示。

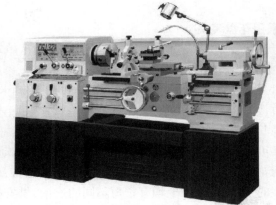

动画

车削加工仿真模拟

图 2.1　卧式车床

2.1.1 普通车削

1. 采用三爪单动卡盘装夹

普通车削加工时,当模具零件的外形呈规则形状时,往往采用三爪单动卡盘装夹工件,如图 2.2 所示。采用三爪卡盘装夹的特点是能自动定心,装卸工件较方便,生产效率较高。但三爪卡盘只能装夹回转体类零件,并且夹紧力小,定心精度低,当模具零件外形不规则时,三爪自定心卡盘就不能使用,必须采用其他装夹方法。

2. 采用四爪单动卡盘装夹

四爪单动卡盘用于装夹尺寸较大且形状不规则的零件。其特点是:夹紧力大,但装卸工件时比较烦琐,而且每个工件都需要调节工件的中心与机床的主轴中心重合。

四爪单动卡盘如图 2.3 所示。它有四个互不相关的卡爪 1、2、3、4,每个卡爪的背面都有一个半弧形的螺纹与丝杠 5 啮合,丝杠的顶端有一方孔,用来安插卡盘扳手,用扳手转动某一丝杠时,与其相啮合的卡爪可单独作离心或向心移动,以适应工件大小的需要。四个卡爪相互配合,便可将工件夹紧在卡盘上。

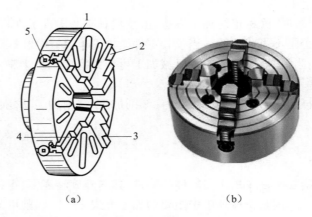

（a）　　　　　　　　（b）

图 2.2　三爪单动卡盘实物图　　　图 2.3　四爪单动卡盘

1、2、3、4—卡爪;5—丝杠

3. 采用花盘装夹

对于形状复杂、不规则的零件,采用三爪、四爪单动卡盘无法装夹时,可以采用花盘(见图 2.4)或花盘和角铁(见图 2.5)进行装夹。

花盘是一铸铁大圆盘,其形状基本上与四爪单动卡盘相同,但直径比四爪单动卡盘大。花盘可以直接安装在车床主轴上,它的盘面有很多长短不同的通槽和 T 形槽,用于安插各种螺栓,以紧固工件。在花盘或角铁上装夹工件比较烦琐,既要考虑工件被加工表面的位置,如何用简便又可靠的方法把工件夹紧,还要考虑工件在转动时的平衡和安全问题。

采用花盘或花盘和角铁装夹时常用的附件如图 2.6 所示。图 2.6(a)所示为角铁,有两个相互垂直的平面,两平面上均有长短不同的通槽,供安插螺栓用;图 2.6(b)所示为方头螺栓,可插入花盘或角铁的槽中,与压板和螺母一起夹紧工件;图 2.6(c)所示为 V 形铁,V 形槽角度一般为 90°;图 2.6(d)所示为平压板,通孔用于安装螺栓;图 2.6(e)所示为平垫铁,是一种标准工具,有各种不同的尺寸;图 2.6(f)所示为平衡铁,装在花盘上使工件在转动时保持平衡;图 2.6(g)所示为附件实物图。

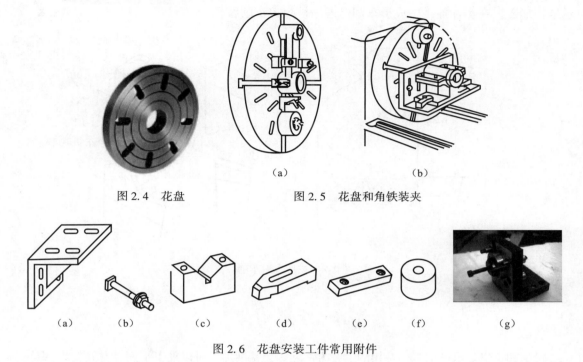

图 2.4　花盘　　　　　　　　图 2.5　花盘和角铁装夹
　　　　　　　　　　　　　　　　　　（a）　　　　　　　（b）

（a）　　（b）　　（c）　　（d）　　（e）　　（f）　　（g）

图 2.6　花盘安装工件常用附件

4. 采用双顶尖装夹

对同轴度要求比较高且需要调头加工的较长的轴类工件,常用双顶尖装夹工件,如图 2.7 所示,其前顶尖为固定顶尖,装在主轴孔内,并随主轴一起转动,后顶尖为回转顶尖,装在尾座套筒内。工件通过中心孔被顶在前后顶尖之间,并通过拨盘和鸡心夹头随主轴一起转动。由于需要靠鸡心夹头传递转矩,所以车削工件的切削用量要小。对于质量较大、加工余量也较大的工件,可采取前端用卡盘夹紧,后端用顶尖顶住的装夹方法。为了防止工件轴向窜动,工件应轴向定位,即在卡盘内增加一个限位支撑。对于有些同轴度要求较高的模具零件(如导套等),可采用芯轴装夹工件。

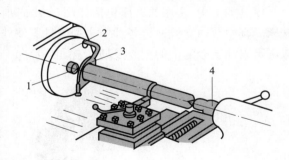

图 2.7　双顶尖安装工件
1—前顶尖;2—拨盘;3—鸡心夹头;4—后顶尖

2.1.2　成形车削

在模具加工过程中,经常会遇到一些形状复杂的回转体表面,此时采用标准刀具加工往往不易保证加工质量,生产效率也低。实际生产时,通常根据工件加工表面的形状、尺寸采用成形车刀进行切削加工。

采用成形车刀的仿形车削如图2.8所示。当回转体的母线形状复杂时,可将母线形状分成若干段简单形状,如图2.8(a)所示,并根据每一段的形状制成相应的成形车刀,如图2.8(b)所示进行加工。在实际加工中成形车削已逐渐被数控车削替代。

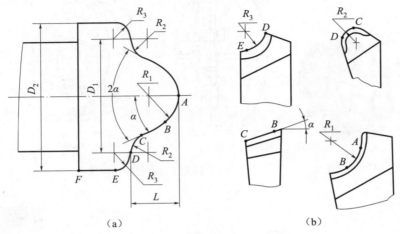

(a)

(b)

图2.8 成形车刀车削

2.2 铣 削 加 工

铣削加工也是机械加工中常用的工艺方法之一。铣削加工可以加工平面、沟槽、轮齿、螺纹、花键轴和比较复杂的型面,加工效率及精度较刨床高,是模具成形表面的主要加工方法之一。铣削加工后的精度可达 IT8~IT10,表面粗糙度可达 $Ra0.8~1.6\ \mu m$。当型腔或型面的精度要求高时,铣削加工仅作为中间工序,铣削后需用成形磨削或电火花加工等方法进行精加工。

模具加工中,常用的铣床包括如图2.9(a)所示的立式铣床和图2.9(b)所示的万能工具铣床。其中普通立铣适合各种中小型模具零件外形较为规则的型腔及型面加工。万能工具铣床则可以加工较复杂的型腔及型面,精度较高。

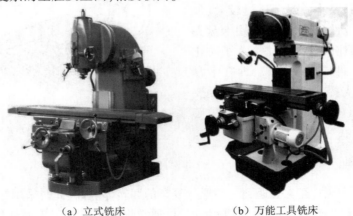

(a)立式铣床　　　　(b)万能工具铣床

图2.9 铣床

常用的普通铣削加工主要有以下两种。

1. 平面或斜面的加工

模具外表面或斜面经常采用盘铣刀进行加工,如图 2.10 所示。这种加工方法生产效率高、加工质量好。

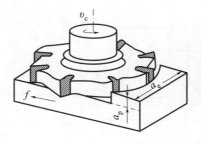 

动　画 ●
平面铣削
加工仿真

图 2.10　盘铣刀

铣削加工时,要求模具一组相邻的两侧面相互垂直,称为角尺面,它是划线和后续加工的基准。

2. 圆弧面的加工

借助铣床附件回转工作台可以进行各种圆弧面的加工,回转工作台的结构如图 2.11 所示。工件装在转台 2 上,转台的转动由蜗轮蜗杆传动,手轮 4 装在蜗杆轴 3 上,蜗轮与转台 2 连接在一起,转动手轮时转台就转动,从而带动工件绕转台的中心转动。进行直线铣削时,转动手柄 5 可将转台锁紧。松开螺钉 6,拨出偏心套插销 7,并将其插入另一条槽内,便可使蜗轮蜗杆脱开,这时可直接用手推动转台旋转。

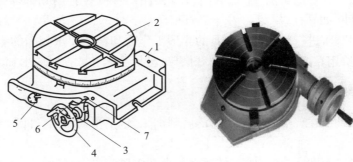

图 2.11　回转工作台
1—底座;2—转台;3—轴;4—手轮;5—手柄;6—螺钉;7—偏心套插销

台面上的 T 形槽可用来固定工件、夹具、附件;转台中心与转台同轴线的带台阶的锥孔,用于校正转台位置及工件定位;底座 1 上的缺口可用 T 形螺栓将回转工作台固定在机床工作台上;回转工作台的外圆表面的刻线,可用来观察转台转过的角度。

利用回转工作台进行立铣加工圆弧的方式如图 2.12 所示。加工时,先使铣床主轴中心对正回转工作台的中心,然后安装工件,使圆弧中心 R 与回转工作台的中心重合,移动工作台(移动的距离为 R),转动回转工作台即可进行加工,加工时要注意回转工作台的转动角度。

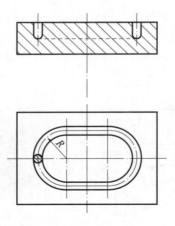

图 2.12　圆弧面加工

2.3　磨削加工

磨削是用高速旋转的砂轮,对工件进行微小厚度切削的加工方法,是机械加工中常用的工艺方法之一。磨削能加工平面、内外圆及成形表面等,可以磨削淬硬钢、硬质合金等高硬度材料和普通材料。磨削加工的加工精度可达 IT5～IT7,表面粗糙度为 $Ra0.2～1.6\ \mu m$。

模具零件的尺寸精度和表面粗糙度一般要求较高,因此有许多模具零件必须经过磨削加工。常见的磨削加工有普通磨削(平面磨削、外圆磨削、内圆磨削)和成形磨削等。模具生产中,形状简单的零件(如导柱、导套的内外圆面和模具零件的接触面等)一般选用万能外圆磨床、内圆磨床、平面磨床进行加工。而模具的异形工作面和精度要求较高的零件(如高速冲模的工作零件)一般选用在成形磨床、光学曲线磨床、坐标磨床和数控磨床上加工。

2.3.1　普通磨削加工

普通磨削加工是指在普通磨床上进行的磨削加工,包括平面磨削、外圆磨削、内圆磨削。

1. 平面磨削

平面磨削采用平面磨床,加工时工件通常装夹在电磁吸盘上,如图 2.13 所示。磨削时,工件随工作台作直线往复运动 f_1,砂轮作回转运动 n_1,并同时作横向进给运动 f_2 和垂直进给运动

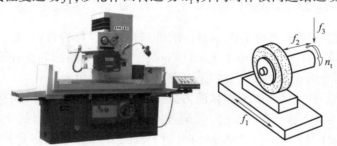

图 2.13　平面磨削

f_3。由于砂轮主轴呈水平方向,所以称为卧轴平面磨床,加工精度可达 IT6 左右,表面粗糙度可达 $Ra0.2\sim0.8$ μm。

用平面磨床加工模具零件时,要求模具零件的上下平面与基准面(塑料模为分型面,冷冲模为上模座上平面或下模座下平面)平行,同时还应保证基准面与各有关平面的垂直度。

1)平行平面的磨削

模具模板的两平面要求相互平行,表面粗糙度要求在 $Ra0.8$ μm 以下。此时应在平面磨床上反复交替磨削两平面,逐次提高平行度和表面粗糙度。

2)垂直平面的磨削

模具垂直平面的磨削方法如图 2.14 所示。图 2.14(a)所示为用精密平口钳装夹工件,通过精密平口钳自身的精度保证模具的垂直度要求;图 2.14(b)所示为用精密角铁和平行夹头装夹工件,用百分表找正后磨出该垂直面,适于磨削尺寸较大的垂直面;图 2.14(c)所示为用导磁角铁和平行垫铁装夹工件,以工件上面积较大的平面为基准面,并使其紧贴于导磁角铁面,磨出垂直面,适用于狭长工件的加工;图 2.14(d)所示为用精密 V 形铁和夹爪装夹工件,适用于圆形工件的端面磨削。

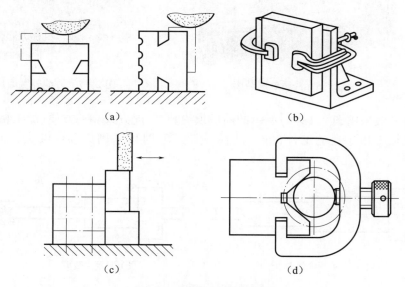

(a)　　　　　　　　　　(b)

(c)　　　　　　　　　　(d)

图 2.14　垂直平面的磨削

2. 内、外圆磨削

1)内圆磨削

模具零件的内圆柱面(如导套内圆柱面、圆凹模成形面等)需进行内圆磨削,其加工是在内圆磨床或万能外圆磨床上进行的,如图 2.15 所示,其加工原理与外圆磨削大致相同。磨削内圆柱面的精度可达 IT6~IT7,其表面粗糙度可达 $Ra0.4\sim1.6$ μm。

内圆磨削时,模具零件的装夹方法与车床装夹方法类似,较短的套筒类零件(如凹模、凹模套等)可用三爪定心卡盘装夹,外形为矩形的凹模孔和动、定模板型孔可用四爪单动卡盘装夹,大型模板上的型孔、导柱导套孔等可用工件端面定位,在法兰盘上用压板装夹。

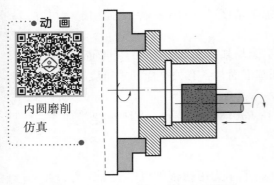

图 2.15　内圆磨削

2) 外圆磨削

模具零件中的圆形凸模、导柱、导套、推杆等零件的外圆柱面需进行外圆磨削,采用的设备是图 2.16 所示的普通外圆磨床及图 2.17 所示的万能外圆磨床。磨削外圆柱面的精度可达 IT5～IT6,表面粗糙度可达 $Ra0.2～0.8\ \mu m$。外圆磨削的加工方式是使用高速旋转运动的砂轮对低速运动的工件进行磨削,工件相对于砂轮作纵向往复运动。外圆磨床上可加工外圆柱面、圆台阶面和外圆锥面等。

图 2.16　普通外圆磨床

图 2.17　万能外圆磨床

外圆磨削一般采用图 2.18(a)所示的前后顶尖装夹,此方式装夹方便、加工精度较高。当磨削细长不能加工顶尖孔的工件(如小凸模、型芯等)时可采用反顶尖装夹,如图 2.18(b)所示。

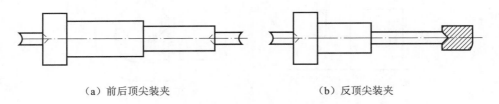

(a) 前后顶尖装夹　　　　　　　　　　　　(b) 反顶尖装夹

图 2.18　外圆磨削装夹

外圆磨削时,淬火后工件的中心孔必须准确刮研,使用硬质合金顶尖并采用适当的顶紧力,并在一次装夹中磨出各段以保证其同轴度。

3. 内、外圆同时磨削

模具中有许多零件要求内、外表面同时进行磨削,例如导套、拉深模的凸凹模等,此类加工除了要求保证内、外表面各自的精度和表面粗糙度之外,还要求保证内、外圆表面的同轴度要求。图 2.19 所示为导套内、外圆同时磨削示意图,为了保证导套内外圆表面的同轴度,可将导套内、外圆表面同时磨出,如图 2.19(a)所示;或者先磨削内孔,再以内孔为定位基准,插入芯轴,然后用顶尖顶住芯轴磨削外圆,如图 2.19(b)所示。

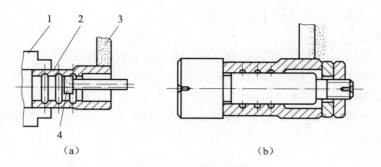

动 画

内外圆同时
磨削

图 2.19　导套内、外圆同时磨削
1—夹头;2—导套;3、4—砂轮

2.3.2　成形磨削

当模具中凸模、型芯、镶拼凹模和镶拼型腔等具有复杂截面形状的零件精加工时,需采用成形磨削。成形磨削是把零件的复杂形状的轮廓分解为若干个线段和圆弧,然后逐段磨削。成形磨削具有精度高、效率高等优点,其磨削精度可达 IT6,表面粗糙度为 $Ra0.4 \sim 1.6 \ \mu m$。成形磨削常采用成形磨床或者平面磨床。

成形磨床结构如图 2.20 所示。砂轮 6 由装在磨头架 4 上的电动机 5 带动高速旋转,磨头架装在精密的纵向导轨 3 上,通过液压传动实现纵向往复运动,该运动由手柄 12 操纵。转动手轮 1 可使磨头架沿垂直导轨 2 上下移动,即砂轮作垂直进给运动,此运动除手动外还可机动以使砂轮迅速接近工件或快速退出。夹具工作台 9 有纵向和横向滑板,横滑板上装有万能夹具 8,它可在床身 13 右端的精密纵向导轨上运动。转动手轮 10 可使万能夹具作横向运动以磨削工件。

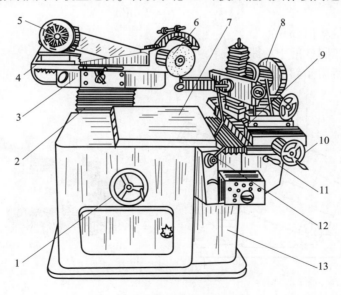

图 2.20　成形磨床结构
1—手轮;2—垂直导轨;3—纵向导轨;4—磨头架;5—电动机;6—砂轮;7—测量平台;
8—万能夹具;9—夹具工作台;10—手轮;11、12—手柄;13—床身

成形磨削的方法很多,下面介绍 4 种常用方法。

1. 成形砂轮磨削法

成形砂轮磨削法是指利用工具,将砂轮修整成与工件型面完全吻合的相反型面,以此磨削工件,从而获得所需形状的加工方法,如图 2.21 所示。

2. 成形夹具磨削法

成形夹具磨削法是指将工件置于成形夹具上,利用夹具调整工件的位置,使工件在磨削过程中作定量移动或转动,由此获得所需形状的加工方法,如图 2.22 所示。

成形砂轮磨
削法仿真设计

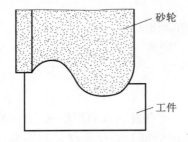

图 2.21 成形砂轮磨削法

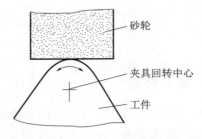

图 2.22 成形夹具磨削法

成形夹具磨
削法仿真设计

成形夹具磨削法有很多,现在用得较多的是正弦精密平口钳、正弦磁力台等。

1)正弦精密平口钳

正弦精密平口钳如图 2.23 所示,一般用于斜面的磨削。工件 3 装夹在精密平口钳 2 上,平口钳上的正弦圆柱 4 与底座 1 之间垫入块规 5 而使工件精确倾斜一定的角度,依靠工作台的平移完成磨削斜面。利用此夹具所夹持的工件最大倾角为 45°,所垫入的量块值 H 为

$$H = L\sin\alpha \tag{2.1}$$

式中　H——应垫量块值,mm;

　　　L——两正弦圆柱的中心距,mm;

　　　α——工件所需倾斜的角度,(°)。

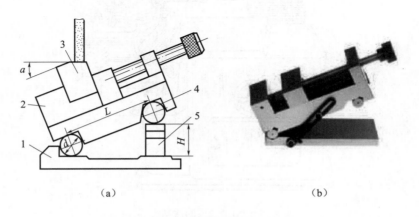

（a）　　　　　　　　　　　（b）

图 2.23 正弦精密平口钳

1—底座;2—精密平口钳;3—工件;4—正弦圆柱;5—块规

2）正弦磁力台

正弦磁力台如图 2.24 所示。正弦磁力台的结构原理和应用与正弦精密平口钳基本相同，二者的差别仅仅在于前者用磁力来夹紧工件。正弦磁力台夹具所夹持工件最大倾角也为45°，适合于扁平模具零件的磨削，它与正弦精密平口钳配合使用，可磨削平面与圆弧组成的形状复杂的成形表面。

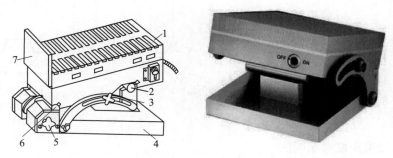

图 2.24　正弦磁力台
1—电磁吸盘；2、6—正弦圆柱；3—块规；4—底座；5—偏心离合器；7—挡板

3. 数控磨床成形磨削法

对于高速冲裁的连续模，它的零件精度要求更高，生产中还需使用数控磨床。数控磨床是利用数字信号控制系统进行高精度磨削的进给运动，因此它的加工精度更高、工艺应用范围较广。

在数控成形磨床上进行成形磨削的方法主要有如下三种：

1）用成形砂轮磨削

采用这种方法时，首先利用数控装置控制安装在工作台上的砂轮修整装置，使它与砂轮架作相对运动从而得到所需的成形砂轮，如图 2.25（a）所示。然后用此成形砂轮磨削工件，在磨削时，工件作纵向往复直线运动，砂轮作垂直进给运动，如图 2.25（b）所示。这种方法适用于加工面窄且批量大的工件。

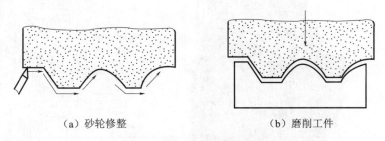

（a）砂轮修整　　　　　　　　　　（b）磨削工件

图 2.25　用成形砂轮磨削

2）仿形磨削

仿形磨削如图 2.26 所示。首先利用数控装置把砂轮修整成圆形或 V 形，如图 2.26（a）所示。然后由数控装置控制砂轮架的垂直进给运动和工作台的横向进给运动，使砂轮的切削刃沿着工件的轮廓进行仿形加工，如图 2.26（b）所示。这种方法适用于加工面宽的工件。

3）复合磨削

这种方法是把上述两种方法结合在一起,用来磨削具有多个相同型面(如齿条形和梳形等)的工件。磨削前先利用数控装置修整成形砂轮(只是工件形状的一部分),如图 2.27(a)所示,然后用成形砂轮依次磨削工件,如图 2.27(b)所示。

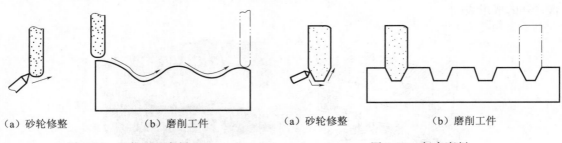

（a）砂轮修整　　　　（b）磨削工件　　　　（a）砂轮修整　　　　（b）磨削工件

图 2.26　用仿形法磨削　　　　　　　图 2.27　复合磨削

4. 光学曲线磨床成形磨削法

光学曲线磨床上能直观地进行成形磨削,简化了操作过程,降低了人工对加工精度的影响。光学曲线磨削的精度可达 0.02 mm,表面粗糙度可达 $Ra0.4\ \mu m$。因此常使用光学曲线磨床加工具有异形截面的小型零件,如凸模和异形型芯等零件。

光学曲线磨床如图 2.28 所示。它主要由床身 1、坐标工作台 2、砂轮架 3 和光屏 4 组成。磨削时,工件安装在坐标工作台 2 上,坐标工作台可以作纵、横及一定范围内的升、降运动;砂轮架 3 除作旋转运动外,还可作上下直线运动。此外,砂轮架还可作纵、横的进给(手动)及两个调整运动,一个是沿垂直轴转动,另一个是在水平面上旋转。光学曲线磨床使用的砂轮是薄片砂轮。

动画

光学曲线磨床加工模拟

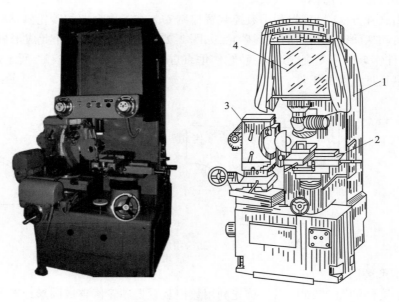

图 2.28　光学曲线磨床
1—床身;2—坐标工作台;3—砂轮架;4—光屏

　　在光学曲线磨床上进行成形磨削是利用光学投影放大系统将工件的投影放大(一般选用50 倍)到屏幕上,与夹在屏幕上的工件理想的放大图对照,将超过图线的余量部分磨去,直至图像轮廓与工件轮廓全部重合。

　　光学曲线磨床的投影放大原理如图 2.29 所示。光线由光源 1 射出,通过被加工工件 3 和砂轮 2,把它们的阴影射入物镜 4 上,并经过三棱镜 5 的折射和平面镜 6 的反射,可在光屏 7 上得到放大 50 倍的影像。磨削时,用手操纵磨头在纵、横方向的运动,使砂轮的切削刃沿着工件外形移动,一直磨到与理想的放大图完全吻合为止。

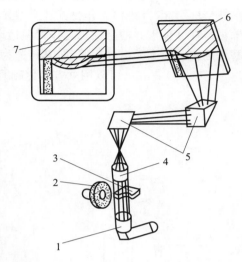

　　放大图要按一定的基准线分段绘制,磨削时按基准线互相衔接,如图 2.30(a)所示。由于光屏尺寸为 500 mm×500 mm,只能磨削 10 mm×10 mm 的工件,当工件尺寸超过该尺寸时,要采用分段磨削的方法,如图 2.30(b)所示。先按图上的 1—2 段曲线磨出工件的 1—2 段型面;调整工作台带动工件向左移动 10 mm,并按图上的 2′—3 段曲线磨出工件的 2′—3 段型面;最后,向左、向上分别使工件移动 10 mm,按图上的 3′—4 段曲线磨出工件的 3′—4 段型面。

图 2.29　光学曲线磨床的投影放大原理
1—光源;2—砂轮;3—工件;4—物镜;
5—三棱镜;6—平面镜;7—光屏

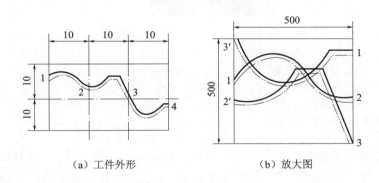

（a）工件外形　　　　　　（b）放大图

图 2.30　分段磨削

　　近年来模具加工时出现了数控自动光学曲线磨床。与普通光学曲线磨床相比,它采用计算机进行控制,所以它的加工精度更高。数控自动光学曲线磨床磨削时,工件的表面粗糙度可达 $Ra0.4$ μm 以下,坐标定位精度可达 2~3 μm,直线度误差小于 6 μm。

2.3.3　坐标磨削

1. 坐标磨床

　　坐标磨削主要用于淬火后的工件、高硬度工件的孔和孔系、精密型孔、轮廓等。因为坐标磨削是在淬火后加工,所以可以消除热处理变形的影响,提高工件加工精度。坐标磨削加工范围较大,可以加工直径为 1~200 mm 的高精度孔,加工精度可达 5 μm,表面粗糙度可达 $Ra0.4~0.8$ μm,最高可达 $Ra0.2$ μm。

坐标磨床有立式和卧式两种形式,模具加工中多使用立式坐标磨床。图 2.31 所示为立式单柱坐标磨床,其纵横工作台 6 装有数显装置的精密坐标机构,磨头 10 装在主轴箱 12 上。主轴箱装在立柱上并使磨头随之作行星运动,主轴除转动外还可上下往复运动,如图 2.32 所示。磨头的转动由高频电动机驱动,其转速为 4 000~80 000 r/min;更高的转速可由压缩气体驱动达到 175 000 r/min,可以用立方氮化硼磨头磨削 0.5 mm 的小孔。

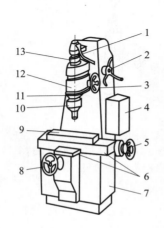
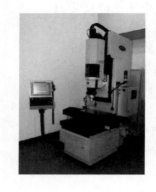

图 2.31　立式单柱坐标磨床

1—离合器拉杆;2—主轴箱定位手轮;3—主轴定位手轮;4—控制箱;
5—纵向进给手轮;6—纵横工作台;7—床身;8—横向进给手轮;
9—工作台;10—磨头;11—磨削轮廓刻度盘;
12—主轴箱;13—砂轮外进给刻度盘

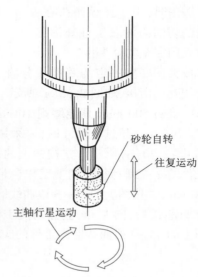

图 2.32　坐标磨床三个运动

坐标磨床磨削有手动和数控连续轨迹两种。前者用手动点定位,无论是加工内轮廓还是外轮廓,都要把工作台移动或转动到正确的坐标位置,然后由主轴带动磨头高速旋转进行磨削。数控连续轨迹坐标磨削是由计算机控制坐标磨床,使工作台根据数控系统的加工指令进行移动或转动。数控连续轨迹坐标磨床能把复杂的轮廓表面作为单一的形状磨削,可以对复杂轮廓表面进行高精度的磨削,这种磨削方法的成本很高,适用于高精度连续模、精冲模及精密塑料模的制造。

2. 坐标磨削方法

1)内孔磨削

图 2.33 所示为内孔磨削,它是利用砂轮的高速自转、绕主轴中心线的行星转动和上下往复运动实现的。由于砂轮直径受到孔径大小的限制,所以磨削时砂轮的直径通常取孔径大小的 3/4 左右。砂轮的磨削速度和行星转速与砂轮的磨料和工件材料有关,砂轮高速回转的线速度一般不超过 35 m/s,行星运动速度大约为主运动的 15%。砂轮的轴线往复运动的速度与

磨削精度有关,粗磨时行星运动每转一周,砂轮轴向移动的距离约为砂轮宽度的 1/2;而精磨时为 1/2~1/3。

2)外圆磨削

图 2.34 所示为外圆磨削,它是利用砂轮的高速自转、行星运动和主轴的直线往复运动实现的,其径向进给是利用行星运动直径的缩小实现的。

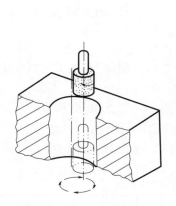
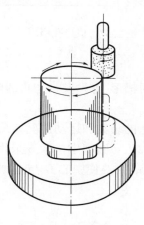

图 2.33　内孔磨削	图 2.34　外圆磨削

3)锥孔磨削

磨削锥孔可以通过机床上的专门机构使砂轮在作轴向进给的同时连续改变行星运动半径。锥孔锥顶角的大小取决于两者变化的比值,最大值为 12°。如图 2.35 所示,磨削锥孔的砂轮也应修出相应的锥角。

4)直线磨削

当砂轮只高速自转而不作行星运动时,由工作台作进给运动,这样就可磨削平面和沟槽。直线磨削适用于平面轮廓的精密加工,如图 2.36 所示。

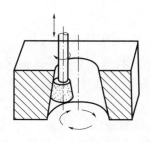
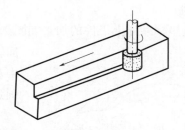

图 2.35　锥孔磨削	图 2.36　直线磨削

5)型腔的磨削

型腔的磨削如图 2.37 和图 2.38 所示。砂轮修整成所需的形状,加工时工件固定不动,主轴高速旋转作行星运动,并逐渐向下进给,这种运动方式又称径向连续切入,径向是指砂轮沿工件的孔的半径方向作少量的进给,连续切入是指砂轮不断地向下进给。

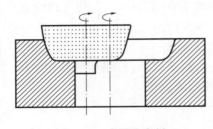

图 2.37　成形孔磨削　　　　　　　　　图 2.38　沉孔磨削

6）侧面磨削

侧面磨削主要是对槽形、方形及带清角的内表面进行磨削加工,加工时需要使用专门磨槽附件。

砂轮在磨槽附件上的装夹和运动情况如图 2.39 所示。图 2.40 所示为利用磨槽附件对清角型孔轮廓进行磨削加工。磨削中 1、4、6 采用成形砂轮进行磨削,2、3、5 利用平砂轮进行磨削。磨削中心 O 的圆弧时,要使中心 O 与主轴轴线重合,操纵磨头来回摆动磨削至要求尺寸的圆弧。

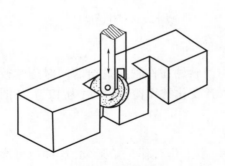 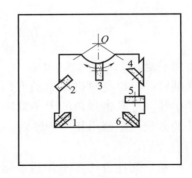

图 2.39　磨外形　　　　　　　　　　　图 2.40　磨内形

7）异形孔的磨削

在点位控制轨迹坐标磨床上工件的加工如图 2.41 所示,采用分段加工方法。磨削时利用回转工作台装夹工件,逐次找正工件的回转中心与机床主轴中心重合,分别磨出各段圆弧。

在连续轨迹坐标磨床上,可以用范成法进行磨削,如图 2.42 所示。砂轮沿工件轮廓表面磨削,其运动轨迹由数控装置精确控制。二维轮廓磨削采用圆柱或成形砂轮,工件在平面作插补运动,主轴向下进给,如图 2.42(a)所示。三维轮廓磨削采用圆柱或成形砂轮,砂轮运动方式与数控铣相同,如图 2.42(b)所示。

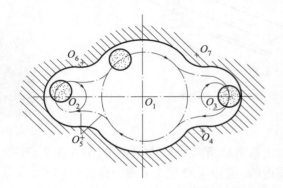

图 2.41　点位控制轮廓磨削

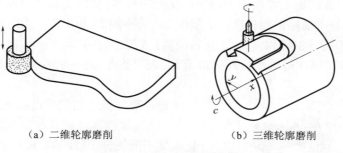

（a）二维轮廓磨削　　　　　　　（b）三维轮廓磨削

图 2.42　连续轨迹轮廓磨削

2.4　雕铣加工

随着工业制品品种的不断丰富,对其表面的要求也越来越高,许多制品上还要求加上文字、符号、商标、图案、花纹等,这就要求在模具加工时要将这些字符、图案、花纹雕刻在模具的相应部位上。雕刻的方法很多,常用的方法有手工雕刻法和雕刻机雕刻法。

手工雕刻法只适用于线条简单、字体较大的文字及图形,材料硬度不能太高,雕刻深度一般不超过 1 mm,在热处理前加工,淬火后抛光修整,编制工艺要考虑抛光及修整余量。手工雕刻需要技术熟练的雕刻工,用錾、冲子等雕刻工具进行,效率低、劳动强度大,不宜雕刻立体图形。

随着加工技术的不断发展,现在普遍采用雕刻机雕刻。雕刻机有平面雕刻机和立体雕刻机两种,这两种雕刻机又分为手动操作雕刻机、数控雕刻机和数控雕铣机。

1. 手动操作雕刻机

手动操作雕刻机是用于加工模具上文字、数字、凹凸图形的专用机床,其工作原理与仿形铣床相似,是用靠模、仿形触头及手动操作的铣刀进行仿形加工。机床设有缩放尺机构,根据靠模进行放大或缩小雕刻,可雕刻精细的文字、花纹及雕刻立体图形,雕刻精度较高,文字、图形的一致性好,但加工效率低,目前应用少。

2. 数控雕刻机

数控雕刻机主轴转速高,可采用小刀具、小切削量和小扭矩对工件进行加工,不太适合强切削大工件,着重于“雕刻”功能。数控雕刻机主要用于板材的雕刻,大量应用于双色板或亚克力雕刻,雕刻一次进刀深度为 1~3 mm,在标志、标牌制作方面的应用较为普遍,雕刻出来的工件较为光滑。由于成本低,精度不高,不宜用于模具开发,但也有例外,如晶片雕刻机。

3. 数控雕铣机

数控雕铣机(CNC engraving and milling machine)是一种新式数控加工机床,是对应传统雕刻机的数控机床,如图 2.43 所示。它是使用小刀具、大功率和高速主轴电动机的数控铣床,可进行比较复杂、精细的加工,例如,较小铣削量或软金属的加工(如电火花成形电极、模具型腔表面精细的饰纹)。数控雕铣机的转速较高,可达 3 000~30 000 r/min,机床的精度高,强度好,切削能力更强,可以直接加工硬度在 60 HRC 以上的材料,实现精密模具模型粗精加工一次成形。它的诞生,弥补了通用数控机床(如铣床、钻床等)加工功用单一,加工小型商品成本过高的缺点。雕刻机的优势在雕,如果加工材料硬度比较大就会显得力不从心,雕铣机的出现可以说填补了两者之间的空白,雕铣机既可以雕刻,也可铣削,是一种高效率、高精度的数控机床。

动画

数控雕铣
仿真

图 2.43　数控雕铣机 FDG-1010

数控雕铣机的加工特点如下:

(1)可靠性高。近几年数控雕铣机的信息化程度不断提升,总线的集成度也有很大提高,这使得机床运行的故障率大大降低。

(2)精度高。数控雕铣机一般采用进口高精密丝杠和导轨,这两者均具有非常高的精度,可实现机床的加工精度在 1 个丝以内。

(3)适用范围广。数控雕铣机能够用来加工很多类型的产品,如智能手表外壳、模具、电极、石墨、陶瓷、玉石、电木、鞋模制造及钟表眼镜行业等,这些年凭借着其性价比高,加工速度快,加工产品光洁度好的优点,在机床加工业占有越来越重要的地位。

(4)耗电量低。数控雕铣机可以说是精密加工领域中十分节能环保的机型。初步统计,该机床每小时的综合耗电量约为 2 kW·h。

(5)产品类型多样。数控雕铣机在漫长的发展过程中演化出了很多不同的类型,如陶瓷雕铣机、模具雕铣机、手板雕铣机、石墨雕铣机等。这些不同型号的雕铣机可以更好地用于特定材料的加工,不仅让加工变得更为专业也能提升加工的品质。

在数控雕铣机行业中,经常会见到三种不同的雕刻设备,即雕铣机、雕刻机和加工中心。这三者的区别主要体现在以下几方面:

(1)从用途上讲,加工中心是带有刀库和自动换刀装置的一种高度自动化的多功能数控机床。它可以使工件在一次装夹可进行多种工序的集中加工,功能特别强调"铣",雕刻机主要用于工艺品的雕刻加工,而数控雕铣机既可以雕、也可以铣,精度高,切削能力更强。

(2)从外观体积上讲,加工中心体积最大,大型的加工中心占地面积可达 4 m×3 m,雕铣机次之,雕刻机最小。

(3)从机械结构上讲,加工中心一般采用悬臂式,雕铣机和雕刻机一般多用龙门式架构,龙门式又分为动梁式和定梁式,目前雕铣机以定梁式居多。

(4)从指标数据上讲,雕铣机和雕刻机主轴转速最高,加工中心主轴功率和切削量最大,雕铣机和雕刻机的移动速度和进给速度比加工中心要快,三者的精度差不多。

(5)从应用对象上讲,加工中心是用于完成较大铣削量的工件的加工设备,如大型的模具,硬度比较高的材料,也适合普通模具的粗加工;雕铣机用于完成较小铣削量,小型模具的精加工,适合铜、石墨等的加工;低端的雕刻机则偏向于木材、双色板、亚克力板等硬度不高的板材加工,及高端的适合晶片、金属外壳等抛光打磨。

综上可知,加工中心、雕铣机既可以做产品,也可以做模具,雕刻机只能做产品。

2.5　其他机械加工

2.5.1　镗削加工

镗削的加工范围很广,根据工件的尺寸、形状、技术要求及生产批量的不同,镗削加工可在车床、铣床、镗床等机床上进行。在镗床上镗孔时,所用镗床主要为普通镗床和坐标镗床。

普通镗削主要适用于对孔径精度和孔间距精度要求较低的孔的加工。

坐标镗削加工是在坐标镗床上,对高精度的孔及孔系零件的加工。孔加工精度可达 IT5～IT6,孔距精度可达 0.005～0.01 mm,表面粗糙度可达 Ra0.4 μm。

1. 坐标镗床简介

坐标镗床利用精密的坐标测量装置确定工作台、主轴的位移距离,以实现工件和刀具的精确定位。工作台和主轴的位移在毫米以上的值由粗读数标尺读出,通过带校正尺的精密丝杠坐标测量装置来控制;毫米以下的读数通过精密刻度尺-光屏读数器坐标测量装置,在光屏读数头上读出,或利用光栅-数字显示器坐标测量装置来控制精密位移。

坐标镗床主要用来加工孔间距精度要求高的模板类零件,如上、下模座的导柱导套孔等,也可加工复杂的型腔尺寸和角度,在多孔冲模、级进模及塑料模的制造中,坐标镗削得到了相当广泛的应用。坐标镗削不但加工精度高,而且节约了大量的辅助时间,因而具有显著的经济效益。坐标镗床按照布置形式不同,分为立式单柱、立式双柱和卧式等主要机型。

图 2.44 为立式双柱坐标镗床的外形图。加工中的坐标变化通过主轴箱 5 沿横梁 2 的导轨移动和工作台 1 沿床身 8 的导轨移动来完成。该机床的主轴箱悬伸距离较小,且装在龙门框架上,因而具有很好的刚性,同时机床的床身与工作台较大且安装简单,可承受的负载也很大。立式双柱镗床主要适用于凹模、钻模板、样板等零件上孔的加工。

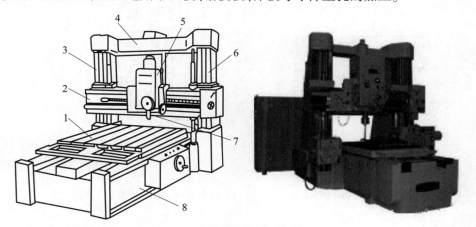

动　画

坐标镗削
加工模拟

图 2.44　立式双柱坐标镗床
1—工作台;2—横梁;3、6—立柱;4—顶梁;5—主轴箱;7—主轴;8—床身

2. 坐标镗床附件

(1)万能回转台。图 2.45 所示万能回转台,由转盘 1、夹具体、水平回转副、垂直回转副组

成。工作时,工件安装在转盘上,通过转动回转手轮 3 可使转盘作水平回转,便于加工斜面上的孔。

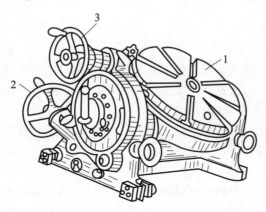

图 2.45　万能回转台
1—转盘;2—倾斜手轮;3—回转手轮

弹下,从而打出样冲孔。

（2）镗孔夹头。镗孔夹头是坐标镗床最重要的附件之一,使用镗孔夹头可按被镗孔径的大小精确地调节镗刀刀尖与主轴轴线之间的距离。图 2.46 所示镗孔夹头,镗孔夹头以其锥尾 3 插入主轴锥孔内,镗刀装在刀夹 1 内。旋转带刻度的调节螺钉 4,可调整镗刀的径向位置,以镗削不同直径的孔,调整后可用螺钉 2 将刀夹夹紧。

（3）弹簧中心冲。弹簧中心冲用于划线和打样冲孔,结构如图 2.47 所示。打样冲孔时转动手轮 3 使手轮上的斜面向上推柱销,从而使顶尖 4 被提升并压缩弹簧 1,当柱销 2 达到斜面最高位置时继续转动手轮 3,则弹簧 1 将顶尖 4

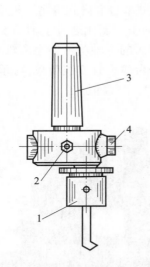

图 2.46　镗孔夹头
1—刀夹;2—螺钉;3—锥尾;4—调节螺钉

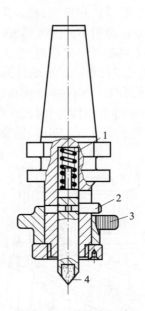

图 2.47　弹簧中心冲
1—弹簧;2—柱销;3—手轮;4—顶尖

3. 坐标镗削加工

（1）加工准备。加工前准备工作包括:

①对工件预加工,获得符合要求的工艺基准、精度及表面粗糙度。

②将零件图上原有的尺寸标注形式改为坐标标注形式。

③机床与工件需在恒温、恒湿的条件下保持较长时间。

（2）工件定位。工件定位的方法有：

①利用千分表和专用工具。如图 2.48 所示，把工件正确安装在工作台上，使互相垂直的两个基准面分别与工作台的纵向和横向平行，然后将专用工具压在工件基准面上，用装在主轴上的千分表测量专用工具内槽两侧面，移动工作台使两侧面的千分表读数相同，此时主轴中心已对准基准面。

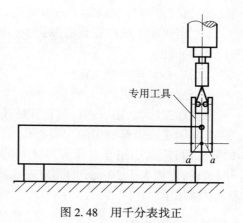

②利用定位角铁和光学中心测定器。如图 2.49 所示，利用定位角铁 1 和光学中心测定器 2，使工件 4 的基面对准主轴的中心，根据孔的纵横坐标尺寸移动工作台到加工位置。

图 2.48　用千分表找正

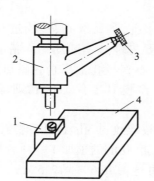

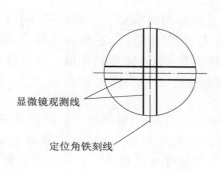

显微镜观测线

定位角铁刻线

图 2.49　用定位角铁和光学中心测定器找正
1—定位角铁；2—光学中心测定器；3—目镜；4—工件

③用带千分表的中心指示器找正。如图 2.50 所示，工件上有已加工好的外圆或内孔时，以外圆柱面或内孔为定位基准，利用装在主轴上的千分表找正，使工件中心与机床主轴中心重合。

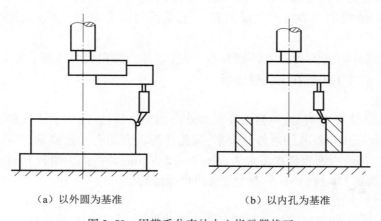

（a）以外圆为基准　　　　　　　　（b）以内孔为基准

图 2.50　用带千分表的中心指示器找正

（3）加工。坐标镗削加工一般过程为：

①利用机床主轴内安装的弹簧中心冲，按装夹中找正的坐标位置，通过工作台的移动，依次打出样冲孔。

②用中心钻按样冲点钻中心孔。

③坐标镗削加工。

在坐标镗床上，还可进行钻孔和铰孔加工。加工前，先将钻头或铰刀固定在钻夹头上，再将钻夹头固定在坐标镗床的主轴锥孔内，即可进行相应的加工。在采用钻、镗加工方法加工孔时，钻孔后，应选用刚性好及刃口锋利的镗刀，以较小的进给量作多次加工以达到精度要求。一般来说，直径大于 20 mm 的孔应先在其他机床上预钻孔；直径小于 20 mm 的孔可在坐标镗床上直接加工。

2.5.2　钻削加工

钻孔和扩孔统称为钻削加工。模具零件上的许多孔，如螺纹孔、螺栓过孔、销钉孔、推杆孔、型芯固定孔、冷却水道孔、加热器孔等，一般都要先经过钻削加工。钻削加工所用机床为钻床，所用刀具一般为标准麻花钻。通常情况下小直径孔常用台式钻床加工，中小型模具零件上较大的直径孔常用立式钻床加工，大中型模具零件上的孔则采用摇臂钻床加工。

钻孔与扩孔的工艺范围：钻孔属于粗加工，可作为攻螺纹、扩孔、铰孔和镗孔的预备加工。扩孔属于半精加工，也可作为孔的终加工，或作为铰孔、磨孔前的预加工。两者均适合于加工小直径孔。钻孔精度可达到 IT11~IT12，表面粗糙度可达到 $Ra6.3~12.5~\mu m$；扩孔精度可达到 IT9~IT11，表面粗糙度可达到 $Ra3.2~6.3~\mu m$。

下面仅就模具零件的加工特点，简单介绍其常用的加工方法。

1. 一般连接孔加工

模具零件的连接孔主要是指通过紧固件将工作零件（如凸模、凹模、型芯、型腔等）与其他零件（如固定板、垫板、模座、模板等）连接在一起的孔，包括螺钉孔和销钉孔。螺钉孔包括螺纹孔和螺栓过孔，加工时一般是先钻孔后扩孔；销钉孔加工时一般是先钻孔后扩孔再铰孔。连接孔加工时应保证相互连接的零件孔距一致。其加工过程如下：

（1）需要淬火的零件应在淬火之前加工，一般采用划线法加工。上面的螺纹孔应攻好，销钉孔应铰好。

（2）将其他零件与已淬火的零件组合在一起，以淬火件的孔为基准，加工出其他零件的孔。其他零件孔的加工一般在装配时进行。

2. 深孔加工

模具零件深孔主要有两类，一类为冷却水道孔和加热器孔，冷却水道孔的精度要求较低，但不宜偏斜，为保证加热器孔的热传导效率，其孔径与表面均有一定要求，如孔径一般要比加热棒大 0.1~0.3 mm，表面粗糙度要求为 $Ra6.3~12.5~\mu m$；另一类为推杆孔，推杆孔的要求较高，孔径一般需达到 IT8 级，并有垂直度及表面粗糙度要求。

深孔常用加工方法有：

（1）在加工中、小型塑料模具的冷却水孔和加热孔时，可用加长钻头在立式钻床或摇臂钻床上进行。

（2）对于中、大型模具的深孔加工，从经济的角度考虑，可采用摇臂钻床或专用深孔钻床完成。

（3）若孔较长且精度要求较低，可采用先划线后两面对钻的加工方法。

2.5.3　铰削加工

铰削加工是使用铰刀从工件孔壁切除微量金属层，以提高其尺寸精度和降低表面粗糙度的方法。

1. 铰孔的工艺范围

（1）铰削适于孔的精加工及半精加工，也可用于磨孔或研孔前的预加工。由于铰孔时切削余量小、切削厚度薄，所以铰孔后公差等级一般为 IT6~IT8，表面粗糙度为 $Ra0.2~1.6$ μm，其中，手铰可达 IT6，表面粗糙度为 $Ra0.2~0.4$ μm。由于手铰切削速度低，切削力小，热量低，不产生积屑瘤，无机床振动等影响，所以加工质量比机铰高。

（2）铰削不适合加工淬火钢和硬度太高的材料。

（3）铰削是采用定尺寸刀具，适合加工小直径孔。

2. 铰孔时应注意的问题

（1）铰削余量要适中。余量过大，会因切削热多而导致铰刀直径增大，孔径扩大；余量过小，会留下底孔的刀痕，使表面粗糙度达不到要求。粗铰余量一般为 0.15~0.35 mm，精铰余量一般为 0.05~0.15 mm。

（2）铰削精度较高。铰刀齿数较多，心部直径大，导向及刚性好。铰削余量小，且综合了切削和挤光操作，能获得较高的加工精度和表面质量。

（3）铰削时采用较低的切削速度，并且要使用切削液，避免了切削瘤对加工质量产生的不良影响。粗铰时取 0.07~0.17 m/s，精铰时取 0.025~0.08 m/s。

（4）铰刀适应性很差。一把铰刀只能加工一种尺寸、一种精度要求的孔（可调铰刀除外）。直径大于 $\phi80$ mm 的孔不适宜铰削。

（5）为防止铰刀轴线与主轴轴线相互偏斜而引起的孔轴线歪斜、孔径扩大等现象，铰刀与主轴之间应采用浮动连接。当采用浮动连接时，铰削不能校正底孔轴线的偏斜，孔的位置精度应由前道工序来保证。

（6）机用铰刀不可倒转，以免崩刃。

拓展阅读

模具钳工大国工匠——金属上雕刻的李凯军

李凯军，中国第一汽车集团公司铸造公司模具钳工高级技师，全国五一劳动奖章、中华技能大奖获得者，技工学校毕业生，刻苦钻研模具制造专业知识，练就高超的钳工技术，加工制造了数百种优质模具，尤其是出色完成了重型车变速器壳体等高难度模具的制造，在我国高、精、尖复杂模具加工方面独具特色。

1989 年 7 月，李凯军毕业于中国一汽技工学校维修钳工专业，被分配到一汽集团公司所属的铸造有限公司铸造模具厂当了一名模具制造钳工。从学校走进工厂,李凯军把这重要的一步作为学习技能、苦练硬功的新起点。当时,李凯军只有一个念头:"学好本事,干好工作,做一名有出息的工人。"想法虽普通,但折射出来的却是他岗位成才的坚定志向。

模具制造涉及车、钳、铣、刨、镗、电焊等技术。只有全面掌握了这些技术,工作起来才能融会贯通,得心应手。面对这么多要学的东西,李凯军充分利用每一分钟的时间,一项一项地去攻关,有关的书籍、资料,他学了一遍又一遍。他对自己的要求是:理论上要弄通,操作上要练精。"只有在技术上精益求精,扎实工作,爱岗敬业,制造出优质产品,才能为国家作出应有的贡献。"

功夫不负有心人,通过勤学苦练,李凯军的技术得到了全面提高。入厂仅7个月,他就独立完成了CA141发动机盖板模具的制造。这套模具技术要求高,尺寸误差小,就连一些干了几十年的老师傅都认为这是一项难干的活。当这件模具摆在质检员面前时,被定为一等品。这些年来李凯军干工作,并不满足于完成任务。结合模具制造中遇到的技术难题进行攻关,不断推动模具制造技术出新,是他的一贯追求。这些年来,李凯军所取得的技术创新和改进项目超过百项。工友们说,汽车上凡是涉及模具的部件,几乎都留下了李凯军攻关的成果。在2020年11月,李凯军获得2019年"大国工匠年度人物"荣誉称号。

思 考 题

1. 模具加工时,工件在车床上的装夹方法包括哪几种?
2. 利用回转工作台如何进行模具圆弧面的加工?
3. 简述内外圆同时磨削的加工方法。
4. 成形磨削有哪几种方法?各有什么特点?
5. 坐标磨床的加工范围有哪些?
6. 雕铣加工的优点是什么?
7. 铰孔时应注意哪些问题?

第 3 章 模具特种加工技术

本章学习目标及要求

(1) 掌握电火花成形及电火花线切割加工的原理及特点。
(2) 掌握电火花成形的基本规律。
(3) 掌握电火花线切割 3B 程序的编制和 ISO 程序编制。
(4) 了解电火花成形及电火花线切割加工工艺过程。
(5) 了解中走丝及低速走丝机床及工艺特点。
(6) 了解激光加工、超声波加工、电化学加工、电解加工、电铸加工的原理及在模具制造当中的应用。

直接利用电能、化学能、光能和声能对工件进行加工,以达到一定的形状尺寸和表面粗糙度要求的加工方法称为特种加工。模具特种加工的内容很多,主要包括电火花成形加工、电火花线切割加工、激光加工、超声加工等。

3.1 电火花成形加工

电火花成形加工又称放电加工或电蚀加工(electrical discharge machining,EDM),它是指在一定的介质中,通过工具电极和工件电极之间脉冲放电时的电腐蚀作用对工件进行加工的一种工艺方法。电火花成形可加工多种高熔点、高强度、高纯度、高韧性材料,可加工特殊及复杂形状的零件,因此被广泛应用于各类模具加工中。

3.1.1 电火花成形加工的基本原理及特点

1. 电火花成形加工原理

生活中我们可以发现电器开关在断开或闭合时,往往会产生火花,而火花又把触点腐蚀成粗糙不平的凹坑,并逐渐损坏开关。这是一种有害的电腐蚀现象,但它给我们一种启示,利用两电极的火花放电可对电极材料进行蚀除,电火花成形加工正是在这一启示下创造的。

图 3.1 所示为简单的电火花加工原理图。其组成部分有工具电极和待加工工件、脉冲电源、工作液、进给机构等。工具电极 2 和工件 3 相对置于绝缘的工作液中,并分别与脉冲电源的两极(正极和负极)相连接。脉冲电源的作用是将直流电转换成一定频率的单向脉冲电源。最简单的脉冲电源是 RC 线路脉冲电源。液体供给箱 7 的作用是过滤和更换工作箱 9 中的液体。

电火花成形
仿真

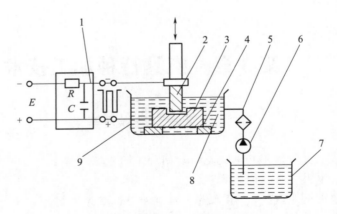

图 3.1　电火花成形加工原理图
1—脉冲电源;2—工具电极;3—工件;4—工作台;5—过滤器;
6—泵;7—液体供给箱;8—工作液;9—工作箱

　　工具电极 2 与工件 3 分别与脉冲电源 1 的两个输出端连接,并且都浸在工作液中,机床的间隙自动控制系统可自动调节工具进给量,使工具电极与工件之间保持一定的放电间隙(一般为 0.01～0.2 mm),加工过程中工具电极不断向工件进给。脉冲电源不断发出单向脉冲电压加在工具电极与工件之间,当脉冲电压增大到间隙中液体介质的击穿电压时,将会有瞬间电流通过,发生火花放电,火花放电引起的瞬间高温把工具电极和工件材料表面熔化,甚至汽化,一次脉冲放电结束,电极和工件表面都被蚀除一小块材料,各形成一个小凹坑,称为放电痕。多次脉冲放电后,工件表面将形成无数小的凹坑,如图 3.2 所示,随着工件不断地被蚀除(工具电极材料虽然也会被蚀除,但其速度远小于工件材料),工具电极轮廓形状就复制在工件上,从而完成工件的加工。

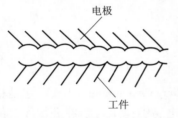

图 3.2　加工表面的局部放大图

　　放电痕的形成如图 3.3 所示。工具电极与工件之间产生的火花放电转变为高温热源,其热量会由材料表面向内部传递。当温度高于材料沸点时,便形成汽化区,当温度高于材料熔点时,便形成熔化区,汽化及熔化下来的金属材料在爆炸力的作用下会喷爆到工作液中形成电蚀产物,由工作液带走,还有一部分材料由于液体的附着作用留在坑里,遇冷凝结成凝固层及凸起,当温度低于材料熔点时,材料只发生温度的改变,形成热影响层,当温度继续向内部传递,材料温度没有改变,就形成了无变化区,由汽化区、熔化区、凝固层、热影响区及无变化区组成的小凹坑,即为放电痕。

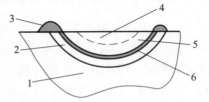

图 3.3　放电痕形成示意图
1—无变化区;2—热影响区;3—凸起;
4—汽化区;5—熔化区;6—凝固层

2. 电火花成形加工的基本条件

进行电火花成形加工时需具备的条件为:

(1)脉冲电源。电火花成形时必须具有波形为单向的脉冲电源,如图 3.4 所示。其中放电延续时间 t_i 称为脉冲宽度;相邻脉冲之间的间隙时间 t_0 称为脉冲间隔;$T = t_i + t_0$ 称为脉冲周期;工件和电极间隙火花放电时脉冲电流瞬间的最大值 I_e 称为峰值电流;工件和电极间隙开路时电极间的最高电压 u_i 称为峰值电压。

（2）足够的放电能量。脉冲放电点必须有足够的火花放电强度使局部金属熔化和汽化。火花放电的电流密度应达到 $10^5 \sim 10^6$ A/cm²。

（3）绝缘介质。为使脉冲放电重复进行,极间需充有一定的绝缘液体介质,使脉冲放电产生的电蚀产物及时扩散、排出。

（4）间隙。电极与工件之间需始终维持一定的间隙。这一间隙随加工条件而定,通常为数微米至数百微米。

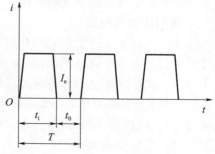

图 3.4　脉冲电流波形
t_i—脉冲宽度;t_0—脉冲间隔;T—脉冲周期;
I_e—电流峰值

3. 电火花成形加工的特点

与机械加工相比,电火花成形加工有如下特点:

（1）可以加工任何硬、脆、韧及高熔点的金属材料。由于脉冲放电的能量密度很高,产生的高温足以熔化任何导电材料,在一定的条件下还可以加工半导电和非导电材料。

（2）没有明显的宏观作用力。加工时,电极与工件不接触,二者之间没有机械加工中因切削力而产生的设备和工艺问题。有利于加工小孔、窄槽、复杂形状的型腔和型孔以及各种复杂精密模具,并能在淬火之后进行。

（3）加工精度和表面质量好。由于脉冲放电的持续时间短,放电时所产生的热量来不及向外扩散放电就结束了,因此工件表面的热影响区很小,加工精度和表面质量好。

（4）脉冲参数可调。脉冲参数能在一个较大范围内调节,故可以在同一台机床上连续进行粗、中、精及精微加工。

（5）操作简单,便于自动加工。电火花加工的操作十分简单,只需将电极和工件安装好,开动机床便可以实现自动控制和加工自动化。

3.1.2　电火花成形加工过程

电火花成形加工过程可分为介质击穿和通道形成、能量转换,分布与传递、电蚀产物的抛出及间隙介质的消电离等几个阶段。

1. 介质击穿和通道形成

在一定的液体介质中,当脉冲电压施加在电极与工件之间时,两极间立即形成一个电场。当极间距离逐渐缩小或是极间脉冲电压不断增大时,极间某一距离最小的尖端处（电场强度最大处）电场强度将超过极间的介电强度,电子高速向阳极运动,撞击介质中的分子和原子,发生雪崩式的碰撞电离,介质被击穿,形成放电通道。此刻,极间电阻在很短的时间内（$10^{-7} \sim 10^{-8}$ s）从绝缘状态骤降至数欧姆以下,而电流则急剧上升,电流密度达到 $10^5 \sim 10^6$ A/cm²,极间脉冲电压也相应地迅速降至火花维持电压（$20 \sim 25$ V）。

2. 能量转换、分布与传递

电极和工件间介质一旦被击穿放电,电源就通过放电通道瞬时释放能量,电能转换为热能、动能、磁能、光能、声能以及电磁波辐射能等。其中大部分转换为热能,产生高温,使两极放电点的局部金属熔化或汽化、通道周围的介质汽化和热分解。还有少部分能量在放电过程中以光、声、无线电波等形态被消耗掉。

3. 电蚀产物的抛出

传递给电极和工件上的能量在放电点形成一个瞬时的高温热源,在脉冲放电初期,高温热源使工件放电点部分材料汽化,产生很大的热爆炸力,把熔融金属抛出,并在工件表面留下一个小凹坑。由于表面张力和内聚力的作用,使抛出的材料具有最小的表面积,冷凝时凝聚成细小的圆球颗粒(直径为 $0.1\sim300\ \mu m$,随脉冲能量而异)。实际上熔化和汽化了的金属在抛离电极表面时,向四处飞溅,除绝大部分抛入工作液中收缩成小颗粒外,有一小部分飞溅、镀覆、吸附在对面的电极表面上。

4. 间隙介质的消电离

间隙介质消电离是指放电通道中的带电粒子复合为中性粒子,恢复放电通道处介质的绝缘强度。间隙介质消电离可以避免总是重复在同一处发生放电而导致电弧烧伤,保证按两极相对最近处或电阻率最小处形成下一个击穿放电的通道。

在电火花成形加工过程中,为了保证加工的正常进行,在先后两次脉冲放电之间一般都应有足够的脉冲间隔时间。

3.1.3 电火花成形机床及附件简介

电火花成形机床如图 3.5 所示。一般由脉冲电源、间隙自动控制系统、机床本体以及工作液循环过滤系统等四部分组成。

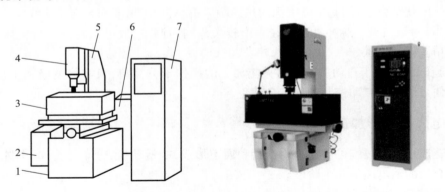

图 3.5 电火花成形加工设备
1—床身;2—液压油箱;3—加工槽;4—主轴头;5—立柱;6—工作液过滤箱;7—电箱源

1. 脉冲电源

脉冲电源的作用是把工频交流电流转换成一定频率的单向脉冲电流,以供给电极放电所需要的能量。脉冲电源直接影响电火花加工的生产率、表面质量、加工精度、加工过程的稳定性和工具电极损耗等工艺指标。

脉冲电源要有足够的脉冲放电能量,否则金属只能被加热而不能瞬时熔化和汽化;所产生的脉冲应该是单向脉冲,以最大限度地利用极性效应,提高加工速度和减少电极损耗;脉冲主要参数(峰值电流 I_e、脉冲宽度 t_i、脉冲间隔 t_0 等)能在一个较宽的范围内调节,以满足粗、中、精加工需要;性能稳定可靠,成本低,寿命长,操作简单,维修方便。

2. 机床本体

1)基本组成

机床本体是指电火花成形机床的机械部分,参见图 3.5。主要包括主轴头、床身、立柱、工作台及工作液槽等部分。

主轴头是电火花成形机床中最关键的部件,是间隙自动控制系统的执行机构,对加工工艺指标影响很大。对主轴头的要求是:结构简单、传动链短、传动间隙小、热变形小、具有足够的精度和刚度,以适应自动控制系统惯性小、灵敏度好、能承受一定负载的要求。

床身和立柱是机床的主要基础件,要有足够的刚度,床身工作台面与立柱导轨面之间应有一定的垂直度要求,导轨应具有良好的耐磨性和充分消除材料的内应力。

工作台一般都可作纵向和横向移动,并带有坐标测量装置。常用刻度手轮来调整位置。随着机床加工精度的提高,也有采用光学读数装置和磁尺数显装置的。近年来,由于工艺水平的提高及数控技术的发展,已生产有三坐标(x、y、z 轴)和五坐标(x、y、z 轴,另加 z 轴回转及工作台回转)数控电火花成形机床,有的机床还带有工具电极库,可以自动更换电极。

2)机床主要规格

根据我国机械工业部标准规定,电火花成形机床均用 D71 加上工作台台面宽度的 1/10 表示,各种型号机床的规格见表 3.1。

表 3.1　电火花成形机床的型号规格

技术规格	型　　号							
	D7120	D7125	D7132	D7140	D7150	D7163	D7180	D71100
工作台台面宽度/mm	200	250	320	400	500	630	800	1 000
工作台台面长度/mm	320	400	500	630	800	1 000	1 250	1 600
主轴头升降距离/mm	160	160	200	200	250	250	320	320
主轴头行程/mm	125	125	160	160	200	200	250	250
夹具端面到工作台台面间最大距离/mm	300	400	500	600	700	800	900	1 000
电极最大质量/kg	25	25	50	50	100	100	200	200

3. 间隙自动控制系统

电火花成形加工时,当放电间隙控制在最佳放电间隙 δ_j 附近时,加工速度最高。间隙太大,不仅极间介质不能及时击穿而使脉冲效率降低,还会使放电通道中的能量传递到工件上的量明显减少;间隙太小,又会因电蚀产物难以及时排除,产生二次放电,使能量消耗在电蚀产物的重熔上,同样会使加工速度降低,甚至还会引起短路和烧伤。

间隙自动控制系统通过改变、调节进给速度,使进给速度接近并等于蚀除速度,以维持最佳放电间隙。

间隙自动控制系统类型很多,按其执行环节不同,主要有三大类:电磁悬浮式(目前已少见)、电液压式(喷嘴挡板式)、电动机式(伺服电动机式、步进电动机式、宽调速电动机式、力矩电动机式)。

电液压间隙自动控制系统的性能,虽然可以满足电火花加工的需要,但液压部分体积大,噪声也大,且不易稳定在某一个位置。电液压式间隙自动控制系统已停止生产。

直流力矩电动机间隙自动控制系统是用力矩电动机作为执行元件直接带动滚珠丝杠,驱动主轴头上下移动的。采用直流力矩电动机间隙自动控制系统反应速度快,灵敏度高,不灵敏区小,热变形及噪声小,有利于提高加工质量。而且噪声极低,不存在漏油等问题,因此得到广泛应用。

4. 工作液循环过滤系统

工作液循环过滤系统的作用是使一定压力的工作液流经放电间隙,将电蚀产物排出,并对使用过的工作液进行过滤和净化。

工作液循环系统可以分为冲油式和抽油式两种,如图 3.6 所示。冲油式是将清洁的工作液从待加工表面或非加工表面强迫冲入放电间隙,使工作液连同电蚀产物一起从电极已加工表面排出。抽油式则是将清洁的工作液从电极已加工表面冲入放电间隙,使用过的工作液连同电蚀产物一起经过工件待加工面或非加工面被排出。

冲油式排屑方式的压力在 $0\sim0.2$ MPa 范围内调节,精加工时因间隙小而需要更大的冲油压力,一般为 $0.4\sim0.6$ MPa。抽油压力一般只需 $0\sim5\times10^4$ Pa,利用这种抽油式排屑方法,可以获得较高的加工精度,但排屑能力比前者小。

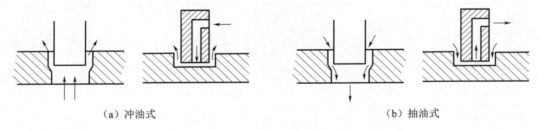

(a) 冲油式　　　　　　　　　　　　　　(b) 抽油式

图 3.6　工作液的循环方式

5. 机床主要附件

1)电极夹具

在电火花成形加工机床上装夹与调整电极的装置,称为电极夹具。

在电火花成形加工中,工具电极的设计、制造、使用的工艺基准一般都平行或垂直于机床主轴或某一坐标,这些都要通过调整电极夹具来实现。

图 3.7 所示为球面铰链式电极调节装置。电极装夹在电极装夹套中,电极的垂直度由四个调节螺钉调节。这种夹具结构紧凑,轴向尺寸短,制造容易,调节也方便。但其自身扭转刚度不足,调节力大时会引起主轴扭转。

图 3.8 所示为十字铰链式电极夹具。电极装夹在标准套 1 内,用紧固螺钉 2 固紧,电极垂直度通过四个调节螺钉 7 调节。这种夹具结构简单,调节方便,但轴向尺寸长、刚度差,多用于加工精度不高的模具。

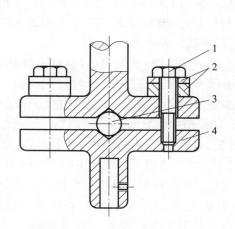

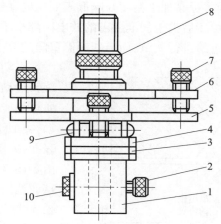

图 3.7　球面铰链式电极调节装置　　　图 3.8　十字铰链式电极夹具结构图
1—调节螺钉；2—球面垫圈；　　　1—标准套；2—紧固螺钉；3—绝缘板；4—下底板；
3—钢球；4—电极装夹套　　　5—十字板；6—上板；7—调节螺钉；8—锁紧螺钉；
9—圆柱销；10—导线固定螺钉

此外，对于直径较小的电极可用标准钻夹头装夹，如图 3.9 所示；直径较大或整体式电极也可采用标准螺纹夹头装夹，如图 3.10 所示。

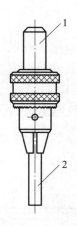

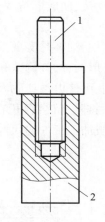

图 3.9　标准钻夹头装夹示意图　　　图 3.10　标准螺纹夹头装夹示意图
1—钻夹头；2—电极　　　　　1—标准螺纹夹头；2—电极

2）平动头

平动头是一个能使电极产生向外作机械补偿动作的工艺附件，它在电火花加工型腔时，可以补偿上一个加工规准和下一个加工规准之间的放电间隙差和表面粗糙度之差。实际上平动头就是为解决修光侧壁和提高尺寸精度而设计的一种机床附件。

电火花成形加工时，粗加工的放电间隙比半精加工大，而半精加工的放电间隙又比精加工大一些。当用同一个电极进行粗加工，工件大部分余量蚀除后，其底面和侧壁四周的表面粗糙度很差,为了提高加工精度并降低表面粗糙度,就需转换成较弱的电规准逐挡进行半精加工和精加工。由于后挡电规准要求的放电间隙小于前挡,工具电极与工件底面之间的放电间隙可通过主轴进给进行调节,而与四周侧壁间的放电间隙就需采用平动头进行调节。

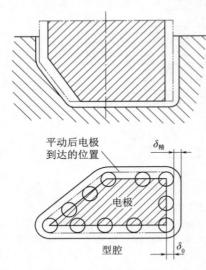

图 3.11 平动加工原理

平动头的动作原理:利用偏心机构将伺服电动机的旋转运动通过平动轨迹保持机构,转化成电极上每一个质点都能围绕其原始位置在水平面内作平面小圆周运动,类似于筛筛子的运动,许多小圆的外包线就形成加工表面,如图 3.11 所示。质点的运动半径 δ_0 通过调节可由零逐步扩大,以补偿粗、中、精加工的放电间隙 S 之差,从而达到修光型腔的目的。其中每个质点运动轨迹的半径 δ_0 称为平动量。

平动头不但用于型腔模在半精和精加工时精修侧面,还能提高仿形精度,保证加工稳定性,有利于间隙排屑,防止短路和拉弧等。

最近几年随着数控技术的发展,出现了数控平动头,实现了自动调偏心和微量进给。从而进一步提高了加工精度和精修效率,使型腔精修精度从 ±0.05 mm 提高到 ±0.02 mm。另外,为了扩大电火花成形加工的应用范围,又研制出三坐标平动头,使成形精度又有新的提高。

3)油杯

在电火花成形加工中,油杯是实现工作液冲油或抽油强迫循环的一个主要附件。油杯的形状一般有圆形和长方形两种,其侧壁和底边上开有冲油孔和抽油孔,如图 3.12 所示。在放电电极间隙冲油或抽油,可使电蚀产物及时排出;加工时,工作液会分解产生气体(主要是氢气),这种气体如不及时排除,就会存积在油杯中,当火花放电引燃时,将产生放炮现象,造成电极与工件位移,影响被加工工件的尺寸精度,因此紧挨在工件底面,设置了抽油抽气管(如图 3.12 中 4 所示)。

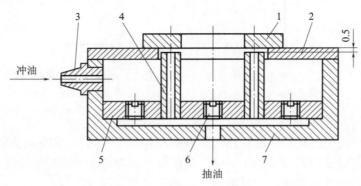

图 3.12 油杯结构图

1—工件;2—油杯盖;3—管接头;4—抽油抽气管;5—底板;6—油塞;7—油杯体

3.1.4　电火花成形加工的基本规律

电火花成形加工时,评价加工质量的指标有:加工速度、加工精度、加工表面质量以及工具电极相对损耗。

1. 影响加工速度的主要因素

电火花成形加工的速度是指在一定的电规准(脉冲电源的参数)下,单位时间内工件的电蚀量。一般采用体积加工速度v_V(mm³/min)表示;为了测定方便,有时也采用质量加工速度v_m(g/min)表示。

电火花成形加工中,影响加工速度的主要因素有:电规准、极性效应、工件材料的热学性质、工作液、排屑条件等。

1)电规准

根据前面所讨论的电火花加工的物理本质可知,每个脉冲放电,都会在工件表面形成一个高温热源而使一定的工件材料蚀除,并在工件表面留下一个微小的凹坑。而且脉冲的能量越大,传递给工件上的热量就越多,被蚀除的材料也越多,并近似于正比例关系。

$$v_V = 60fKW\lambda \tag{3.1}$$

式中　f——脉冲放电频率,Hz;

　　　K——和材料有关的系数;

　　　W——单个脉冲放电能量,J;

　　　λ——脉冲的有效利用率。

2)极性效应

在脉冲放电过程中,工件和电极都要受到电腐蚀。实践证明,即使工件和电极的材料完全相同,也会因为所接电源的极性不同而有不同的蚀除速度,这种由于极性不同而发生电蚀量不一样的现象称为极性效应。通常把工件接脉冲电源正极时的加工称为"正极性"加工;工件接负极时的加工称为"负极性"加工。

产生极性效应的主要原因是:在放电过程中,因为电子的质量和惯性均小,容易获得很高的加速度和速度,在击穿放电的初始阶段就有大量的电子奔向正极,并轰击正极表面而蚀除金属;正离子则因质量和惯性较大,起动较慢,在击穿放电的初期,大量的正离子尚来不及到达负极表面,所以传递给负极的能量要远远小于电子传递给正极的能量。因而在用短脉冲加工时,电子轰击作用要大于正离子的轰击作用,正极的蚀除速度必然要大于负极的蚀除速度;当用长脉冲加工时,质量和惯性大的正离子将有足够的时间加速,同样也有大量的正离子到达并轰击负极表面,由于正离子的质量和惯性大,对负极表面的轰击破坏作用将大大超过电子对正极表面的轰击作用,此时负极的蚀除速度也必然要大于正极的蚀除速度。

从提高加工生产率和减少电极损耗的角度来看,极性效应越显著越好,所以在电火花成形加工过程中必须充分利用。电火花成形加工时,可以采取以下措施:

(1)电火花成形加工必须采用单向脉冲电源。否则,用交变的脉冲电流加工时,单个脉冲的极性效应便相互抵消,增加了电极的损耗。

(2)正确选择加工极性。用t_i<20 μs 的短脉冲进行精加工时,应采用正极性加工;用t_i>50 μs 的较长脉冲进行粗、中加工时,应采用负极性加工。

（3）用导热性好、熔点高的材料作电极，可有效降低电极的损耗。

（4）根据不同的脉冲放电能量，合理选用脉冲放电持续时间（即脉宽 t_i）。每种材料都会有一个蚀除量最大的最佳脉宽，脉宽缩小会使大部分能量损耗在材料高温汽化上，增大脉宽则会使传散的热量增多。加工时应选用使工件材料蚀除速度最大的脉宽。

3）金属材料的热学常数

所谓热学常数是指熔点、沸点（汽化点）、导热系数、比热容、熔化潜热、汽化潜热等。

每次脉冲放电时，通道内及正、负电极放电点都瞬时获得大量热能。而正、负电极放电点所获得的热能，除一部分由于热传导散失到电极其他部分和工作液中外，其余部分将依次消耗在使局部金属材料温度升高至熔点；使熔点时的固相材料熔化成液相材料，即熔化潜热；使熔化的金属材料继续升温至沸点；使熔融金属汽化，需相应的汽化热；使金属蒸气继续加热成过热蒸气。

显然，当脉冲放电能量相同时，金属的熔点、沸点、比热容、熔化热、汽化热等越高，电蚀量将越少，加工速度就慢；另外，热导率越大的金属，由于较多地把瞬时产生的热量传导散失到其他部位，所以降低了本身的蚀除量，加工速度也慢。

4）工作液

工作液的作用如下：

（1）介电作用。形成火花击穿放电通道，并在放电结束后迅速恢复间隙的绝缘状态。

（2）压缩放电通道。提高火花放电能量密度。

（3）帮助抛出和排出电蚀产物。

（4）冷却作用。对电极、工件进行冷却。

介电性能好、密度和黏度大的工作液有利于压缩放电通道，提高放电的能量密度，强化电蚀产物的抛出效应。但黏度大则不利于电蚀产物的排出，影响正常放电。为了兼顾上述众多作用和粗精加工需要，目前普遍采用黏度小、流动性好、渗透性好的煤油作工作液。但油类工作液有味且容易燃烧，尤其在大能量粗加工时工作液高温分解产生的烟气大。为了提高电火花成形加工的工艺效果，国内外都开发生产了电火花加工专用油，它是以轻质矿物油为基础，加上一定的重质矿物油和其他添加剂加工而成，无色无味，燃点也比较高。

5）排屑条件

在电火花成形加工过程中，极间局部区域电蚀产物（蚀除的金属微粒、热分解而形成的气泡与碳粒）浓度过高，加之放电引起的温度升高，常会影响加工过程的稳定性，以致破坏正常的火花放电，使加工速度降低甚至无法继续加工。因此，常常采用冲油或抽油、将电极定期地自动抬起等措施，改善排屑条件，限制电蚀产物浓度过大，以保证加工稳定进行。

2. 影响加工精度的主要因素

1）尺寸精度

影响电火花成形加工尺寸精度的主要因素有：

（1）间隙的一致性。电火花成形加工时，电极与工件之间都存在一定的放电间隙，如果加工过程中放电间隙能保持不变，则可以通过修正电极尺寸进行补偿来获得较高的加工精度。

（2）间隙的大小。间隙的大小对加工精度也有影响，尤其是对复杂形状的加工表面，棱角部位电场强度分布不均,间隙越大,影响越严重。因此,为了减少加工误差,应该采用较小的加工电规准,缩小放电间隙,这样不但能提高加工精度,而且放电间隙越小,可能产生的间隙变化量也越小。

（3）工具电极损耗的大小。工具电极损耗的大小会直接影响尺寸的加工精度。

2）形状精度

影响电火花加工形状精度的主要因素是"二次放电",二次放电是指在已加工表面上,由于电蚀产物的混入而使极间实际距离减小或是极间工作液介电性能降低,而再次发生脉冲放电现象,使间隙扩大。集中反映在加工深度方向产生斜度和加工棱角棱边变钝方面。

产生加工斜度的情况如图 3.13 所示。上面入口处加工的时间长,产生二次放电的机会多,间隙扩大量也大,而接近底端的侧面,因加工时间短,放电的机会少,间隙扩大量也小,因而加工时侧面会产生斜度。另外,因为电极的下端加工时间长,绝对损耗量大,而上端加工时间短,绝对损耗量小,使电极变成一个有斜度的锥形电极。

加工冲裁模凹模时,可以有效地利用电火花加工形成的斜度,即电火花成形加工时的凹模下端为冲模刃口,而斜度正是冲裁所需的落料斜度。

电火花加工时,电极上的尖角和凹角,很难精确地复制在工件上,而是形成一个小圆角。这是因为当电极为凹角时,工件上对应的尖角处放电蚀除的概率大,容易遭受腐蚀而形成圆角,如图 3.14(a)所示。当电极为尖角时,一方面由于放电间隙的等距离特性,工件上只能加工出以尖角顶点为圆心、放电间隙 δ 为半径的圆弧;另一方面电极尖角处电场集中,放电蚀除的概率很大而损耗成圆角,如图 3.14(b)所示。

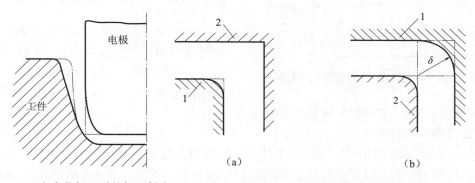

图 3.13　电火花加工时的加工斜度　　　　图 3.14　电火花加工时的圆角

1—工件;2—电极

采用高频窄脉冲进行精加工时,由于放电间隙小,圆角半径也可以很小,一般可以获得圆角半径小于 0.01 mm 的尖棱。

3. 影响加工表面质量的主要因素

电火花成形加工的表面质量主要包括加工表面粗糙度、表面变质层及表面微观裂纹三部分。

1）表面粗糙度

电火花成形加工表面和机械加工的表面不同,是由无数的放电小凹坑组成,因而无光泽,它的润滑性能和耐磨损性能都比机械加工的表面好。

对表面粗糙度影响最大的是单个脉冲放电能量,因为脉冲放电能量大,放电小凹坑既大又深,从而使表面粗糙度变差。

工件材料对加工表面粗糙度也有影响,熔点高的材料(如硬质合金),在相同脉冲能量下加工的表面粗糙度值要比熔点低的材料(如钢)小。当然,加工速度会相应下降。此外,工件被加工的侧表面的表面粗糙度会比底面的粗糙度小一级。

电火花成形加工表面粗糙度通常用微观不平度的平均算术偏差 Ra 表示,也有用不平度的最大值 R_{max} 表示的。电火花加工的表面粗糙度与加工速度之间存在着很大矛盾,例如,将表面粗糙度从 $Ra2.5~\mu m$ 减小到 $Ra1.25~\mu m$ 时,加工速度几乎要下降到原来的 1/10。

2)表面变质层

电火花成形加工过程中,在火花放电的瞬时高温和工作液的冷却作用下,工件加工表面层会发生组织变化,如图 3.15 所示。表面变质层可以分为熔融凝固层(包括新附着的松散层和急冷凝固层)、淬火层和热影响层。熔融凝固层和淬火层硬度较大,厚度随脉冲放电能量的增大而变厚,为 1~2 倍的 R_{max},而热影响层与基体之间没有明显的界限。由于温度场分布及冷却速度影响,热影响层硬度不如熔融凝固层高,但对未淬火的材料来说,仍有一定的淬硬作用。热影响层的深度也与加工条件有关,一般为 2~3 倍的 R_{max}。

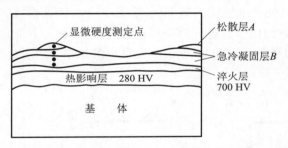

图 3.15 电火花加工表面变化层断面

(用粗规准加工时)才有可能扩展到热影响层。

由此可知,电火花成形加工后的工件表面都是比较硬的,而且整个变化层的厚度与电规准有关,大约为 3 倍的 R_{max}。可想而知,精加工时的表面变质层厚度是很薄的。

3)显微裂纹

电火花成形加工表面由于受到高温作用并迅速冷却而产生拉应力,往往会出现显微裂纹。实验表明,一般显微裂纹仅在熔融凝固层内出现,只有在脉冲能量很大的情况下

4. 工具电极相对损耗

在电火花成形加工过程中,无论是工件还是电极都会遭到不同程度的电腐蚀。在评价工具电极是否耐损耗时,不仅要看工具电极的损耗速度 v_E,而且还要看同时能达到的加工速度 v_W。因此,常采用工具电极相对损耗(简称电极损耗)θ 作为评价工具电极耐损耗的指标。即

$$\theta = v_E / v_W \times 100\% \qquad (3.2)$$

式中,v_E 和 v_W 用 mm^3/min 为单位计算时,θ 为体积相对损耗;v_E 和 v_W 用 g/min 为单位计算时,则 θ 为质量相对损耗。

电火花成形加工过程中,降低工具电极的相对损耗具有重大意义。为了降低工具电极的相对损耗,必须很好地利用电火花成形加工过程中的各种效应,实现高效低损耗加工,具体途径如下:

1)正确选择加工极性

一般来说,采用窄脉冲精加工时应选用正极性加工,而在较长脉冲进行粗、中粗加工时则采用负极性加工。

2）利用吸附效应建立炭黑保护层

电火花成形加工时，碳氢化合物工作液在放电过程中将发生热分解，而产生大量的游离碳，它们和金属结合形成金属碳化物的微粒，即胶团。碳的胶粒一般带负荷，因此在电场作用下会向正极移动，并吸附在正极表面。如果电极表面的局部持续温度高于 700 ℃（但低于电极材料熔点），且能保持一定时间，这些吸附在电极表面的碳粒便能从物理吸附转变成化学吸附，形成牢固的炭化层即炭黑保护层。

炭黑保护层有很好的抗蚀作用，如果建立在电极表面，就可以起到保护和补偿作用，实现低损耗或无损耗加工。

3）选用合适的材料作电极

为了获得高效低损耗加工，应选用加工稳定性好、损耗小、加工工艺性好的材料作电极，常用电极材料的性能见表 3.2。

表 3.2　常用电极材料的性能

电极材料	电火花加工性能		机械磨削的可加工性	说　　明
	加工稳定性	电极损耗		
紫铜	好	较小	较差	常用电极材料，但磨削加工困难
石墨	较好	较小	好	常用电极材料，但机械强度差，制造电极时粉尘较大
铸铁	一般	一般	好	常用电极材料
钢	较差	一般	好	常用电极材料
黄铜	好	较大	一般	较少采用
铜钨合金	好	小	一般	价格较贵、材料来源少。多用于深长直壁孔、硬质合金穿孔加工等
银钨合金	好	小	一般	是较好的电极材料，但价格昂贵，只适于特殊加工要求，如用于加工精密冲模

目前应用最多的电极材料是石墨和紫铜。紫铜组织致密，适用于形状复杂、轮廓清晰、精度要求较高的塑料模、胶木模、压铸模等，但紫铜加工工艺性差，难以成形磨削，而且由于紫铜密度大、价格贵，不宜制作大、中型电极。石墨电极加工容易、密度小，所以适宜制作大、中型电极，但石墨电极机械强度差，制造精度难以保证，且精加工时损耗较大，也容易引起非正常放电，使工件烧伤。钨、钼的熔点和沸点较高，损耗小，但其机械加工性能不好，价格又贵，所以除线切割外很少采用。

3.1.5　电火花成形机床的数控系统

与普通加工机床类似，电火花成形机床也有 x、y、z 三个坐标系统，可以使之成为数字控制（数控）进给或数控伺服进给系统。数控系统规定除了三个直线移动的 x、y、z 坐标轴系统外，还有三个转动的坐标轴系统，其中绕 x 轴转动的称 a 轴、绕 y 轴转动的称 b 轴、绕 z 轴转动的称 c 轴。c 轴运动可以是数控连续转动，也可以是不连续的分度转动或某一角度的转动。有些机床主轴 z 轴可以连续转动，但不是数控的，这不能称作 c 轴，只能叫作 r 轴。将普通电火花机床上的移动或转动运动改为数控之后，会给机床带来巨大的变化，使加工精度、加工的自动化程度、加工工艺的适应性、多样性(柔性)大为提高,使操作人员大为省力、省心,甚至可以实现无人化操作。数控化的轴越多,可以加工出越复杂的零件。一般冲模和型腔模,采用单轴数控和平动头附件即可进行加工;复杂的型腔模,需采用 x、y、z 三轴数控联动加工。

1. 电火花加工单轴数控系统

在电火花单轴(往往是 z 轴)数控系统出现以前,曾出现过单轴数显。例如,早期有些高档的国外液压进给电火花机床,在主轴导轨上安装了磁尺或光栅,把主轴、工具电极的位移量数字化显示出来,这种简单的数显装置能随时指示实际的进给深度位置,给机床操作人员带来极大的方便。同样,在电动机驱动的非数控机床上,也可以在 z 轴(单轴)或 x、y、z 三轴上都装上数显,成为高性能的手工操作机床,可以控制定位尺寸精度在 ±0.01 mm 以内。作为数显装置的位移检测元器件有磁尺、光栅和感应同步器,它们虽各有其优缺点,但都可做成分辨率为 1 μm、2 μm 和 5 μm 的检测器。其中光栅的性能较稳定,但价格也较高。

采用步进电动机以及带细分功能的步进电动机,较易实现电火花加工的数控和数显,因为它本身就是一种数字化控制的电动机。步进电动机驱动的数控系统线路简单、成本低廉、工作可靠,但力矩和调速性能较差,一般只用于中、小型电火花成形加工机床。

近年来随着电子技术、微机技术的发展,各种直流伺服电动机和交流伺服电动机的性能不断提高,价格不断降低,已广泛应用于各种高、中档电火花加工机床的数控系统中。

数控进给系统可以分为开环控制、半闭环控制和全闭环(简称闭环)控制系统。

(1)开环控制系统是指控制信号自指令机构(一般为单片微机)发出,经放大环节到执行环节执行此信号后,控制过程就算结束,在执行环节之后没有检测环节等反馈联系。至于执行过程中执行环节工作是否正常、进给是否到位,在开环控制系统中是没有考虑的。

(2)半闭环控制系统是指在执行环节(如伺服电动机)后设置有检测环节(如同轴安装在电动机轴端的码盘),随时向指令机构发出反馈信号,告知执行环节(伺服电动机)已转过的角度。如果还未达到指令规定的转角,则继续转动,直至达到规定转角为止(在超过规定转角的情况下,可以反转以退回多转的角度)。这样在执行环节和指令机构之间有了测量环节和反馈联系,形成了"半闭环"。

(3)如果在控制对象(如安装有工具电极的主轴和装有工件的工作台)上安装了位置测量环节(如光栅、磁尺等),以便随时反馈被控制对象的位置,进行"多退少补",这就成为全闭环(简称闭环)系统。

开环数控系统简单、可靠、成本低,用于进给精度要求不高的场合。半闭环系统只用于伺服电动机同轴安装的码盘,不用磁尺、光栅等直线位移传感器,比闭环系统简单可靠并节省了成本费用,是目前中档电火花成形加工机床广泛采用的系统。它虽不能修正或消除传动丝杠螺距误差和螺母间隙正反转时引起的误差,但可以用软件来补偿、减少。高档数控电火花成形加工机床要求进给精度很高时,应采用有光栅、磁尺等位置检测元件的闭环系统,它依靠精密的光栅、磁尺等可直接消除丝杠的螺距误差和丝杠螺母间隙在正反转时引起的误差。

2. 数控多轴联动成形工艺

电火花数控多轴联动加工是一种新型的电火花成形加工工艺,又称为电火花铣削加工、电火花创成加工、电火花展成加工等。这种工艺采用简单形状的工具电极(通常采用中空圆柱棒电极,加工中作高速旋转),利用 UG 等软件的数据文件自动生成加工指令,控制工作台及主轴多坐标数控伺服运动,配以高效放电加工电源,仿铣加工平面轮廓曲线和三维空间复杂曲面。

多轴联动加工是针对简单的单轴加工来说的。多轴联动中的几个轴(至少有两个轴)能同时联动,类似于多轴控制的数控铣削,可以实现用简单电极加工出复杂零件。如复杂的型腔模,需采用 x、y、z 三轴数控联动加工。

1)电火花数控多轴联动数控系统

常见的多轴联动数控系统分为三轴三联动和三轴两联动加工,又称两轴半或 2.5 轴数控加工,即三个数控轴中,只有两个轴(如 x、y 轴)有走斜线和走圆弧的数控插补联动功能,但是可以选择、切换三种不同的插补平面 xy、xz、yz,故称作"两轴半"。

2)数控电火花加工方法

由于具有多轴控制,电极和工件之间的相对运动就可以复杂多样,可以加工出复杂的零件。利用工作台或滑板按一定轨迹在加工过程中做微量运动,通常将这种加工称为摇动加工。

(1)圆摇动。由于圆摇动向电极所有的方向均匀地扩大尺寸,所以可以对应所有的形状。但在电极的内角部位,半径有相当于摇动量大小的减少;而外角部位,半径有相当于摇动量大小的增加,因此在电极制作时要注意,如图 3.16 所示。

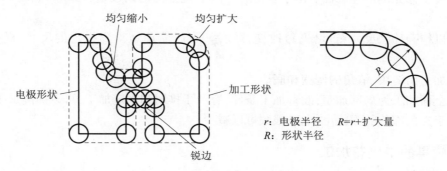

图 3.16　圆摇动和加工形状的关系

(2)正方形摇动。由于正方形摇动沿电极的 x 轴和 y 轴进行平行摇动,所以在四周尖角处容易得到锐边,但在圆弧部位扩大量增加,需要加以注意,如图 3.17 所示。

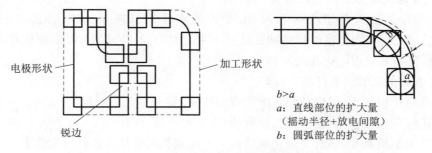

图 3.17　正方形摇动和加工形状的关系

在复杂形状的摇动加工中,同一电极上有正方形和圆,当用圆摇动进行加工时,边角部分的形状容易被破坏,如图 3.18(a)所示;当用正方形摇动进行加工时,半圆部分的形状容易被破坏,如图 3.18(b)所示。对于这类情况,需要减小精加工电极的缩小量,把边角部分和半圆部分的形状破坏量控制在最小限度之内。正方形和半圆部分都要求进行高精度加工时,需要采取措施,对正方形和半圆部分分别制作电极,用符合各自形状的电极进行摇动加工。

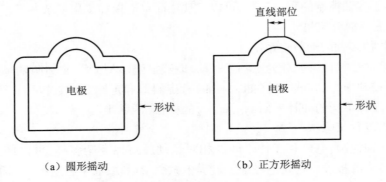

（a）圆形摇动　　　　　　　　　（b）正方形摇动

图 3.18　复杂形状不同摇动加工的效果

数控摇动加工有以下作用:

①可逐步修光侧面和底面。由于在所有方向上发生均匀的放电,可以得到均匀微细的加工表面。

②可以精确控制尺寸精度,通过改变摇动量,可以简单地得到指定的尺寸,提高了加工精度。

③可加工出清棱、清角的侧壁和底边。

④变全面加工为局部加工,改善加工条件,有利于排屑和稳定加工,可以提高加工速度。

⑤由于尖角部位的损耗小,电极根数可以减少。

3.1.6　模具的电火花加工

模具加工中,电火花加工主要用于凹模类零件的加工,常见的模具中,凹模类零件主要包括两类,即型腔和型孔。由于型孔类凹模可以采用线切割的工艺加工,所以这里主要讨论型腔类模具的加工。

1. 型腔模电火花加工的工艺特点

型腔模的种类很多,如塑料模、锻模、压铸模、胶木模、挤压模等。由于型腔模一般呈盲孔,其他方法难以加工,特别是型腔模的加工是三维曲面加工,工件三个方向的形状和尺寸精度要求都很高,所以经常采用电火花成形加工。

型腔模电火花成形加工有如下特点:

(1)要求电极损耗小,以保证型腔模的成形精度。

(2)加工过程蚀除量大,要求加工速度快、生产效率高。

(3)型腔的侧面修光较难,必须更换精加工电极或利用平动头进行侧面修光。

2. 型腔模电火花加工的工艺方法

型腔模电火花加工的方法主要有:单电极平动加工法、多电极更换加工法及分解电极加工法、数控摇动加工、数控多轴联动加工等。

1) 单电极平动加工法

单电极平动加工法需要采用平动头,平动头是一个能使电极产生向外作机械补偿动作的工艺附件,如图 3.19 所示。

单电极平动加工法是指采用一个电极完成型腔的粗、中、精加工的工艺方法。

如果不采用平动加工,在用粗加工电极对型腔进行粗加工之后,型腔四周侧壁会留下很大的放电间隙,表面粗糙度很差,如图 3.20(a)所示;如果采用平动加工,只要用一个电极向四周平动,逐步地由粗到精改变规准,即可较快地加工出型腔,如图 3.20(b)、(c)所示。

图 3.19 平动头

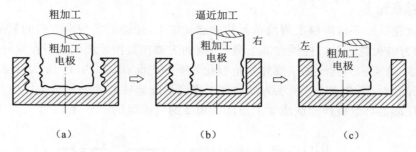

图 3.20 型腔平动加工过程

单电极平动法最大的优点是只需要一个电极一次装夹定位,便可达到 ±0.05 mm 的加工精度,其缺点是很难加工出清棱、清角的型腔模,一般清角圆弧半径大于偏心半径。此外,电极在粗加工中因材料热疲劳容易引起表面龟裂,影响型腔表面粗糙度。为弥补这些缺陷,可采用精度较高的重复定位夹具,将粗加工后的电极取下来,经均匀修光后,再重复定位装夹,利用平动头完成型腔精加工。

2) 多电极更换法

多电极更换法是指采用多个电极依次更换,但采用不同的电规准加工同一个型腔的方法,如图 3.21 所示。各个电极的尺寸,必须根据所选用的电规准产生的放电间隙及下一个规准加工所需的加工余量来修正。

多电极更换加工法尤其适用于尖角、窄缝多的型腔模加工。但这种工艺方法要求电极制造的一致性和精度要高,装夹重复定位的精度要高,因此一般只用于精密型腔的加工。

3) 分解电极加工法

分解电极加工法是单电极平动加工法和多电极更换法的综合应用。分解电极加工法是根据型腔的几何形状把型腔分成主型腔和副型腔,然后将电极分解成主型腔电极和副型腔电极并分别制造。先用主型腔电极加工出主型腔,后用副型腔电极加工尖角、窄缝等副型腔部位,如图 3.22 所示。

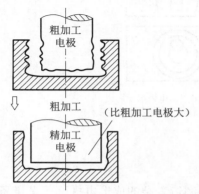

图 3.21 多电极更换法

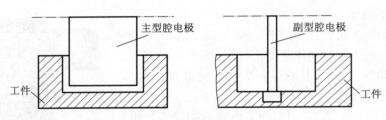

图 3.22　分解电极加工法

　　分解电极加工法可根据主、副型腔不同的加工条件,选择不同的加工规准,从而提高加工速度和改善加工表面质量,同时还可以简化电极制造,便于电极修整。缺点是主型腔和副型腔间的精确定位较难解决。

　　4)数控摇动加工

　　数控电火花机床不仅能够实现简单形状的摇动加工,还能够实现多方向的复杂摇动加工。图 3.23 所示为电火花三轴数控摇动加工型腔(指加工轴在数控系统控制下作向外逐步扩弧运动)。图 3.23(a)所示为摇动加工修光六角型孔侧壁和底面;图 3.23(b)所示为摇动加工修光半圆柱侧壁和底面;图 3.23(c)所示为摇动加工修光半圆球柱的侧壁和球头底面;图 3.23(d)所示为用圆柱形工具电极摇动展成加工出任意角度的内圆锥面。

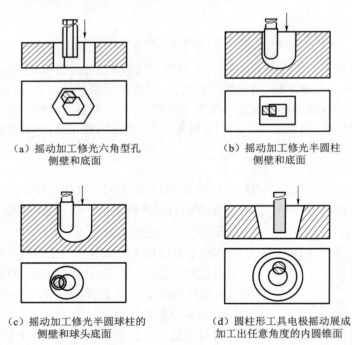

(a)摇动加工修光六角型孔
侧壁和底面

(b)摇动加工修光半圆柱
侧壁和底面

(c)摇动加工修光半圆球柱的
侧壁和球头底面

(d)圆柱形工具电极摇动展成
加工出任意角度的内圆锥面

图 3.23　电火花摇动加工

　　5)数控多轴联动加工

　　数控多轴联动加工电极的设计与制造极为简单(不需要制造复杂的成形电极),工艺准备周期短、成本低,能加工机械切削难以加工的材料,如高温耐热合金、钛合金、不锈钢等,易于实现柔性化生产,是实现面向产品零件的电火花成形加工技术的有效途径,主要用于航空发动机、燃汽轮机制造领域。图 3.24 和图 3.25 所示为简单的多轴联动示意图,图 3.26 所示为多轴联动加工外螺纹,图 3.27 所示为多轴联动加工斜齿轮型腔。

图 3.24　多轴联动凸模加工

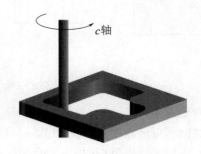

图 3.25　多轴联动凹模加工

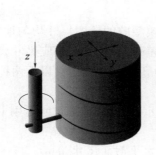

图 3.26　多轴联动外螺纹加工

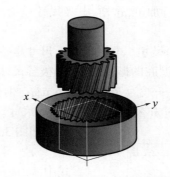

图 3.27　多轴联动斜齿轮型腔加工

在实际生产中,企业拥有的数控电火花机床大多具有多轴数控功能,但目前这类机床通常仍采用传统的成形电极加工方法,设备性能没有得到充分发挥。研究利用数控电火花机床进行电火花多轴联动加工,无疑对于挖掘设备潜力,提高企业效益具有很重要的意义。国外已有使用这种技术的机床应用在模具加工中,预计这一技术将得到快速发展。

3. 电极的设计

1)电极结构形式的确定

常用的电极结构形式有整体式、组合式、镶拼式,如图 3.28 所示。

(1)整体式。如图 3.28(a)所示,整体式电极适用于尺寸大小和复杂程度都一般的型腔加工。它可以分为有固定板和无固定板两种形式。无固定板式多用于型腔尺寸小、形状简单、只用单孔冲油或排气的情况;有固定板式则用于尺寸较大、形状较复杂、采用多孔冲油或排气的情况。

(2)组合式。如图 3.28(b)所示,组合式电极适用于一模多腔的情况,可以大大提高加工速度,简化各型腔之间的定位工序,提高定位精度。

(3)镶拼式。如图 3.28(c)所示,镶拼式电极适用于型腔尺寸较大,或型腔形状复杂,分块才容易制造的电极。

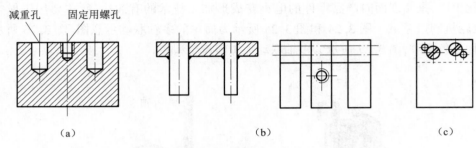

图 3.28　电极的结构形式

2)电极尺寸的确定

型腔模的底面和斜壁在半精和精加工时,只需要垂直进给即可修光,相应的电极尺寸也比较容易确定。但在加工直壁型腔时,由于粗加工的放电间隙较大,需要修光的变质层又厚,仅靠垂直进给是难以修光侧面的,除非更换一个尺寸较大的精加工电极。而我国普遍采用的是单电极平动法进行加工,这样,电极尺寸就必须考虑加上一个平动量 δ_0 来决定工具电极的缩放量。

(1)电极截面尺寸。电极的截面尺寸是按照凹模型腔的轮廓尺寸均匀地缩小一个单边放电间隙 δ,考虑了型腔的抛光余量,电极各尺寸的公差范围,取型腔相应尺寸允许公差的 $1/2\sim1/3$。表面粗糙度一般为 $Ra0.8\sim1.6\ \mu m$。但是实际工作中常会遇到以下两种情况:

①按凹模尺寸和公差确定电极截面尺寸。

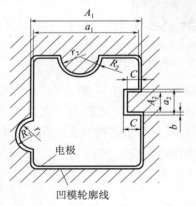

图 3.29　按凹模尺寸、公差确定
电极截面尺寸示意图

如图 3.29 所示,电极的截面尺寸可用下式确定:

$$a = A \pm Kb \tag{3.3}$$

式中　a——电极水平截面尺寸,mm;

A——型腔的公称尺寸,mm;

$\pm$——当电极轮廓比型腔轮廓尺寸增大时(如图中 a_2、r_2)取"+",当电极轮廓比型腔轮廓尺寸减小时(如图中 a_1、r_1)取"-";

K——与型腔尺寸标注法有关的系数:双边标注时(如图中 a_1、a_2),$K=2$;单边标注时(如图中 r_1、r_2),$K=1$;无缩放尺寸时(如图中 c),$K=0$;

b——电极单边缩放量,即末挡精规准加工时的放电间隙,mm:一般情况下,中、小型电极的单边缩放量 b 精加工时可在 $0.01\sim0.03$ mm 范围内选取。

②按凸模尺寸和公差来确定电极截面尺寸。这种方法是按凸模和凹模的单面配合间隙 z 与精加工时的电极单边缩放量 b 的关系为依据进行计算的,根据 z 和 b 的大小分为三种情况。

第一种:凸模和凹模的单面配合间隙等于电极单边缩放量,即 $z=b$。此时电极的截面尺寸与凸模的截面尺寸完全相同。

第二种:凸模和凹模的单面配合间隙大于电极单边缩放量,即 $z>b$。电极的截面尺寸在凸模的四周均匀增大一个值($z-b$),如图 3.30 所示。

第三种:凸模和凹模的单面配合间隙小于电极单边缩放量,即 $z<b$。电极的截面尺寸在凸模的四周均匀缩小一个值($b-z$),如图 3.31 所示。

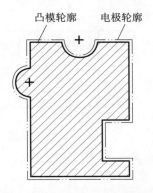

图 3.30　按凸模均匀增大电极　　图 3.31　按凸模均匀缩小电极

(2)电极垂直方向尺寸。即电极与主轴进给方向平行的剖面尺寸,可用下式确定:

$$l = L \pm K'\Delta' \tag{3.4}$$

$$\Delta' = r - \delta_{精} \tag{3.5}$$

式中　l——电极垂直方向尺寸,mm;

　　　L——型腔深度方向的尺寸,mm;

　　　K'——与尺寸标注有关的系数,如线性尺寸时 K' 取 1;

　　　r——电极端面损耗的总量,mm;

　　$\delta_{精}$——精加工时的单面放电间隙,mm。

(3)电极总高度。型腔加工的电极总高度 h 必须根据工艺需要、电极使用次数以及装夹要求等因素来确定,如图 3.32 所示,并用下式表示:

$$h = l + l_1 + l_2 \tag{3.6}$$

式中　h——除装夹部分之外的电极总高度,mm;

　　　l——电极加工一个型腔的有效高度,mm;

　　　l_1——当加工的型腔位于另一个型腔中时需增加的高度,mm;

　　　l_2——考虑加工结束时,电极夹具和固定板不与模块或压板发生碰撞而应增加的高度,mm。

3)排气孔与冲油孔设计

为改善排气、排屑条件,大、中型型腔模加工时电极都设计有排气孔、冲油孔。一般情况下,冲油孔要开在不易排屑的拐角、窄缝处,如图 3.33(a)所示;而排气孔则开在蚀除面积较大以及电极端部凹入的位置,如图 3.33(b)所示。冲油孔的布置需注意不可出现无工作液流经的"死区"。排气孔和冲油孔的直径为平动量的 1～

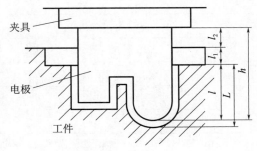

图 3.32　电极总高度

2 倍，一般取 $\phi1\sim\phi1.5$ mm。为有利于排气排屑，常把排气孔、冲油孔的上端孔径加大到 $\phi5\sim$ $\phi8$ mm，孔距在 $20\sim40$ mm，位置相对错开，以避免加工表面出现"波纹"。

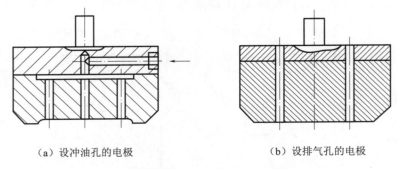

（a）设冲油孔的电极　　　　　　　（b）设排气孔的电极

图 3.33　排气孔与冲油孔的设置

例 3.1　图 3.34 所示为凹模上标注公差的例子。已知电火花机床精加工时的双边补偿量 $2b=0.06$ mm，凹、凸模要求的双面配合间隙为 $2z$。电极截面的尺寸见表 3.3。

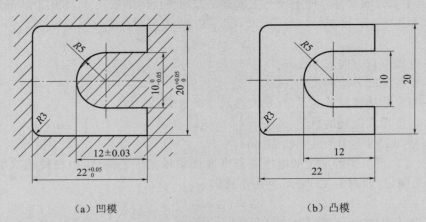

（a）凹模　　　　　　　　　（b）凸模

图 3.34　凹模标注公差图例

表 3.3　电极截面尺寸

序 号	凹模图样尺寸	凸模图样尺寸	凸模制造尺寸	电极设计尺寸
1	$22^{+0.05}_{0}$	22	$22-2z$	$22-0.06=21.94^{+0.03}_{0}$
2	$20^{+0.05}_{0}$	20	$20-2z$	$20-0.06=19.94^{+0.03}_{0}$
3	$10^{0}_{-0.05}$	10	$10+2z$	$10+0.06=10.06^{0}_{-0.03}$
4	$R5$	$R5$	$R5+z/2$	$R5+0.03=R5.03$
5	$R3$	$R3$	$R3-z/2$	$R3-0.03=R2.97$
6	12 ± 0.03	12	12	12 ± 0.02

注：（1）若凸模与电极一起成形磨削，则其公差取电极的相应公差值；

　　（2）电极尺寸公差取凹模相应公差的 1/2～2/3。

例 3.2 图 3.35 所示为凸模上标注公差的例子,已知电火花机床精加工时的双边补偿量 $2b = 0.06$ mm,凹、凸模要求的双面配合间隙 $2z = 0.04$ mm,则电极截面的尺寸见表 3.4。

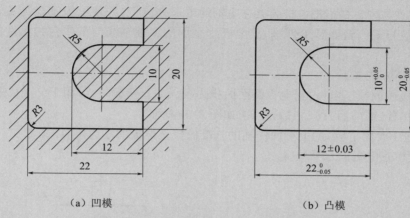

（a）凹模　　　　　　　　　　　　　　　　（b）凸模

图 3.35　凸模标注公差图例

表 3.4　电极截面尺寸

序　号	凸模图样尺寸	凹模图样尺寸	电极设计尺寸	加工后凹模型孔尺寸
1	$22_{-0.05}^{0}$	22	$22-(0.06-0.04)=21.98_{-0.03}^{0}$	$21.98+0.06=22.01$
2	$20_{-0.05}^{0}$	20	$20-(0.06-0.04)=19.98_{-0.03}^{0}$	$19.98+0.06=20.04$
3	$10_{0}^{+0.05}$	10	$10+(0.06-0.04)=10.02_{0}^{+0.03}$	$10.02-0.06=9.96$
4	$R5$	$R5$	$R5+\dfrac{1}{2}(0.06-0.04)=R5.01$	$R5.01-0.03=R4.98$
5	$R3$	$R3$	$R3-\dfrac{1}{2}(0.06-0.04)=R2.99$	$R2.99+0.03=R3.02$
6	12 ± 0.03	12	12 ± 0.02	12

由于模具的配合间隙小,若电极与凸模一起磨削,则电极按凸模名义尺寸磨削,然后再用化学腐蚀法将电极缩小至设计尺寸。

在实际应用中,有些工厂不另外绘制电极图样,而是在凸模图样或工艺卡上注明电极按凸模尺寸每边缩小或放大若干,这样不但减轻工艺员的工作量,免除重画电极图样可能造成的差错,而且缩短了模具制造周期。

4. 型腔电火花加工工艺过程

1）加工前的准备

（1）工艺方法选择。选择合适的型腔电火花加工工艺方法。目前,国内普遍采用的是单电极平动法。

（2）电极准备。按要求进行电极设计，并将其制作出来。

（3）工件准备。将工件进行备料、机械加工及热处理等各工序。

2）电极的装夹与校正

电极的装夹与校正是指把电极装夹在主轴的电极夹具上，并使电极轴线与主轴进给轴线一致，保证电极与工作台面和工件垂直、电极水平面的 x 轴轴线与工作台和工件的 x 轴轴线平行。

常用的校正方法如下：

（1）按电极侧面校正电极，当电极侧面面积为较大的直壁面时，可用千分表（或百分表）校正电极上下、左右（或前后）移动时的位置，如图 3.36 所示。

（2）按电极（或固定板）的上端面作辅助基准面校正电极的垂直度，如图 3.37 所示。按它们的平直侧面校正电极的水平位置。

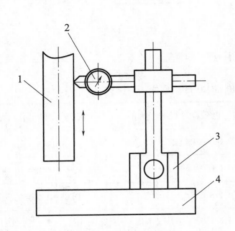

图 3.36　百分表校正法

1—电极；2—百分表；3—百分表支架；4—电极装夹套

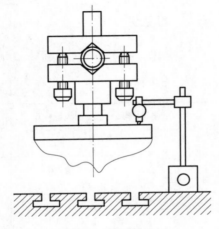

图 3.37　电极的校正

（3）按电极端面火花放电校正。如果电极端面为平面，可用精规准使电极与模块平面进行火花放电，通过调节使四周均匀地出现放电火花，即可完成电极的校正。

3）工件的装夹与校正

在一般情况下，可将工件直接装夹在垫块或工作台上，然后通过工作台的坐标移动，使工件中心线和十字滑板移动方向一致，以便于电极和工件间的校正，最后用压板压紧。

型腔模一般都由上、下模组成，为使制品不产生拼缝，应采取措施保证上、下模定位准确，合模时不致发生上下模错位现象，具体方法有如下几种：

（1）十字线定位法。在电极或电极固定板两侧面划出中心十字线，同时在模块上也划出中心线，加工时保证电极与模块相应的十字线对准即可，如图 3.38 所示。这种方法简便易行，但精度不高，定位精度只能达到±0.3～±0.5 mm。

（2）定位板定位法。如图 3.39 所示，在电极固定板和工件上分别加工出一对角尺面，并在电极定位基准面上固定两块平直的定位板。定位时将工件的角尺面和相应的定位板紧贴，再将工件压紧，卸去定位板即告完成。这种定位法的精度较十字线法高。类似的定位法，也会使用定位套,主要用于小型模具。

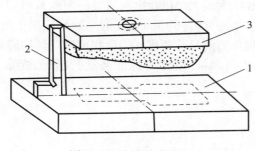

定位板

图 3.38　十字线定位法　　　　　　　图 3.39　定位板定位法
1—凹模板;2—刀口角尺;3—电极固定板

(3)以基准面进行数控定位。用数控电火花成形机床加工时,以工件侧面为基准,进行数值式的坐标定位,也可以自动找中心,其定位精度可达±0.01~±0.02 mm,是一种理想的定位方法。如果是带数显装置的普通电火花成形机床,也可以进行数值式的坐标定位。不过,定位校正过程不是自动的,而是依赖人工操作。

4)电规准的选择与转换

(1)电规准的选择。为了获得好的工艺效果,在电火花加工过程中一般都是用粗规准加工出型腔的基本轮廓,以获得较高的加工速度和较低的电极损耗;然后用中、精规准逐级修光,以达到所需的表面粗糙度和加工精度。

粗规准一般选脉冲宽度 $t_i>400$ μs、脉冲电流幅值大的一组脉冲参数进行粗加工。加工时,应根据加工面积大小及排屑条件决定其加工电流,通常平均电流密度为 3~5 A/cm^2,过大则容易引起"拉弧"烧伤,影响加工表面质量。选用粗规准加工速度高、表面粗糙、电极耗损低。

中规准是粗、精规准之间的过渡参数,其脉冲宽度为 50~400 μs,加工时应在保证加工速度的情况下,尽量降低电极损耗。加工小孔、窄槽等复杂型腔时,可直接用中规准进行粗加工成形。

精规准是在中规准加工的基础上,进行最后精加工的参数,可以获得所需的加工表面粗糙度和加工精度。精规准的脉冲宽度一般在 20 μs 以下,工作电流也很小。为了减少精加工时间,精加工余量不宜太大,一般为 0.1~0.2 mm。虽然精加工时的电极相对损耗较大(为10%~40%),但由于加工余量小,故其绝对损耗并不会给加工精度带来太大的影响。

近几年来广泛使用的伺服电动机主轴控制系统,能够准确地控制加工深度,因而精加工余量可以小到 0.05 mm 左右,加上脉冲电源上又附有精微加工电路,精加工表面粗糙度可达 $Ra0.4$ μm 以下,而且精修时间较短。

(2)电规准转换。为了提高生产率和降低电极损耗,并且获得符合要求的型腔表面质量和精度,应该在电火花加工过程中合理选用电规准,并及时进行转换。

电规准转换的挡数必须根据具体对象确定。对于小尺寸、形状简单的浅型腔加工,规准转换挡数可少些,对大尺寸、大深度、形状复杂的型腔,规准转换的挡数要多些。一般粗加工规准选定一挡,半精加工规准选 2~4 挡,精加工规准选 2~4 挡。

在加工开始时,应选用粗规准进行加工,但加工电流应随加工面积的增大而逐步增大。粗加工时的最大加工电流,视型腔复杂程度、加工面积大小以及电极尺寸的缩放量而定。

当加工出来的型腔基本轮廓接近目标加工深度时(约留 1 mm 的余量),应减小电规准,依次转换成中、精规准各挡参数加工,直至达到所需的尺寸精度和表面粗糙度。转换的原则是下一挡规准加工的表面粗糙度是上一挡的 1/2~1/3,而所留的加工余量(又称修光余量)约为 $3R_{max}$ 左右。

3.1.7　其他电火花加工及其应用

1. 电火花磨削

电火花磨削(electrical discharge grinding,EDG)是电火花成形加工工艺的一种应用形式,其加工原理与电火花成形加工相同,也是依靠脉冲性火花放电时产生的瞬时高温热源把金属蚀除下来。由于电火花磨削时工具电极(表面)和工件电极(表面)之间有一个相对运动,其中之一或两者作旋转运动,有利于加工过程中蚀除产物的排出以及放电结束后放电通道的消电离和放电点的转移,减小了拉弧现象的发生,提高了脉冲利用率和加工稳定性。此外电火花磨削的电极取代了机械磨削的金刚石砂轮,加工成本得到了降低。生产中很多高精尖、高难度的工件加工都依靠电火花磨削加工完成。如精密球头的电火花磨削、绝缘陶瓷电火花磨削、航空发动机环形薄壁零件的电火花磨削及精密小孔的磨削等。

图 3.40 所示为常见电火花磨削示意图。图 3.40(a)所示为电火花内圆磨削,工件旋转并作轴向运动和径向进给运动;图 3.40(b)所示为电火花外圆磨削,工具电极旋转和作直线进给运动,工件旋转和作往复运动;图 3.40(c)所示为电火花平面磨削,工具电极作旋转运动,工件在三个互相垂直方向作直线相对进给运动;图 3.40(d)所示为电火花成形磨削,工具电极为成形电极,作旋转运动,工件作直线往复运动。此外,还有电火花小孔磨削,电火花镗磨加工等。

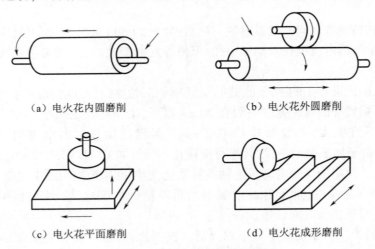

（a）电火花内圆磨削　　　　　　　　（b）电火花外圆磨削

（c）电火花平面磨削　　　　　　　　（d）电火花成形磨削

图 3.40　常见电火花磨削示意图

1)电火花小孔磨削加工

在生产过程中经常碰到一些深而小的孔,尺寸精度和表面质量要求比较高,工件材料(如磁钢、硬质合金、耐热合金等)的力学性能也比较差。若采用传统的磨削加工,由于砂轮轴较细,刚度很差,转速也很难达到要求,因此磨削效率低下,表面粗糙度也不是很理想。采用电火花磨削加工,则可在不高的加工转速下达到很满意的加工效果。

小孔磨削时,工具电极与工件不直接接触,不存在机械切削力,不会因切削力引起工件的变形。电火花磨削时电极的运动形式有两种:一种是工具电极作径向旋转运动,同时作行星运动,如图 3.41(a)所示;另一种是工具电极或工件作轴向往复运动,工件旋转作进给运动,如图 3.41(b)所示。

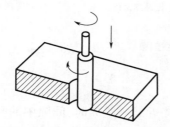 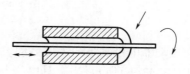

(a)小孔电极径向旋转同时作行星运动　　　　　(b)电极或工件轴向运动,工件作旋转运动

图 3.41　电火花小孔磨削加工示意图

电火花小孔磨削适合于磨削 $\phi 3$ mm 以下的深小孔和锥孔,可用于加工弹簧夹头、微型轴承、组合夹具、钻套、模具和阀体等零件的小孔,故应用比较广泛。

2)电火花镗磨加工

与电火花磨削加工不同,电火花镗磨只有工件的旋转运动、工件或者电极的往复运动和进给运动,而工具电极没有旋转。电极丝通常用紫铜制成,直径一般为 0.5~2 mm。图 3.42 所示为电火花镗磨示意图。工件 8 装夹在三爪自定心卡盘 7 上,由电动机 6 带动旋转,电极丝 2 由螺钉 1 拉紧,并保证与孔的旋转中心线相平行,固定在弓形架上。为保证被加工孔的直线度和表面粗糙度,工件或者电极丝还作往复运动,这是由工作台 4 的往复运动实现的。加工过程中,工作液由工作液管 3 浇注供给。

总的来说,电火花镗磨虽然生产效率比较低,但加工精度高,表面粗糙度可小于 $Ra0.32$ μm,小孔的圆度可达到 $0.003 \sim 0.005$ mm。

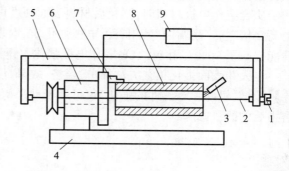

图 3.42　电火花镗磨示意图
1—螺钉;2—电极丝(工具电极);3—工作液管;
4—工作台;5—弓形架;6—电动机;7—三爪
自定心卡盘;8—工件;9—脉冲电源

2. 电火花强化

电火花强化的原理是利用硬的材料如硬质合金、钨等作工具电极,在工具电极和工件之间接上直流或交流电源,由于振动器的作用,使电极和工件间隙频繁通断变化,二者之间不断产生火花放电,从而将硬的材料涂覆到工件表面,实现对金属表面的强化。电火花表面强化过程主要分为 4 个阶段,如图 3.43 所示。

(1)如图 3.43(a)所示,当工具电极与工件距离较大时,电源经过电阻对电容器充电,同时

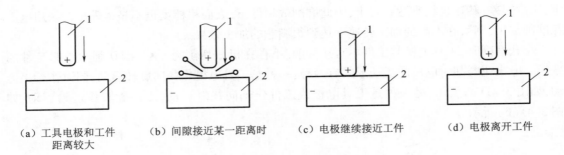

（a）工具电极和工件　　　（b）间隙接近某一距离时　　　（c）电极继续接近工件　　　（d）电极离开工件
　　　距离较大

图 3.43　电火花强化过程
1—工具电极；2—工件

工具电极在振动器的带动下向工件运动。

（2）如图 3.43（b）所示，当工具电极与工件距离接近某一距离时，间隙中的空气被击穿，产生火花放电，将工具电极及工件表面局部熔化，甚至汽化。

（3）如图 3.43（c）所示，当电极继续接近工件时，在接触点处流过短路电流，使该处继续加热，并以适当的压力压向工件，使工具电极和工件表面熔化了的材料相互黏结、扩散形成熔渗层。

（4）如图 3.43（d）所示，工具电极在振动作用下离开工件，由于工件的体积和吸收、传导的热容比电极大，使靠近工件的熔化层首先散热急剧冷却，从而使工件表面熔融的材料黏结、覆盖在工件上。

电火花表面硬化层厚度为 0.01~0.08 mm，硬化层耐磨性好，当使用铬锰、钨铬钴合金、硬质合金作为工具电极强化 45 钢时，其耐磨性比原表层提高了 2~2.5 倍，硬化层硬度高；当采用硬质合金作电极材料时，强化后材料表面硬度可达 1 100~1 400 HV，甚至更高，抗疲劳强度提高 2 倍左右，耐腐蚀好；用石墨电极强化 45 钢表面后，用食盐水作腐蚀性试验时，其耐腐蚀性能提高了 90%，用 WC、CrMn 作电极强化不锈钢时，耐腐蚀性能提高了 3~5 倍。

电火花表面强化工艺方法简单、经济、效果良好，因此广泛应用于模具、刃具、量具、凸轮、导轨、水轮机叶片等工件的强化，也可用于动平衡中改变微量质量，用于轴、孔尺寸配合超差或磨损后的微量修复。

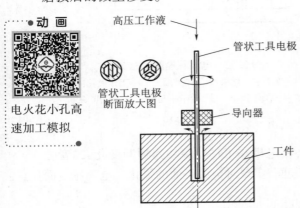

● 动 画

电火花小孔高速加工模拟

图 3.44　电火花小孔高速加工原理

3. 电火花小孔高速加工

在线切割加工中，其穿丝孔的孔径比一般在（20~100）：1 范围，这种深径比高的孔采用一般方法加工，加工条件会迅速恶化，以至于难以完成，使用专门的电火花小孔高速加工机床则可以方便进行加工。

电火花小孔高速加工原理如图 3.44 所示。加工时用细铜管作为打孔的工具电极，将去离子水用高压泵压进电极管的孔中，流入加工区域，强制排除电蚀产物，从而保证放电过程稳定地进行下去。

　　电火花小孔高速加工工艺除了要遵循电火花加工的基本加工原理外,与一般电加工方法不同之处有如下三点:一是采用中空的管状电极;二是管状电极中通有高压工作液,强制排出加工碎屑;三是加工过程中电极要作匀速旋转运动,可以使管状电极的端面损耗均匀,不致受到电火花的反作用力而振动倾斜,同时,高压、高速流动的工作液通过小孔孔壁按着螺旋线的轨迹排出小孔外,类似液静压轴承的原理,使得管状电极稳定保持在小孔中心,不会产生短路故障,可以加工出直线度和圆柱度很好的小深孔。从原理上,小深孔的深径比取决于管状电极的长度,只要有足够长的管状电极,就能加工出极深的小孔。加工时管状电极作轴向进给运动,管状电极中通入 1~5 MPa 的高压工作液(自来水、去离子水、蒸馏水、乳化液或煤油)。

　　由于高压工作液能够迅速强制将电加工金属碎屑产物排出,而且能够强化电火花放电的蚀除作用,因此该加工方法的最大特点是加工速度快,一般电火花小孔加工速度可以达到 20~60 mm/min,比机械加工钻削小孔快得多。这种加工方法最适于加工直径为 0.3~3 mm 的小孔,深径比可以达到 300 : 1。

　　图 3.45 为深小孔高速电火花加工机床示意图。电火花小孔高速加工机床由床身、脉冲电源、工作液净化及循环系统、电极密封夹头及导向器组成。

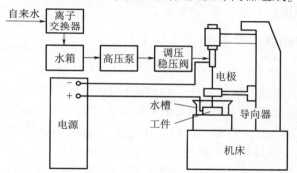

图 3.45　电火花小孔高速加工机床示意图

　　工具电极多用黄铜管电极,其成本较低,容易制造。电火花穿孔电极损耗很大,为保证能达到足够的穿孔深度,要选择长度为 200 mm 以上的电极管,由于电极刚度比较差,为防止加工过程中电极变形和振动而破坏加工精度,必须采用专用导向套,安装在靠近被加工工件的表面。工具电极的形状可以是单孔的,也可以是多孔的。单孔电极管适用于贯通的孔穴,而多孔电极管适用于不贯通的孔穴加工。常用电极管的外径为 φ0.2~3 mm,管的形状也可以按需要定制。

　　深小孔电火花加工采用去离子水作为工作液,当被加工孔的精度要求不高时,也可用蒸馏水或自来水作为工作介质。

　　电火花小孔高速加工工艺条件见表 3.5。

表 3.5　电火花小孔高速加工工艺条件

条　　件	说　　明
水质工作液	加工速度:水质>油质
强迫排屑	冲水压力>4 MPa,在保证工件尺寸精度的前提下,放电间隙要大,以提高加工速度
管状工具电极	材料采用黄铜,加工稳定,加工表面粗糙度小,强度好,机械加工性好,电极弯曲时易矫直,但成本较高

续上表

条 件	说 明
采用导向器装置	增加电极刚度,保证加工稳定性及运动轨迹的一致性
机床的运动精度、刚度要好	伺服进给合适是保证小孔加工精度的设备条件之一
小峰值电流	避免工件烧伤,降低电极损耗,降低表面粗糙度
小脉冲能量	降低表面粗糙度,避免出现微裂纹和较厚的再铸层

3.2 电火花线切割加工

电火花线切割加工(wire cut electro-discharge machine,WEDM)也是利用脉冲式电火花对导电材料进行各种成形(或者半成形)加工的方法。电火花成形加工模具型孔,需要先加工成形电极,当被加工的模具零件精密细小、形状复杂时,不仅电极的制造难度大,而且穿孔加工的效率也很低。电火花线切割加工则能弥补电火花成形加工的不足,而且不用制造成形电极就能实现型孔的精细加工,比电火花成形加工更方便、效率更高。

3.2.1 电火花线切割加工原理和特点及分类

1. 电花线切割加工原理

电火花线切割加工的原理与电火花成形加工原理一样,都是利用电极与工件之间产生脉冲性火花放电时的电腐蚀现象进行加工的。所不同的是电火花线切割加工不需要制作成形电极,它是利用移动的细金属丝作为工具电极(简称丝电极),由步进电动机驱动的工作台带动工件相对电极丝作 x、y 轴方向移动,完成母线为直线的平面形状零件的加工。

电火花线
切割仿真

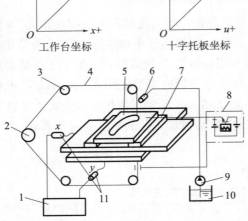

工作台坐标 十字托板坐标

图 3.46 为高速走丝电火花线切割加工装置示意图。丝电极 4 穿过工件 5 上预先钻好的小孔(穿丝孔),经导轮 3 由储丝筒 2 带动,相对工件不断上下移动。加工时,由脉冲电源 8 对丝电极和工件施加脉冲电压,丝电极接负极,工件接正极。脉冲电压将电极和工件间的间隙(放电间隙)击穿,产生瞬时火花放电,将工件放电区局部熔化或汽化,并利用喷嘴 6 将工作液以一定的压力喷向加工区,工作液把融化或汽化了的金属去除掉,从而完成工件的加工。如果机床带有锥度切割装置,上下导轮受步进电动机驱动的 uv 十字托板控制,使电极丝与中心线偏移角度,并与 x、y 轴的运动轨迹合成实现锥度加工,从而可以实现各种变截面零件加工。

图 3.46 高速走丝电火花线切割加工装置示意图
1—数控装置;2—储丝筒;3—导轮;4—丝电极;
5—工件;6—喷嘴;7—绝缘板;8—脉冲电源;
9—液压泵;10—工作液箱;11—步进电动机

2. 电火花线切割加工特点

与电火花成形加工相比,电火花线切割加工具有如下特点:

(1)无须制造专用电极,可降低模具成本,缩短生产周期。

(2)能用很细的电极丝加工出形状复杂、细小的通孔和外表面。

(3)加工过程中,电极损耗小(一般可忽略),可获得较高的加工精度。

(4)由于丝电极直径很细,蚀除量少,对于贵重金属加工更有意义。

(5)自动化程度高,操作使用简便,工件加工周期短,成本低。

(6)可以一模两用,加工工件作凹模,切割下来的料作凸模。

3. 电火花线切割机床分类

电火花线切割机床的分类方法有多种,一般可以按机床的走丝速度和方式、控制方式、加工范围、工作液供给方式等进行分类。

1)按丝电极运行速度和方式分类

电火花线切割机床按丝电极运行速度和方式可分为:高速(往复)走丝、低速(单向)走丝机床两类。

高速走丝线切割机床采用钼丝($\phi0.08\sim0.2$ mm)或铜丝($\phi0.3$ mm 左右)作电极。丝电极在储丝筒的带动下通过加工缝隙作往复循环运动,一直使用到断线为止。其走丝速度为 6~11 m/s。高速走丝电火花线切割机床走丝速度快,加工精度较低。目前能达到的加工精度为 ±0.01 mm,表面粗糙度为 $Ra0.63\sim2.5$ μm,切割厚度最大可达 500 mm。

低速走丝数控电火花线切割机床走丝速度一般为 3 m/min,最高为 15 m/min。可使用纯铜、黄铜、钨、钼等作为丝电极,其直径为 $\phi0.03\sim0.35$ mm。丝电极单方向通过加工缝隙,不重复使用,以避免电极丝损耗,影响工件加工精度。低速走丝线切割机床加工精度可达 ±0.001 mm,表面粗糙度小于 $Ra0.32$ μm。

相比低速走丝线切割机床,高速走丝线切割机床结构简单,价格低廉,且加工生产率较高,精度能满足一般要求,目前在我国应用较为广泛。

2)按机床控制方式分类

电火花线切割机床按控制方式可分为 CNC 计算机数字控制、靠模仿形控制、光电跟踪控制等机床类型。其中靠模仿形控制、光电跟踪控制类型的机床是我国早期使用的简易设备,目前这类机床的功能已经基本上可由 CNC 数控线切割机床所代替。

3)按加工范围分类

电火花线切割机床按加工范围分类可分为微型、小型、中型和大型机床,这些机床的差异主要体现在机床结构设计方面,如工作台最大行程、工作台最大承重、最大加工工件厚度等参数决定机床的规模,用户可以根据加工工件尺寸大小、工件厚度选择不同类型的加工设备。

4)工作液供给方式分类

电火花线切割机床按工作液供给方式可分为冲液式和浸液式机床两类。其中,冲液式以高速走丝线切割为主,液体一般为线切割专用乳化液或水基工作液;而浸液式以低速线切割机床为主,液体一般为去离子水。

电火花线切割机床的分类方式较多,但是目前国内外普遍采用的分类方式是按丝电极运行速度的分类方式,也就是说将电火花线切割分成两大类——高速走丝电火花线切割机床(WEDM-HS)和低速走丝电火花线切割机床(WEDM-LS)。

3.2.2 高速走丝电火花线切割加工

1. 机床组成

高速走丝电火花线切割机床主要由脉冲电源、机床本体、工作液循环系统、数字程序控制系统等四大部分组成,如图3.47所示。

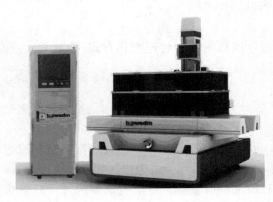

图3.47 高速走丝电火花线切割加工机床

电流为4~40 A,加工电流为0.2~7 A,开路电压为80~100 V。

2)机床本体

(1)床身。床身是机床本体的基础,起支承和固定工作台、丝电极驱动装置和加工工件的作用,因此要有足够的刚度和强度。一般机床的床身为铸造箱式结构或焊接箱式结构,精密机床有采用大理石结构的。

(2)坐标工作台。坐标工作台是安装工件并实现工件进给的部分。工作台分别由两台步进电动机驱动,通过滚珠丝杠螺母副传动,驱动x向拖板(中拖板)和y向拖板(上拖板)带动工作台进给,如图3.48所示。

(3)丝电极驱动装置。高速走丝线切割机床丝电极驱动装置如图3.49所示。丝电极经丝架7,由导轮6定位,穿过工件,再经导轮到储丝筒9,被整齐地绕在储丝筒上,储丝筒在电动机带动下带动丝电极实现走丝运动。

1)脉冲电源

电火花线切割加工是利用火花放电时对金属的电腐蚀作用来实现加工的。在加工过程中金属蚀除量较少,可采用精规准一次切割成形,而不必考虑丝电极的损耗,因此要求脉冲电源能保证较高的加工速度、加工精度、加工质量及丝电极允许的承载电流的能力。目前常采用功率较小、脉冲宽度窄、频率较高、峰值电流较大的高频脉冲电源,主要是晶体管脉冲电源。一般电源的电规准设有几个档,以调整脉冲宽度和脉冲间歇时间,满足不同加工的要求。脉冲宽度为2~50 μs,脉冲间歇为10~200 μs,峰值

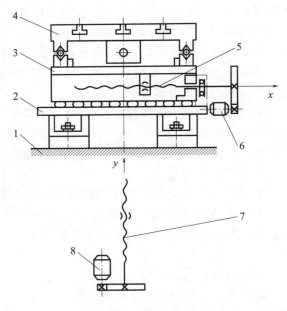

图3.48 坐标工作台
1—床身;2—下拖板;3—中拖板;4—上拖板;
5、7—丝杠;6、8—步进电动机

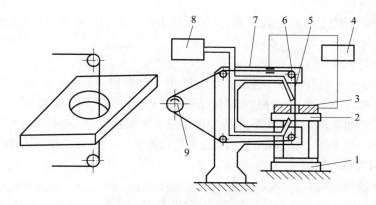

图 3.49　高速走丝机构

1—工作台;2—夹具;3—工件;4—脉冲电源;5—电极丝;6—导轮;7—丝架;8—工作液箱;9—储丝筒

（4）高速走丝电火花线切割机床主要技术参数。高速走丝电火花线切割机床的主要技术参数包括工作台的横向（x向）行程、纵向（y向）行程及最大承载质量，以及被加工工件的最大加工厚度、最大切割锥度等。国家标准《数控往复走丝电火花线切割机 参数》（GB/T 7925—2021）中规定了高速电火花线切割机床及主要参数，见表 3.6。

表 3.6　我国生产的高速走丝电火花线切割机床及主要参数（GB/T 7925—2021）

机床型号	DK7710	DK7712	DK7716	DK7720	DK7725	DK7732	DK7740	DK7750	DK7763	DK7780	DK77100	DK77125	DK77160
y 轴行程 /mm	100	125	160	200	250	320	400	500	630	800	1 000	1 250	1 600
x 轴行程 /mm	125	160	200	250	320	400	500	630	800	1 000	1 250	1 600	2 000
	160	200	250	320	400	500	630	800	1 000	1 250	1 600	2 000	2 500
最大工件质量 /kg	10	20	40	60	120	200	320	500	1 000	1 500	2 000	2 500	3 000
z 轴行程 /mm	80、100、125、160、200、250、320、400、500、630、800、1 000、1 250、1 600、2 000、2 500												
最大切割厚度 /mm	50、60、80、100、120、140、160、180、200、250、300、350、400、450、500、550、600、700、800、900、1 000、1 200、1 400、1 600、1 800、2 000、2 500												
最大切割锥度 /(°)	0、1.5、3、6、9、12、15、18、21、24、27、30												

注:设计机床时,如需选用大于或小于表中规定的参数值时,按照国家标准《优先数和优先数系》（GB/T 321—2005）中 3.1 规定的 R10 系列向两个方向延伸。

3）工作液循环系统

电火花线切割加工中工作液循环系统的作用与电火花成形加工相同。

高速走丝时采用的工作液是乳化液,由于高速走丝能自动排除短路现象,因此可用介电强度较低的乳化油水溶液。

4)数字程序控制系统

电火花线切割机床的数字程序控制系统主要由一台专用小型计算机或通用小型计算机构成。电火花线切割加工中,数字程序控制系统是根据工件的形状与尺寸要求,按照一定的格式编写程序,计算机则按照加工程序进行计算,并发出进给信号来控制步进电动机驱动坐标工作台拖板移动,自动控制丝电极和工件之间的相对运动轨迹和进给速度,从而实现工件形状和尺寸的加工。

2. 程序编制方法

1)数字程序控制原理

电火花线切割机床的数字程序控制系统,能够控制加工同一平面上由直线和圆弧组成的任何图形的工件,这是最基本的控制系统。此外,还有带锥度切割、间隙补偿、螺距补偿、图形编程、图形显示等功能的控制。下面主要讨论数字程序控制原理和程序编制方法。

高速走丝电火花数控线切割加工普遍采用的是逐点比较法。加工时,计算机要不断地进行运算,并向驱动机床工作台的步进电动机发出脉冲信号,通过步进电动机控制工作台(工件)按预定的要求运动。

逐点比较法加工斜线的原理如图 3.50 所示。$\overline{OA}$ 为需要加工的斜线,坐标原点取在斜线的起点 O 上。加工开始时,先从坐标原点 O 沿 +x 方向走一步到位置"1"。由图可见,加工点"1"是在 $\overline{OA}$ 的下方,已偏离预定的加工斜线 $\overline{OA}$,产生了偏差。为了靠近 $\overline{OA}$,第二步应沿 +y 方向走到"2"位置。这时,因为点"2"已处在 $\overline{OA}$ 线的上方,加工点也偏离了 $\overline{OA}$ 斜线,又产生了新的偏差,为了纠正这个偏差,应使加工点向 $\overline{OA}$ 靠拢,即沿 +x 方向走第三步至点"3"。如此继续不断地走下去,直到 A 点。只要每步距离很小,所走的折线就近似于一条光滑的斜线。

同理,沿逆时针方向切割圆弧时,如图 3.51 所示,坐标原点取在圆心 O 上,从 A 点开始,每走一步,都由数控装置进行运算比较,然后发出向圆弧靠拢的步进命令。若加工点在圆弧内,应控制下一步向 +y 方向进给,若加工点在圆外或在圆弧上,则下一步应沿 -x 方向进给。如此逐点比较逼近于预定的圆弧 AB,直到终点 B 为止。同样,只要步距很小(实际是 1 μm),用这条折线代替所要加工的圆弧也是允许的。

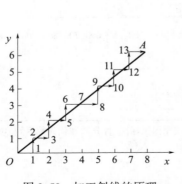

图 3.50 加工斜线的原理

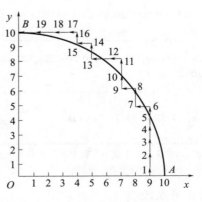

图 3.51 加工圆弧的原理

由此可知,采用逐点比较法控制滑板的进给是步进的,它每走一步都要完成四个工作节拍,如图 3.52 所示。

（1）偏差判别。判别加工点对预定轨迹曲线的偏离位置,由此决定滑板的走向。

（2）拖板（工作台）进给。根据判别的结果,控制工作台沿 x 或 y 方向进给一步,以使加工点向预定的轨迹曲线靠拢。

（3）偏差计算。计算新的加工点与预定轨迹曲线之间的偏差,以作为下一步判别的依据。如加工斜线 $\overline{OA}$（见图 3.53）,设

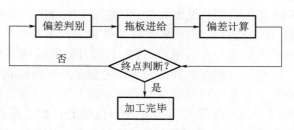

图 3.52　工作节拍框图

起点 O 为坐标原点,终点坐标为 $A(x_e, y_e)$。则斜线 $\overline{OA}$ 上的任意一点都满足下面比例关系

$$x/y = x_e/y_e$$

即

$$x_e y = x y_e$$

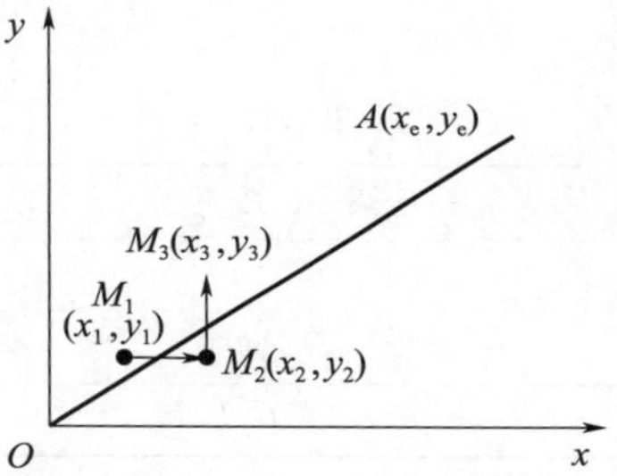

所以,若用 $F = x_e y - x y_e$ 来表示偏差的大小,则可根据偏差计算的结果判别加工点的位置,并决定滑板的走向。即当 $F \geq 0$ 时,说明加工点在 $\overline{OA}$ 上方（或在线上）,工作台应沿 x 轴的正方向进给;当 $F < 0$ 时,说明加工点在 $\overline{OA}$ 下方,工作台应沿 y 轴的正方向进给。

在加工过程中,计算机是根据递推法进行偏差计算的,即工作台每走一步后,新加工点的偏差是用前一加工点的偏差来推算的。而加工中,起点的坐标是已知的,起点的偏差值又为零,这样就可以由起点逐点地推算下去。

图 3.53　斜线偏差计算

例如,加工图 3.53 所示斜线,在某一时刻加工至 $M_1(x_1, y_1)$ 点,M_1 点在斜线上方,其偏差为

$$F_1 = x_e y_1 - x_1 y_e \geq 0$$

则应控制工作台沿 $+x$ 进给 $1\ \mu m$,到新的加工点 $M_2(x_2, y_2)$,得

$$x_2 = x_1 + 1; \quad y_2 = y_1$$

所以 M_2 点的加工偏差为

$$F_2 = x_e y_2 - x_2 y_e = x_e y_1 - (x_1 + 1)y_e = x_e y_1 - x_1 y_e - y_e = F_1 - y_e$$

设 M_2 在 $\overline{OA}$ 的下方,即 $F_2 < 0$,则应控制工作台沿 $+y$ 进给 $1\ \mu m$,到新的加工点 $M_3(x_3, y_3)$,得

$$x_3 = x_2, \quad y_3 = y_2 + 1$$

$$F_3 = x_e y_3 - x_3 y_e = x_e(y_2 + 1) - x_2 y_e = x_e y_2 - x_2 y_e + x_e = F_2 + x_e$$

从上面两个偏差计算式可以看出,采用递推法推算加工斜线的偏差 F 时,只用到终点坐标值,所以在加工过程中不必计算加工点的坐标值 (x_n, y_n),这样计算偏差就更为方便和快捷。

（4）终点判别和加工长度控制。按上述逐点比较法进行加工,工作台每进给一步并完成偏差计算后,应首先判断是否已到终点,如果到达终点,便停止加工。否则,应按加工节拍继续

加工,直到终点为止。

要直接控制加工曲线(斜线或圆弧)的长度不是很方便,计算机实际控制的是加工曲线在 x 轴或 y 轴上的投影长度,称为加工曲线的计数长度,用 J 表示。在计算机中设有一个计数器,加工前将工作台在 x(或 y)方向进给的计数长度 J 送入计数器,在加工过程中,x(或 y)工作台每进给一步,计数器就减 1,当计数器减到零时,表示已到终点,于是该段加工结束。

送入计数器的计数长度 J 究竟是加工曲线在 x 轴上的投影还是在 y 轴上的投影,这就存在一个计数方向的问题。当以 x 轴工作台进给的计数长度(曲线在 x 轴上的投影长度)进行计数时,用 G_x 表示;以 y 轴工作台进给的计数长度(曲线在 y 轴上的投影长度)进行计数时,用 G_y 表示。在实际操作过程中,为保证加工精度,必须正确选取计数方向。

不论是直线还是圆弧,计数方向的确定取决于其在切割坐标系中的终点坐标,若终点坐标为 (x_e, y_e),则计数方向可确定如下:

①对于直线,取终点坐标中绝对值较大的数值所在的坐标轴为其计数方向;

②对于圆弧,取终点坐标中绝对值较小的数值所在的坐标轴为其计数方向;

③不论是直线还是圆弧,当终点坐标中两坐标的绝对值相等时,计数方向可任意选取 G_x 或 G_y,见表 3.7。

表 3.7　计数方向的确定方式

终点坐标 (x_e, y_e)	直　　线	圆　　弧
$\lvert x_e \rvert > \lvert y_e \rvert$	G_x	G_y
$\lvert x_e \rvert < \lvert y_e \rvert$	G_y	G_x
$\lvert x_e \rvert = \lvert y_e \rvert$	G_x 或 G_y	G_x 或 G_y

注:为叙述方便,本教材把斜线和平行于坐标轴的直线统称为直线。

计数方向确定后,可按直线或圆弧在该方向上的投影长度确定计数长度。直线的计数长度计算比较简单;对于圆弧而言,计数长度应取各段圆弧在该方向上投影的总和,如图 3.54 所示,圆弧 AB 的终点为 B,应取计数方向为 G_x,计数长度为 $J = J_{x_1} + J_{x_2}$。如图 3.55 所示,圆弧 AB 的终点为 B,应取计数方向为 G_y,计数长度为 $J = J_{y_1} + J_{y_2} + J_{y_3}$。

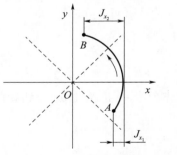

图 3.54　圆弧计数长度

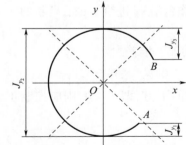

图 3.55　圆弧计数长度的确定

2)程序编制方法

在线切割加工之前,必须对被加工工件进行程序编制,并输入给机床的数控装置。我国电火花线切割机床所用编程代码有 3B、4B、ISO 格式。近年来,又出现了自动编程。

(1)3B 代码简介。3B 代码的程序格式见表 3.8。

表 3.8　3B 代码的程序格式

B	X	B	Y	B	J	G	Z
分隔符号	x 坐标值	分隔符号	y 坐标值	分隔符号	计数长度	计数方向	加工指令

其中：

①B 为分隔符号，因为 x、y、J 均为数码，需用分隔符将它们分开。

②x、y 为坐标值。加工直线时，以起点为原点建立坐标系，x、y 为此坐标系中终点的坐标值，当线段平行于坐标轴时，令 x、y 值为零，可省略不写；加工圆弧时，以圆心为原点建立坐标系，x、y 为此坐标系中起点的坐标值。编程时 x、y 均取绝对值，以 μm 为单位。

③当加工同一个工件的不同轮廓线段时，可取不同的线段起点作为坐标原点，但坐标轴方向应始终保持不变，即坐标系发生平移。

④J 为计数长度，是指被加工线段或圆弧在 x 轴或 y 轴上的投影长度之和，也以 μm 为单位。但必须写足六位数，不足六位在前补零。如 $J = 1\,980$ μm 时，应写成 001980。

⑤G 为计数方向，可按直线或圆弧的终点坐标值选取，见表 3.7。x 方向和 y 方向分别记为 G_x 和 G_y。

⑥Z 为加工指令，用来传送被加工图形的形状、所在象限和加工方向等信息。加工指令共有十二种，分为直线 L 和圆弧 R 两大类。对于直线，当终点坐标位于第一、二、三、四象限时，分别记为 L_1、L_2、L_3、L_4，如图 3.56（a）所示；当直线平行于坐标轴时，L_1、L_2、L_3、L_4 如图 3.56（b）所示。对于圆弧，当起点坐标位于第一、二、三、四象限，顺时针加工时记为 SR_1、SR_2、SR_3、SR_4，如图 3.56（c）所示；逆时针加工时记为 NR_1、NR_2、NR_3、NR_4，如图 3.56（d）所示；当起点位于坐标轴上时，以加工方向的趋势来确定其加工指令。

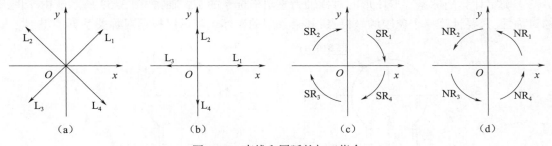

图 3.56　直线和圆弧的加工指令

(2)加工程序编制。数控电火花线切割加工程序编制，是根据工件图样尺寸、电极丝的粗细以及放电间隙大小等因素，在保证一定精度的条件下，求得相应的数据和指令，再按规定的程序格式编制加工程序单。编程时应该注意：

①所要编制的加工程序单，不是工件的轮廓曲线，而是加工过程中丝电极中心相对工件的移动轨迹，如图 3.57 中点划线所示，二者之间的垂直距离为 f。即在编程时必须根据给定的加工条件，首先求出其单边补偿量 f。即

$$f = \frac{d}{2} + \delta \tag{3.7}$$

式中　d——丝电极的直径，μm；

　　　δ——单边放电间隙，μm。

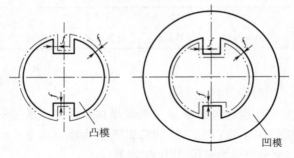

凸模　　　　　　　凹模

图 3.57　电极丝中心相对工件的移动轨迹

②丝电极中心的移动轨迹是由若干条子程序段组成的连续曲线，而每条子程序段都应该是光滑的直线或圆弧。不难理解，前一条子程序段的终点就是下一条子程序段的起点。

③根据图样尺寸及加工条件，准确地求出各线段的交点（线与线、圆弧与圆弧、圆弧与线的交点）坐标值。这些坐标值是相对某一个直角坐标系而言，为了方便计算，一般应尽量选择图形的对称轴为坐标系的坐标值。

④工件尺寸一般都有公差要求，编程时应取其公差带的中心为编程计算尺寸。如圆弧 $R10^{+0.03}_{+0.01}$ mm，编程时的圆弧半径取

$$R = \left[10 + \frac{1}{2} \times (0.01 + 0.03)\right] \text{mm} = 10.02 \text{ mm}$$

⑤合理选择切割起始点及方向。起始点应选在线段交点处，以避免出现接痕。起点还应接近被加工工件的重心，这样在加工临近结束时，工件自重影响会小一些。切割方向的选择，主要考虑避免工件产生变形。

（3）典型实例。加工图 3.58 所示零件的凹模和凸模的 3B 程序。已知凸、凹模的双面配合间隙为 0.02 mm，采用 $\phi 0.13$ mm 的钼丝，单边放电间隙为 0.01 mm。

编制凹模程序有以下步骤：

①确定计算坐标系。取图形的对称轴为直角坐标系的 x、y 轴，如图 3.59 所示。由于图形的对称性，只要计算一个象限的坐标点，其余象限的坐标点都可以根据对称关系直接得到。

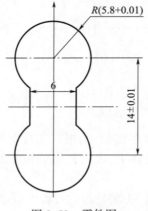

图 3.58　零件图

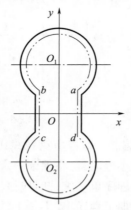

图 3.59　凹模钼丝中心坐标

②计算钼丝偏移量 f。即

$$f = \frac{d_{\text{丝}}}{2} + \delta = \left(\frac{130}{2} + 10\right) \mu m = 75 \ \mu m$$

③计算各点坐标

显然圆心 O_1 的坐标为 $(0,7\,000)$。交点 a 的坐标计算如下

$$\begin{cases} x_{aO_1} = 3\,000 - 75 = 2\,925 \\ y_{aO_1} = 7\,000 - \sqrt{(5\,800 - 75)^2 - x_{aO_1}^2} = 7\,000 - \sqrt{5\,725^2 - 2\,925^2} = 7\,000 - 4\,921 = 2\,079 \end{cases}$$

因此,在计算坐标系中,a 点坐标为 $(2\,925,2\,079)$,其余象限中各交点的坐标,均可根据对称关系直接得到。即

$$b(-2\,925,2\,079), c(-2\,925,-2\,079), d(2\,925,-2\,079)。$$

圆心 O_2 的坐标为 $(0,-7\,000)$。

为了编制程序,还需计算各交点在切割坐标系中的坐标(切割坐标系分别以 O_1、O_2 等为原点,是计算坐标系平移而成)。例如:

a 在 O_1 为原点的坐标系中有

$$\begin{cases} x_{aO_1} = 2\,925 \\ y_{aO_1} = 2\,079 - 7\,000 = -4\,921 \end{cases}$$

b 在 O_1 为原点的坐标系中有

$$\begin{cases} x_{bO_1} = -2\,925 \\ y_{bO_1} = -4\,921 \end{cases}$$

c 在 O_2 为原点的坐标系中有

$$\begin{cases} x_{cO_2} = -2\,925 \\ y_{cO_2} = 4\,921 \end{cases}$$

d 在 O_2 为原点的坐标系中有

$$\begin{cases} x_{dO_2} = 2\,925 \\ y_{dO_2} = 4\,921 \end{cases}$$

④确定切割顺序。若凹模的预孔钻在中心点 O 上,钼丝中心的切割顺序是 $\overline{Oa}$—$\overset{\frown}{ab}$—$\overline{bc}$—$\overset{\frown}{cd}$—$\overline{da}$。

⑤计数方向与计数长度

圆弧 $\overset{\frown}{ab}$ 的终点是 b,且有 $|x_{bO_1}| < |y_{bO_1}|$,所以计数方向为 G_x,计数长度则应取各段圆弧在 x 方向上的投影之和,即

$$J = 5\,725 \times 2 + 2 \times (5\,725 - 2\,925) = 11\,450 + 5\,600 = 17\,050$$

同理,圆弧 $\overset{\frown}{cd}$ 的计数方向取 G_x,$J = 17\,050$

各段直线与曲线的计数方向与计数长度如下:

- $\overline{Oa}$:取 G_x,$J = 002925$;
- $\overset{\frown}{ab}$:取 G_x,$J = 017050$;
- $\overline{bc}$:取 G_y,$J = 004158$;

- $\widehat{cd}$：取 G_x，$J=017050$；
- $\overline{da}$：取 G_y，$J=004158$。

⑥切割程序见表 3.9。

表 3.9　凹模程序

序号	程序段	B	X	B	Y	B	J	G	Z
1	$\overline{Oa}$	B	2 925	B	2 079	B	002925	Gx	L1
2	$\widehat{ab}$	B	2 925	B	4 921	B	017050	Gx	NR4
3	$\overline{bc}$	B		B		B	004158	Gy	L4
4	$\widehat{cd}$	B	2 925	B	4 921	B	017050	Gx	NR2
5	$\overline{da}$	B		B		B	004158	Gy	L2
6									D

编制凸模程序的步骤如下：

①确定坐标系(同凹模，见图 3.60)。

②计算钼丝偏移量 f。

$$f=\frac{d_{\underline{44}}}{2}+\delta-\frac{Z}{2}=\left(\frac{130}{2}+10-10\right)\ \mu m=65\ \mu m$$

即切割凸模时的钼丝中心轨迹相对凹模的型孔尺寸(中间尺寸)外偏 65 μm。

③求各点坐标。在以 O 为原点的计算坐标系中有 $O_1(0,7\ 000)$，$O_2(0,-7\ 000)$，a 点的坐标为

$$\begin{cases} x_{ao}=3\ 000+65=3\ 065 \\ y_{ao}=7\ 000-\sqrt{5\ 865^2-3\ 065^2}=7\ 000-5\ 000=2\ 000 \end{cases}$$

即有 $a(3\ 065,2\ 000)$，同理有 $b(-3\ 065,2\ 000)$，$c(-3\ 065,-2\ 000)$，$d(3\ 065,-2\ 000)$。

a 点在以 O_1 为原点的切割坐标系中有

$$\begin{cases} x_{aO_1}=3\ 065 \\ y_{aO_1}=2\ 000-7\ 000=-5\ 000 \end{cases}$$

同理有 b 点的坐标为

$$\begin{cases} x_{bO_1}=-3\ 065 \\ y_{bO_1}=-5\ 000 \end{cases}$$

c 点在以 O_2 为原点的切割坐标系中有

$$\begin{cases} x_{cO_2}=-3\ 065 \\ y_{cO_2}=5\ 000 \end{cases}$$

同理有 d 点的坐标为

$$\begin{cases} x_{dO_2}=3\ 065 \\ y_{dO_2}=5\ 000 \end{cases}$$

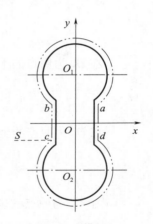

图 3.60　凸模钼丝中心坐标

④确定切割顺序。加工凸模时由工件外面的 S 点切进去,即沿 x 轴正向切割进去 5 mm 到达 c 点,然后逆时针加工,并最后也从 c 点沿 x 轴负向退出 5 mm,回到起始点 S。则切割顺序为 $\overline{Sc}—\widehat{cd}—\overline{da}—\widehat{ab}—\overline{bc}—\overline{cS}$。

⑤求计数方向与计数长度。

圆弧 $\widehat{ab}$ 的终点是 b,且有 $|x_{bO_1}|<|y_{bO_1}|$,所以计数方向为 G_x,计数长度则应取各段圆弧在 x 方向上的投影之和,即

$$J=5\,865×2+2×(5\,865-3\,065)=11\,730+5\,600=17\,330$$

同理,圆弧 $\widehat{cd}$ 的计数方向取 G_x,$J=17\,330$。

各段直线与曲线的计数方向与计数长度如下:

- $\overline{Sc}$ 取 G_x,$J=005000$;
- $\widehat{cd}$ 取 G_x,$J=017330$;
- $\overline{da}$ 取 G_y,$J=004000$;
- $\widehat{ab}$ 取 G_x,$J=017330$;
- $\overline{bc}$ 取 G_y,$J=004000$;
- $\overline{cS}$ 取 G_x,$J=005000$。

⑥编制的程序见表 3.10。

表 3.10 凸模程序

序号	程序段	B	X	B	Y	B	J	G	Z
1	$\overline{Sc}$	B		B		B	005000	Gx	L1
2	$\widehat{cd}$	B	3 065	B	5 000	B	017330	Gx	NR2
3	$\overline{da}$	B		B		B	004000	Gy	L2
4	$\widehat{ab}$	B	3 065	B	5 000	B	017330	Gx	NR4
5	$\overline{bc}$	B		B		B	004000	Gy	L4
6	$\overline{cS}$	B		B		B	005000	Gx	L3
7									D

(4)ISO 代码简介。

ISO 代码为国际标准编程代码,较 3B、4B 代码格式简单、灵活。为了便于国际交流,采用 ISO 代码进行数控编程是电加工编程的必然趋势。

ISO 代码程序段格式中,一个完整的零件加工程序由若干个程序段组成。一个程序段由若干个代码字组成,每个代码字则由文字和数字组成,有些数字还带有符号,字母、数字、符号统称字符。

程序格式是一个程序段中字的排列书写方式和顺序,以及每个字和整个程序段的长度限制和规定。常用的程序段格式有两种,即地址格式和分隔符顺序格式。3B、4B 程序采用的是分隔符顺序格式。ISO 代码采用的是地址程序格式,其程序段的长度可随字数和字长而变,故

又称可变程序段地址程序格式。

地址程序段内各字的先后顺序并不严格,但为编程方便起见,一般习惯的排列顺序见表 3.11。

表 3.11   ISO 代码程序段格式

N___	G___	X___	Y___	…	F___	S___	T___	M___	LF
顺序号	准备功能字	尺寸字	尺寸字	尺寸字	进给功能字	主轴转数功能字	刀具功能字	辅助功能字	程序段结束

顺序号由地址码 N 和后面的若干位数字组成,用来识别程序段的编号。如 N005 表示是第 5 程序段;准备功能字由地址码 G 和两位数字组成,用来描述机床的动作类型,如 G01 表示直线插补功能,G02 表示顺时针圆弧插补功能;尺寸字由地址码、+、−符号和绝对值(或增量)的数字构成,用来表示各坐标的运动尺寸,尺寸字码有 X、Y、Z、U、V、W 等,坐标尺寸字的正号可以省略;进给速度功能字由地址码 F 和其后的若干位数字构成,在程序段中不反映 F 及 S 功能字。刀具功能字由地址码 T 和若干数字构成,在电火花加工机床中,用以输入操作板上相应动作的代码。例如,在电火花线切割机床中,T84 表示高压喷淋工作介质;辅助功能由地址码 M 和两位数字表示,如 M00 表示程序停止。

①ISO 代码常用的指令及程序。常用的指令及程序格式见表 3.12,与国际上使用的标准代码基本一致。

表 3.12   线切割机床常用 ISO 指令代码

代码	功能	代码	功能
G00	快速定位	G55	加工坐标系 2
G01	直线插补	G56	加工坐标系 3
G02	顺时针圆弧插补	G57	加工坐标系 4
G03	逆时针圆弧插补	G58	加工坐标系 5
G05	x 轴镜像	G59	加工坐标系 6
G06	y 轴镜像	G80	接触感知
G07	x、y 轴交换	G82	半程移动
G08	x 轴镜像,y 轴镜像	G84	微弱放电找正
G09	x 轴镜像,x、y 轴交换	G90	绝对坐标
G10	y 轴镜像,x、y 轴交换	G91	增量坐标
G11	x、y 轴镜像,x、y 轴交换	G92	定起点
G12	取消镜像	M00	程序暂停
G40	取消间隙补偿	M02	程序结束
G41	左偏间隙补偿 D 偏移量	M05	接触感知解除
G42	右偏间隙补偿 D 偏移量	M96	主程序调用文件程序
G50	取消锥度	M97	主程序调用文件结束
G51	锥度左偏 A 角度值	W	下导轮到工作台面高度
G52	锥度右偏 A 角度值	H	工件厚度
G54	加工坐标系 1	S	工作台面到上导轮高度

a. 快速定位指令 G00：在机床不放电加工的情况下，使轴以最快速度移动到指令指定的位置。

程序格式：G00　　X__ Y__

X、Y 为坐标。

b. 直线插补指令 G01：使机床在多个坐标平面内加工任意斜率直线轮廓和用直线轮廓逼近曲线轮廓。

程序格式：G01　　X__ Y__

可加工锥度的电火花线切割数控机床具有 x、y 坐标轴及 u、v 附加轴的工作台。

程序格式：G01　　X__ Y__ U__ V__

U、V 为第二平面上点的坐标。

c. 圆弧插补指令 G02、G03：G02 为顺时针加工圆弧插补指令；G03 为逆时针加工圆弧插补指令。

程序格式：G02　　X__ Y__ I__ J__

　　　　　　G03　　X__ Y__ I__ J__

X、Y 为圆弧终点坐标；

I、J 为圆心相对圆弧起点的增量坐标（I 是 x 方向增量坐标，J 为 y 方向增量坐标）。

d. 坐标指令 G90、G91、G92：G90 为绝对坐标指令，表示程序段中的编程尺寸是按绝对坐标给定的，系统通电时机床处于 G90 状态；G91 为增量坐标指令，与 G90 对应，表示程序段中的编程尺寸是终点相对于起点的坐标；G92 为定义编程坐标系指令，G92 后带坐标，表示丝电极当前位置在编程坐标系中的坐标值，一般编程时此坐标为加工程序起点。

程序格式：G90　（单列一段）

　　　　　　G91　（单列一段）

　　　　　　G92　X____　　Y____

例如：丝电极当前位置为编程坐标系原点（0,0），加工如图 3.61 所示轮廓（忽略放电间隙）。

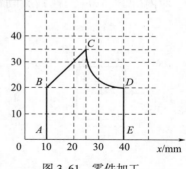

图 3.61　零件加工

G90 编程						
P01						程序名
N01	G92	X0	Y0			定义编程坐标系
N02	G01	X10000	Y0			O→A
N03	G01	X10000	Y20000			A→B
N04	G01	X25000	Y35000			B→C
N05	G03	X40000	Y20000	I15000	J0	C→D
N06	G01	X40000	Y0			D→E
N07	G01	X0	Y0			E→O
N08	M02					程序结束
G91 编程						

P01						程序名
N01	G92	X0	Y0			定义编程坐标系
N02	G91					
N03	G01	X10000	Y0			O→A
N04	G01	X0	Y20000			A→B
N05	G01	X15000	Y15000			B→C
N06	G03	X15000	Y-15000	I15000	J0	C→D
N07	G01	X0	Y-20000			D→E
N08	G01	X-40000	Y0			E→O
N09	M02					程序结束

e. 间隙补偿指令 G40、G41、G42：G40 为取消间隙补偿指令；G41 为左偏补指令；G42 为右偏补指令。

程序格式：G40　（单列一段）

　　　　　　G41　D___

　　　　　　G42　D___

D 表示偏移量。

左右偏补偿：沿丝电极前进方向看,丝电极在工件的左边为左偏补偿；丝电极在工件的右边为右偏补偿。

对内(凹模)外(凸模)轮廓加工左右偏补偿的确定如图 3.62 所示。

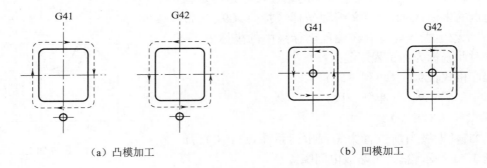

（a）凸模加工　　　　　　　　　　　（b）凹模加工

图 3.62　间隙补偿指令的确定

f. 锥度加工指令 G50、G51、G52：G51 为锥度左偏指令；G52 为锥度右偏指令；G50 为取消锥度指令。目前一些数控电火花线切割机床上,锥度加工是通过装在上导轮部分的 u、v 附加轴工作台实现的。加工时,控制系统驱动 u、v 附加轴工作台,使上导轮相对于 x、y 坐标轴工作台平移,以获得所需锥角。用此方法可加工带锥度的工件,如模具零件中的凹模漏料孔加工,如图 3.63 所示。

顺着丝电极走丝方向看,丝电极向左偏离即为左偏,向右偏离为右偏。顺时针方向走丝时,锥度左偏加工出工件上大下小,右偏加工出工件上小下大；逆时针方向走丝时,锥度左偏加工出工件上小下大,右偏加工出工件上大下小,加工时根据工件要求选择恰当的走丝方向及左右偏指令。

程序格式:G51　A__

　　　　　　G52　A__

　　　　　　G50　（单列一段）

A 为角度值。一般四轴联动机床切割锥度可达±6°/50 mm。

在进行锥度加工时,还需输入工件及工作台参数,见图 3.63。

图中 W——下导轮中心到工作台面的距离,mm;

　　　H——工件厚度,mm;

　　　S——工件台面至上导轮中心高度,mm。

例如:编制图 3.63 所示凹模的切割程序。丝电极直径为 $\phi0.12$ mm,单边放电间隙为 0.01 mm,刃口斜度 $A=0.5°$,工件厚度为 $H=15$ mm,下导轮中心到工作台面的距离 $W=60$ mm,工作台面到上导轮中心的高度 $S=100$ mm。

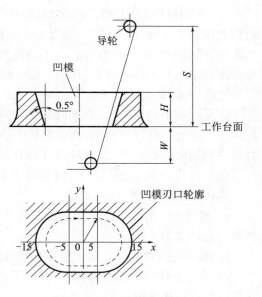

图 3.63　凹模锥度加工

计算偏移量:
$$D=\frac{0.12}{2}+\delta=(0.06+0.01)\text{mm}=0.07\text{ mm}$$

编写加工程序:

程序				说明
P01				程序名
W60000				参数输入
H15000				
S100000				
G51　A0.5				锥度左偏 0.5°
G42　D70				间隙右偏补 70 μm
G01　X5000	Y10000			o→a
G02　X5000	Y-10000	I0	J-10000	a→b
G01　X-5000	Y-10000			b→c
G02　X-5000	Y10000	I0	J10000	c→d
G01　X5000	Y10000			d→a
G50				取消锥度补偿
G40				取消间隙补偿
G01　X0　Y0				a→o
M02				程序结束

g. 加工坐标系 G54、G55、G56、G57、G58、G59:当工件上有多个型孔需要加工,为使尺寸计算简单化,可将每个型孔上便于编程的某一点设为其加工坐标系原点,建立其自有的加工坐标系,以方便编程。

程序格式:G54　（单列一段）

其余五个加工坐标系程序段格式与 G54 相同。

h. 手动操作指令 G80、G82、G84：G80 为接触感知指令，利用 G80 代码可以使电极丝从现行位置接触到工件，然后停止；G82 为半程移动指令，G82 使加工位置沿指定坐标轴返回一半的距离，即当前坐标系中坐标值一半的位置；G84 为校正电极丝指令，G84 指令能通过微弱放电校正丝电极与工作台垂直，在加工前一般要先进行校正。

程序格式：G80

i. 系统辅助功能指令 M：M00 为程序暂停指令，按【Enter】键才能执行下面的程序，丝电极在加工中进行装拆前后应用；M02 为程序结束指令，系统复位；M05 为接触感知解除指令；M96 为程序调用（子程序）指令；M97 为子程序调用结束指令。

程序格式：M96　子程序名（子程序名后加"．"）

②ISO 程序编制方法及步骤。

a. 根据相应的装夹情况和切割方向，确定相应的计算坐标系。为了简化计算，尽量选取图形的对称轴为坐标轴。

b. 按选定的丝电极半径 r、放电间隙 δ 计算电极丝中心相对工件轮廓的偏移量 D。

c. 采用 ISO 格式编程，将需切割的工件轮廓分割成直线和圆弧，按轮廓平均尺寸计算出各线段交点的坐标值。

d. 根据丝电极中心轨迹（或轮廓）各交点坐标值及各线段的加工顺序，逐段编制切割程序。编制时，程序段格式为可变程序段格式，即程序段中每个字长不固定，各个程序段长度、程序字的个数可变，在程序段中，前面的程序段中已写明，本程序段里又不变化的那些字仍然有效，可以不重写。数控线切割 ISO 代码编程移动坐标值单位为 μm。例如：

```
G90
G01   X80000   Y10000
G01   X80000   Y15000
```

可写成：

```
G90
G01   X80000   Y10000
Y15000
```

e. 程序检验，编好的程序一般要经过检验才能用于正式加工。机床数控系统一般都提供程序检验的方法，常见的方法有画图检验和空运行等。

③自动编程系统。

自动编程使用专用的数控语言及各种输入手段，向计算机输入必要的形状和尺寸数据，利用专门的应用软件即可求得各交点、切点坐标及编写数控加工程序所需的数据，编写出数控加工程序，并将程序传输给线切割机床，即使是对数学知识了解不多的人也照样能进行这项工作。

目前在编控一体的高速走丝机上，本身已具有自动编程功能，并且可以做到控制机与编程机合二为一，在控制加工的同时，可以"脱机"进行自动编程。目前我国高速走丝线切割加工的自动编程机基本都采用绘图式编程技术进行编程。操作人员只需根据待加工的零件图形，按照机械作图的步骤，在计算机屏幕上绘出零件图形，计算机内部的软件即可自动转换成 3B 或 ISO 代码的线切割程序，非常简捷方便。

④编程举例。

编制加工图 3.64 所示凸凹模(图示尺寸是根据刃口尺寸公差及凸凹模配合间隙计算出的平均尺寸)的数控线切割程序。电极丝直径为 $\phi0.1$ mm 的钼丝,单面放电间隙为 0.01 mm。

a. 确定计算坐标系。由于图形上、下对称,孔的圆心在图形对称轴上,圆心为坐标原点,如图 3.65 所示。因为图形关于 x 轴对称,所以只需求出 x 轴上半部(或下半部)钼丝中心轨迹上各段的交点坐标值,从而使计算过程简化。

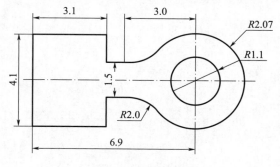

图 3.64　凸凹模　　　　　图 3.65　凸凹模编程示意图

b. 确定补偿距离。补偿距离为:
$$\Delta R = (0.1/2+0.01)\ \mathrm{mm} = 0.06\ \mathrm{mm}$$

钼丝中心轨迹,如图 3.65 中双点画线所示。

c. 计算交点坐标。将电极丝中心点轨迹划分成单一的直线或圆弧段。各点坐标可直接从图形中得到,见表 3.13。

表 3.13　凸凹模轨迹图形各段交点及圆心坐标

交点	x	y	交点	x	y	圆心	x	y
B	-3.74	-2.11	G	-3	0.81	O_1	-3	-2.75
C	-3.74	-0.81	H	-3	0.81	O_2	-3	-2.75
D	-3	-0.81	I	-3.74	2.11			
E	-1.57	-1.4393	K	-6.96	2.11			

切割型孔时电极丝中心至圆心 O 的距离(半径)为:
$$R = (1.1-0.06)\ \mathrm{mm} = 1.04\ \mathrm{mm}$$

d. 编写程序单。切割凸凹模时,不仅要切割外表面,而且还要切割内表面,因此要在凸凹模型孔的中心 O 处钻穿丝孔。先切割型孔,然后再按 $B \rightarrow C \rightarrow D \rightarrow E \rightarrow F \rightarrow G \rightarrow H \rightarrow I \rightarrow K \rightarrow A \rightarrow B$ 的顺序切割。

ISO 格式切割程序单如下:

```
H000=+00000000 H001=+00000110;
H005=+00000000;T84 T86 G54 G90 G92 X+0 Y+0 U+0 V+0;
C007;
G01 X+100 Y+0;G04 X0.0+H005;
G41 H000;
```

```
C007;
G41 H000;
G01 X+1100 Y+0;G04 X0.0+H005;
G41 H001;
G03 X-1100 Y+0I-1100J+0;G04 X0.0+H005;
X+1100 Y+0I+1100J+0;G04 X0.0+H005;
G40 H000 G01 X+100Y+0;
M00;                                            //取废料
C007;
G01 X+0 Y+0;G04 X0.0+H005;
T85 T87;
M00;                                            //拆丝
M05 G00 X-3000;                                 //空走
M05 G00 Y-2750;
M00;                                            //穿丝
H000=+00000000 H001=+00000110;
H005=+00000000;T84 T86 G54 G90 G92 X-2500 Y-2000 U+0 V+0;
C007;
G01 X-2801 Y-2012;G04 X0.0+H005;
G41 H000;
C007;
G41 H000;
G01 X-3800 Y-2050;G04 X0.0+H005;
G41 H001;
X-3800 Y-750;G04 X0.0+H005;
X-3000 Y-750;G04 X0.0+H005;
G02 X-1526 Y-1399I+0J-2000;G04 X0.0+H005;
G03 X-1526 Y+13991+1526J+1399;G04 X0.0+H005;
G02 X-3000 Y+750I-1474J+1351;G04 X0.0+H005;
G01 X-3800 Y+750;G04 X0.0+H005;
X-3800 Y+2050;G04 X0.0+H005;
X-6900 Y+2050;G04 X0.0+H005;
X-6900 Y-2050;G04 X0.0+H005;
X-3800 Y-2050;G04 X0.0+H005;
G40 H000G01 X-2801 Y-2012;
M00;
C007;
G01 X-2500 Y-2000;G04 X0.0+H005;
T85 T87 M02;                                    //程序结束
(::The Cutting length=37.062133MM)              //切割总长
```

3.2.3 中速走丝电火花线切割简介

中速走丝电火花线切割机(medium-speed wire cut electrical discharge machining, MS-WEDM)属于高速往复走丝电火花线切割机床范畴,可以在高速往复走丝电火花线切割机上实现多次切割功能,俗称"中速走丝线切割"。

所谓"中速走丝"并非指走丝速度介于高速电火花线切割与低速电火花线切割之间,而是复合走丝,即在粗加工时采用高速(8~12 m/s)走丝,半精、精加工时走丝速度通过程序及控制系统自动调节,逐渐变低。一般精加工时采用 1~3 m/s 的走丝速度,这样机床加工相对平稳、抖动小,并通过多次切割减少材料变形及钼丝损耗带来的误差,使加工质量也相对提高。加工质量可介于高速走丝与低速走丝机床之间。

准确地说:中走丝是高速走丝的升级产品,可以理解为:能多次切割的高速走丝,但它的加工切割速度并不比高速走丝慢,反而要高于高速走丝,只有在多次切割的过程中才降低切割速度以达到切割的效果,因而可以说,中速走丝实际上是高速走丝电火花线切割机床借鉴了低速走丝电火花线切割机床的加工工艺技术,实现了无条纹切割和多次切割。

在多次切割中,第一次切割一般选用高峰值电流、较大脉宽的规准进行大电流切割,以获得较高的切割速度;第二次切割的任务是修切,保证加工尺寸精度。可选用中等规准的脉冲参数,使第二次切割后的表面粗糙度在 $Ra1.4~1.7\ \mu m$。为了达到更好的加工指标,可以采用第三次、第四次或更多次切割,第三次、第四次或更多次切割的任务是抛磨修光,采用低速走丝方式,走丝速度为 1~3 m/s,并将跟踪进给速度限制在一定范围内,以消除往返切割条纹,获得所需的加工尺寸精度。可用最小脉宽(目前最小可以分频到 1 μs)进行修光,而峰值电流随加工表面质量要求而异。实际上,精修过程是一种电火花磨削,加工量甚微,对工件的尺寸影响较小。

中速走丝电火花线切割机床从外形上看,与普通的高速走丝线切割机床没有什么不同,但二者无论机床本身还是脉冲电源及控制系统都有诸多不同之处,其特点如下:

(1)机床主机的精度高、刚性好、灵敏度高。为进一步提高机床的精度,x、y 坐标工作台可采用全闭环控制,利用数控系统对机床定位精度误差进行补偿和修正,以减小因长期使用造成的加工精度下降,延长机床使用寿命。

(2)走丝系统稳定。采用特殊(大多采用金刚石)电极丝保持器,保持电极丝的相对稳定。为减小加工过程中因电极丝张力变化而引起的加工质量问题,须有恒张力机构。

(3)对冷却液要求严格。改变粗放冷却方式,采取多级过滤并对介电常数等关键参数加以控制,确保按精加工的顺利进行。

(4)软件控制功能强大。控制软件方面提供开放的加工参数数据库,可以根据材料的质地、厚度、表面粗糙度等条件选择对应的加工参数。

目前,中速走丝电火花线切割加工属于刚刚起步阶段,它的优越性也只是体现在切割加工的工艺指标上,表 3.14 给出了通过实际加工试验得到的工艺指标数据。

表 3.14　中速走丝电火花线切割加工达到的工艺指标

工艺指标	加工精度 /mm	最高切割速度 /(mm²/min)	多次切割的平均效率 /(mm²/min)	加工表面粗糙度 $Ra/\mu m$
指标数据	≤0.01	≥150	50~60	≤0.8

3.2.4　低速走丝电火花线切割加工

1. 低速走丝电火花线切割加工原理

低速走丝电火花线切割加工是利用铜丝做丝电极,靠火花放电对工件进行切割,如图 3.66 所示。在丝电极和工件之间加上脉冲电源 1,丝电极经导向轮由储丝筒 6 带动相对工件 2 做单向移动。加工时,丝电极一方面相对工件 2 不断做上(下)单向移动;另一方面,安装工件 2 的工作台 7 在数控伺服 x 轴电动机 8、y 轴电动机 10 的驱动下,实现 x、y 轴切割进给,使丝电极沿加工图形的轨迹对工件进行加工。同时在丝电极和工件之间浇注去离子水工作液,不断产生火花放电,使工件不断被电蚀,完成工件的加工。

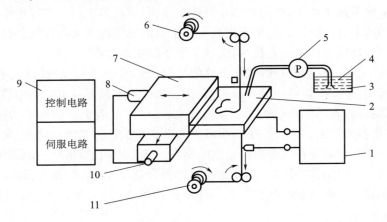

图 3.66 低速走丝电火花线切割加工原理

1—脉冲电源;2—工件;3—工作液箱;4—去离子水;5—泵;6—储丝筒;7—工作台;
8—x 轴电动机;9—数控装置;10—y 轴电动机;11—收丝筒

2. 低速走丝电火花线切割加工的特点和应用范围

(1)不需要制造成形电极,用一个细电极丝作为电极,按一定的切割程序进行轮廓加工,工件材料的预加工量少。

(2)电极丝张力均匀恒定,运行平稳,重复定位精度高,可进行二次或多次切割,从而提高了加工效率,加工表面粗糙度 Ra 降低,最佳表面粗糙度达到 $Ra0.05 \mu m$。尺寸精度大为提高,加工精度已稳定达到 ±0.001 mm。

(3)可以使用多种规格的金属丝进行切割加工,尤其是贵重金属切割加工,采用直径较细的电极丝,可节约不少贵金属。

(4)低速走丝电火花线切割机床采用去离子水作为冷却液,因此不必担心发生火灾,有利于实现无人化连续加工。

(5)低速走丝电火花线切割机床配用的脉冲电源峰值电流很大,切割速度最高可达 400 mm²/min。不少低速走丝电火花线切割机床的脉冲电源配有精加工回路或无电解作用加工回路,特别适用于微细超精密工件的切割加工,如模数为 0.055 的微小齿轮等。

(6)有自动穿丝、自动切断电极丝运行功能,即只要在工件上留有加工工艺孔就能够在一个工件上进行多工位的无人连续加工。

(7)低速走丝电火花线切割采用单向运丝,即新的电极丝只一次性通过加工区域,因而电极丝的损耗对加工精度几乎没有影响。

(8)加工精度稳定性高,切割锥度表面平整、光滑。

低速走丝电火花线切割广泛应用于精密冲模、粉末冶金压模、样板、成形刀具及特殊、精密零件的加工。

3. 低速走丝电火花线切割加工机床结构

低速走丝电火花线切割机床的机械结构各不相同,世界上具有代表性的是瑞士生产的 ROBOFIL 系列和日本生产的 AP、AQ 系列。

图 3.67 所示为低速走丝电火花线切割机床结构图,机床主要由床身、立柱、xy 坐标工作台、z 轴升降机构、uv 坐标轴、走丝系统、自动穿丝机构、夹具、工作液系统及电器控制系统等组成。床身、立柱是整个机床的框架,其刚性、热变形及抗振性直接影响加工件的尺寸精度及位置精度;x、y 坐标工作台可装夹被加工工件,并且能够进行锥度加工;走丝系统包括电极丝的送出机构、导向机构、排出机构、恒张力机构、自动穿丝机构等,它可以实现电极丝的自动穿丝、运送、导向、排出动作,并保持恒张力,防止因电极丝的抖动影响工件的质量;工作液系统常采用去离子水,切割速度比煤油快 2~5 倍。

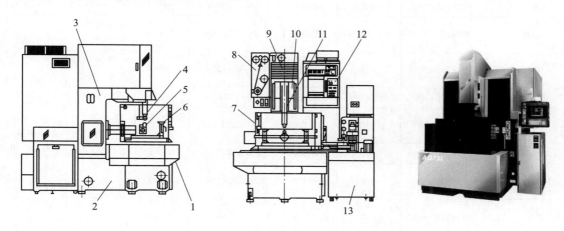

图 3.67　低速走丝电火花线切割机床结构图

1—x、y 坐标工作台;2—床身;3—立柱;4—上导丝器;5—下导丝器;6—夹具;7—工作液槽;8—走丝系统;
9—z 轴;10—u、v 坐标轴;11—自动穿丝机构;12—电器控制箱;13—工作液系统

4. 低速走丝电火花线切割加工机床型号及主要技术参数

表 3.15、表 3.16 列出了国外和国内一些生产厂所生产的低速走丝电火花线切割机床的主要型号与主要技术参数。

表 3.15　国外低速走丝电火花线切割机床的主要型号及主要技术参数

型号	行程(x×y×z)/mm	行程(u×v)/mm	切割锥度/(°/mm)	最大工件尺寸(长×宽×高)/mm	最大工件质量/kg	可选丝径/mm	生产厂
AQ360LXs	360×250×250	80×80	±20/80	550×400×250 浸渍时高度200	450 浸渍350	0.15~0.30	日本沙迪克公司
AQ560LXs	770×350×300 浸渍时高度250	80×80	±20/80	750×500×300 浸渍时高度250	1 000 浸渍700	0.15~0.30	
AQ327L	370×270×250	120×120	±25/100	570×420×240 浸渍时高度230	500 浸渍350	—	

续上表

型号	行程($x×y×z$) /mm	行程($u×v$) /mm	切割锥度 /(°/mm)	最大工件尺寸 （长×宽×高） /mm	最大工件质量 /kg	可选丝径 /mm	生产厂
AQ537L	570×370×350	120×120	±25/100	770×520×340 浸渍时高度280	1 000	—	日本沙迪克公司
AQ750L	750×500×400	770×520	±30/150	1 050×750×400	1 500	—	
AQ900L	900×600×400	920×620	±30/150	1 200×900×400	2 000	—	
AP450L	450×300×150	35×35	±7/100	600×400×130	100	—	
AP500L	500×400×150	35×35	±7/10	650×500×100	150	—	
EXC100L	100×120×100	20×20	±6/60	150×150×60	10	—	
CUT30	600×400×350	±50	±25/80	1 050×800×350	1 000	0.15、0.20、0.25、0.30	瑞士阿奇夏米尔公司
CUT20	350×250×250	±45	±25/80	900×680×250	400	0.15、0.20、0.25、0.30	
FI440SLP	550×350×400	550×350	±30/400	1 200×700×400	1 500	0.1~0.33	
CUT1000	220×160×100	±40	±3/80	300×200×80	35	0.1~0.2 （0.02~0.07）	
AC Vertex 2	350×250×256	±70	±30/100	750×550×250	200/450	0.07~0.33	
AC Progress VP2	350×250×256	±70	±30/100	750×550×250	200/450	0.15~0.33 （0.07~0.1）	
AC Progress VP3	500×350×426	±70	±30/100	1 050×650×420	400/800	0.15~0.33 （0.07~0.1）	
AC Progress VP4	800×550×525	800/550	±30/510	1 300×1 000×510	3 000	0.15~0.33 （0.07~0.1）	

表 3.16　国内低速走丝电火花线切割机床的主要型号及主要技术参数

型号	行程($x×y×z$) /mm	行程($u×v$) /mm	切割锥度 /(°/mm)	最大切割厚度 /mm	最大切割速度 （mm²/min）	最大工件质量 /kg	工作台尺寸 （长×宽） /mm	可选丝径 /mm	最佳表面粗糙度 Ra/μm	生产厂
DK7625	350×250×220	70×70	±15/100	260	≥210	350	600×400	0.1~0.30	≤0.8 （0.4）	苏州三光科技股份有限公司
DK7625P	380×260×250	80×80	±20/80	240	≥210	500	630×400	0.15~0.30	≤0.8	
DK7625A	350×250×210	70×70	±15/100	200	≥210	350	600×400	0.1~0.30	≤0.8 （0.4）	
DK7632	500×350×270	70×70	±15/100	260	≥210	500	720×480	0.15~0.30	≤0.8 （0.4）	
DK7632A	500×350×270	70×70	±15/100	260	≥210	700	745×510	0.15~0.30	≤0.8 （0.4）	
DK7663	800×630×350	—	±20/100	300	≥210	1 200	1 120×820	0.15~0.30	≤0.8 （0.3）	

续上表

型号	行程($x×y×z$)/mm	行程($u×v$)/mm	切割锥度/(°/mm)	最大切割厚度/mm	最大切割速度(mm²/min)	最大工件质量/kg	工作台尺寸(长×宽)/mm	可选丝径/mm	最佳表面粗糙度Ra/μm	生产厂
CA20	350×250×250	90×90	±25/80	250	—	400	700×480	0.2/0.25 (0.15、0.3)	0.4 (0.25)	北京阿奇夏米尔公司
CA30	600×4 000×350	100×100	±25/80	350	—	1 000	950×630	0.2/0.25 (0.15、0.3)	0.4 (0.25)	
CF20	350×250×220	90×90	±15/150	220	—	350	740×400	0.25 (0.1、0.2、0.3)	—	

5. 低速走丝线切割加工机床数控编程及工件加工操作流程

1）数控编程

低速走丝线切割机床常用的 ISO 代码指令,与国际上使用的标准基本一致。数控编程可分为手工编程和自动编程两种。通过输入指令的方式将加工工艺过程和图形输入即为手工编程。一般手工编程只适合于切割简单,且不重复加工或不用保存的图形,特点是易于操作和修改程序。对于复杂的图形,手工编程的工作量很大,而且容易出错。为了简化编程工作,利用计算机自动编程是低速走丝线切割机床的优势。

自动编程是以 CAD 绘图为基础的自动编程方法(即语言式自动编程和图形交互式自动编程),其方法是根据待加工的零件图形,按照机械绘图的步骤,在计算机屏幕上绘出零件图形,编程人员根据菜单提示的内容反复与计算机对话,选择菜单目录或回答计算机提问,从零件图形的定义、走丝路径的确定到加工参数的选择,整个编程过程都是在交互的方式下完成的,不存在语言编程问题。计算机内部将图形文件自动转换成数控加工程序(ISO 代码)后,将 NC 程序传输给 CNC 系统。自动编程的方法简单,对于操作者的编程能力、数学知识、计算机水平要求不高,稍加培训即可胜任。

2）编程软件

ESPRIT 低速走丝电火花线切割绘图式计算机编程软件已经被世界上许多生产高端低速走丝电火花线切割设备的公司所使用。该软件功能强大,简单易学,采用 Windows 界面和 PaRa solid 的建模核心技术,其加工参数的设置与线切割机床控制参数完全相同。ESPRIT 可以读取所有 CAD 软件,如 AutoCAD、SolidWorks、CATLA、Pro/ENGINEER、Solid Edge 和 NX 等所绘出的图形和文件,并生成相应的切割路径。还可以做到使控制机与编程机合二为一,在控制加工的同时,可以"脱机"进行自动编程。自动编程的流程如图 3.68 所示。

3）工件加工操作流程

低速走丝电火花线切割机床自动化程度很高,操作面板上各种开关(表示操作面板、远程控制的硬开关)、按钮(在 LCD 显示屏内可用手触摸反应的部分)、按键(表示键盘上的键)繁多,熟悉这些按键及操作流程是操作者学习操控数控机床的入门课程。图 3.69 给出了低速走丝电火花线切割机床操作流程图。

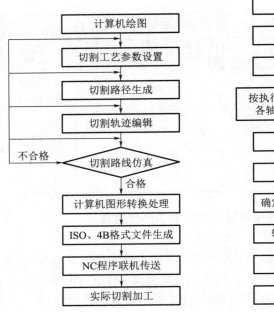

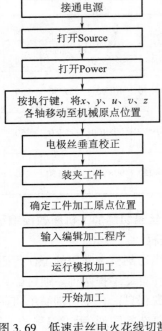

图 3.68　低速走丝电火花线切割
机床自动编程流程图

图 3.69　低速走丝电火花线切割
加工机床操作流程图

6. 数控高、低速走丝电火花线切割加工机床的主要区别

数控高速走丝电火花线切割机床和数控低速走丝电火花线切割机床的主要区别见表 3.17。

表 3.17　数控高、低速走丝电火花线切割加工机床的主要区别

比较项目	高速走丝电火花线切割加工机床	低速走丝电火花线切割加工机床
走丝速度	≥2.5 m/s,常用值 6~10 m/s	<2.5 mm/s,常用值 0.001~0.25 m/s
电极丝工作状态	往复供丝,反复使用	单向运行,一次使用
电极丝材料	钼、钨钼合金	黄铜、铜、以铜为主体的合金或镀覆材料
电极丝直径	ϕ0.03~0.25 mm,常用值 ϕ0.12~0.20 mm	ϕ0.003~0.30 mm,常用值 ϕ0.20 mm
穿丝方法	只能手工	可手工,可自动
工作电极丝长度	数百米	数千米
电极丝张力	上丝后即固定不变	可调,通常为 2.0~25 N
电极丝振动	较大	较小
运丝系统结构	较简单	复杂
运丝速度	7~10 m/s	0.2 m/s
脉冲电源	开路电压 80~100 V,工作电流 1~5 A	开路电压 300 V 左右,工作电流 1~32 A
单面放电间隙	0.01~0.03 mm	0.01~0.12 mm
工作液	线切割乳化液或水基工作液	去离子水,个别场合用煤油
工作液电阻率	0.5~50 kΩ·cm	10~100 kΩ·cm

续上表

比较项目	高速走丝电火花线切割加工机床	低速走丝电火花线切割加工机床
导丝机构型式	导轮,寿命较短	导向器,寿命较长
机床价格	便宜	昂贵

数控高速走丝电火花线切割加工机床与数控低速走丝电火花线切割加工机床加工工艺水平比较见表 3.18。

表 3.18　数控高、低速走丝电火花线切割加工机床加工工艺水平比较

比较项目	高速走丝电火花线切割机床	低速走丝电火花线切割机床
切割速度/(mm^2/min)	20~160	20~240
最大切割速度/(mm^2/min)	266	500
表面粗糙度 Ra/μm	<2.5	<0.8
最佳表面粗糙度 Ra/μm	0.8	0.2
最高切割速度下表面粗糙度 Ra/μm	6.3	1.6
加工精度/mm	±0.01~±0.02	±0.005~±0.01
最高加工精度/mm	±0.005	±0.001~±0.002
电极丝损耗/mm	每加工（3~10）×10^4 mm^2,丝径损耗 0.01	不计
重复精度/mm	±0.01	±0.002
最大切割厚度/mm	800	400

3.2.5　电火花线切割加工工艺及应用

线切割加工,一般是作为工件加工中的最后工序,要求达到加工零件的精度及表面粗糙度要求,所以应合理控制线切割加工时的各种工艺因素,同时选择合适的工装。

1. 切割路线的确定

线切割加工一般安排在工件热处理后进行,选择合理的切割路线能有效控制工件的变形,保证工件的加工精度。

（1）应将工件与其夹持部分分割的线段安排在切割总程序的末端,如图 3.70 所示。图 3.70(a)所示切割完第一段线段后,继续加工时,由于原来主要连接部位被割离,余下材料与夹持部分连接较少,工件刚度下降,容易发生变形,影响加工精度;选择图 3.70(b)所示的切割路线则可避免上述问题。

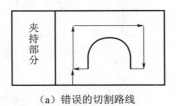 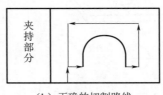

（a）错误的切割路线　　　　（b）正确的切割路线

图 3.70　切割路线的确定

（2）采用由内向外顺序切割路线

图 3.71(a)所示的方案切割时变形最大,不可取;图 3.71(b)所示的方案安排较合理,但仍有变形;图 3.71(c)所示的方案切割起点取在坯料预制的穿丝孔中,变形最小。

（3）两次切割法

为减少变形,采用两次切割,如图 3.72 所示。第一次粗加工型孔,周边留 0.1～0.05 mm 余量,待材料内部应力充分释放后再进行第二次切割,这样可以提高加工精度。

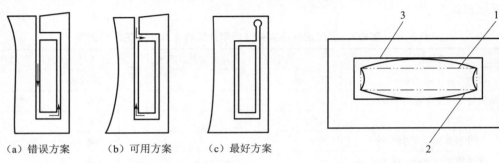

（a）错误方案　　（b）可用方案　　（c）最好方案

图 3.71　切割起始点和切割路线的安排

图 3.72　两次切割法

1—第一次切割路线;2—第一次切割后的
实际图形;3—第二次切割的图形

2. 丝电极初始位置的确定

线切割加工前,应将丝电极调整到切割的起始位置上,其调整方法有以下几种:

（1）目测法。直接利用目测或借助放大镜进行观察,以确定丝电极与工件有关基准面的相对位置。图 3.73 所示是利用穿丝孔处划出的十字基准线,分别沿划线方向观察丝电极与基准线的相对位置,根据两者的偏离情况移动工作台,当丝电极中心分别与纵横方向基准线重合时,工作台纵、横方向上的读数就确定了丝电极中心的位置。目测法适用于精度要求较低的加工。

（2）火花法。火花法如图 3.74 所示。移动工作台使工件的基准面逐渐靠近丝电极,在出现火花的瞬时,记下工作台的相应坐标值,再根据放电间隙推算丝电极中心的坐标。此法简单易行,但往往因丝电极靠近基准面时产生的放电间隙,与正常切割条件下的放电间隙不完全相同而产生误差。

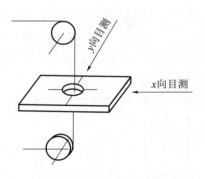

图 3.73　目测法调整电极位置

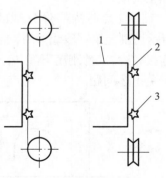

图 3.74　火花法调整电极位置

1—工件;2—丝电极;3—火花

（3）自动找中心。所谓自动找中心，就是让丝电极在工件孔的中心自定位，其原理如图 3.75 所示。设 P 为丝电极在工件孔中的起始位置，先向右沿 x 坐标进给，当与孔的圆周在 A 点接触后，立即反向进给并开始计数，直至和孔周边的另一点 B 点接触时，再反向进给二分之一距离，移动至 AB 间的中心位置 C，然后再向上沿 y 坐标进给，重复上述过程，最后自动在穿丝孔中心 O 点停止。微处理器控制的数控电火花线切割机床，一般具有此项功能。

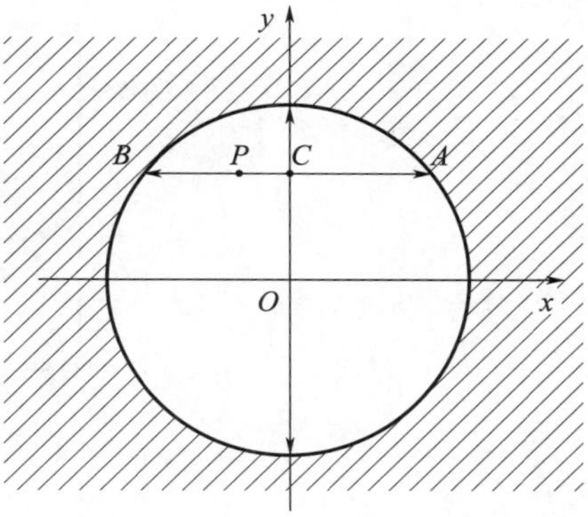

图 3.75　电极丝自动对中心原理图

3. 脉冲参数的选择

线切割加工一般采用单个脉冲能量小，脉宽窄，频率高的电参数进行正极性加工。要获得较好的表面粗糙度时，所选用电参数也小，若要求获得较高的切割速度，脉冲参数要大些，但加工电流的增大受到电极丝截面的限制，过大的电流将引起断丝，高速走丝线切割加工脉冲参数的选择见表 3.19。

表 3.19　高速走丝线切割加工脉冲参数的选择

应用	脉冲宽度 t_i/μs	电流峰值 I_e/A	脉冲间隔 t_0/μs	空载电压/V
快速切割或加大厚度工件 $Ra>2.5$ μm	20~40	大于 12	为实现稳定加工，一般选择 $t_0/t_i=3~4$	一般为 70~90
半精加工 $Ra=1.25~2.5$ μm	6~20	6~12		
精加工 $Ra<1.25$ μm	2~6	4.8 以下		

4. 工作液的选配

工作液对切割速度、表面粗糙度、加工精度等都有较大影响。常用工作液主要有乳化液和去离子水。高速走丝线切割加工常用 5% 左右的乳化液。

5. 丝电极的选择

丝电极应具有良好的导电性和抗电蚀性，抗拉强度高，材质均匀。常用丝电极有钼丝、钨丝、黄铜丝等。高速走丝机床大都选用钼丝作电极，直径为 $\phi0.08~0.2$ mm。

丝电极直径应根据切缝宽窄、工件厚度和拐角尺寸大小来选择。若加工带尖角、窄缝的小型零件宜选用较细的电极丝；若加工大厚度的工件或进行大电流切割时应选择较粗的电极丝。

6. 线切割加工及其在模具制造中的应用

电火花线切割加工在模具制造中可用于加工微细异形孔、窄缝和复杂形状的工件，样板和成形刀具，硬质材料、薄片或贵重金属材料，小批量、多品种零件。

在模具加工方面，线切割加工可用于冷冲模、粉末冶金模、镶拼型腔模、拉丝模、波纹板成形模等多种形状模具零件的加工。特别在冷冲模中，由于凸模固定板、凹模及卸料板的型孔与相对应的凸模外轮廓形状相似，用线切割加工时通过调整不同的间隙补偿量，只需一次编程即可。尤其在复合冲裁模中，由于用于凹模出件的推件板与卸料板的轮廓形状完全一致，在模具加工时可以通过线切割一次切出两件，如图 3.76 所示。同样，当冲裁模凸、凹模的单面间隙等于电极丝直径与放电间隙之和时，也可以一次切出两件。此外，还可以加工挤压模、粉末冶金模、弯曲模、塑料模等带锥度的模具；同时线切割加工还可用于电火花成形电极的加工。

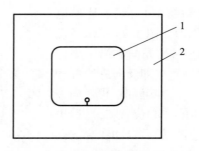

图 3.76 一次切出两件示意图
1—推件板;2—卸料板

3.3 超声加工

1. 超声加工的基本原理与特点

1)超声加工的基本原理

超声波是指频率超过 16 000 Hz 的声波。超声加工是利用工具端面作超声频振动,通过工具端面带动悬浮液中的磨料撞击工件,从而完成脆硬材料加工的一种方法。加工原理如图 3.77 所示。加工时,在工具 1 和工件 2 之间加入液体(水或煤油)和磨料混合的悬浮液 3,工具以很小的力 **F** 轻轻压在工件上。超声换能器 4 通入 50 Hz 的交流电,产生 16 000 Hz 以上的超声频纵向振动,并借助于变幅杆把振幅放大到 0.05~0.1 mm,驱动工具端面作超声振动,迫使工作液中的悬浮磨粒以很大的速度和加速度不断撞击、抛磨被加工表面,把加工区的工件局部材料粉碎成很细的微粒,并从工件上撞击下来。虽然每次打击下来的材料很少,但由于每秒撞击的次数多达 16 000 次以上,所以仍有一定的加工速度。同时工作液受工具端面的超声振动作用而产生的高频、交变的液压冲击波和空化作用,将促使工作液钻入被加工材料的微裂缝及晶界内,加剧机械破坏作用,提高加工速度。此外,液压冲击波也能促使悬浮工作液在加工间隙中循环,使变钝了的磨粒不断更新。

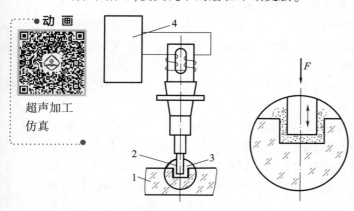

图 3.77 超声加工原理示意图
1—工具;2—工件;3—磨料悬浮液;4—超声换能器

●**动画**

超声加工
仿真

2)超声加工的特点

(1)超声加工是靠磨粒的撞击作用去除材料的,故适于加工各种硬脆材料,包括不导电的非金属材料,如陶瓷、玻璃、宝石、石英、金刚石等。

(2)超声加工由于工具不需要作复杂的运动,因此超声加工机床结构简单,操作方便。

(3)工具可用较软的材料做成较复杂的形状,可以加工复杂的成形表面。

(4)由于去除加工材料是靠极细小磨粒的瞬时局部撞击作用,故工件表面的宏观作用力很小,不会引起变形和烧伤,表面粗糙度也较好(为 $Ra0.1\sim1\ \mu m$),加工精度可达 $0.01\sim0.02\ mm$,而且可以加工薄壁、窄缝、低刚性工件。

2. 超声加工设备

超声加工设备如图 3.78 所示。由超声波发生器、超声振动系统(声学部件)、机床本体及磨料工作液循环系统等部分组成。超声波发生器是将 50 Hz 的工频交流电转变为有一定功率输出的超声频交流电,以提供工具端面振动及去除被加工材料的能量;声学部件的作用是把高频电能转换成机械振动,并以波的形式传递到工具端面,声学部件是超声波加工设备中的重要部件,主要由换能器、振幅扩大棒及工具组成;超声加工机床包括支撑声学部件的支架、工作台,使工具以一定压力作用在工件上的进给机构以及床体等;平衡锤用于调节加工压力;磨料工作液一般为水,为了提高表面质量,也有用煤油或机油的;磨料常用碳化硼、碳化硅或氧化铝。

3. 超声加工的应用

超声加工的生产率虽然比电火花加工和电化学加工低,但其加工精度和表面粗糙度都比较好,而且能加工半导体、非导体的硬脆材料,如玻璃、石英、陶瓷、宝石及金刚石等。即使是电火花加工后的一些淬火钢、硬质合金冲模、拉丝模和塑料模,最后也常用超声抛光进行光整加工。

(1)型孔、型腔加工

超声加工在模具制造行业可用于在脆硬材料上加工圆孔、型孔、型腔、套料及微细孔等,如图 3.79 所示。

(2)切割加工

超声切割可以加工单晶硅片、陶瓷模块。

(3)超声抛光

电加工后的模具表面经超声抛光以后,可以降低表面粗糙度数值,进行超声抛光时,一般要经过粗抛、细抛和精抛几个阶段,抛光余量一般控制在 $0.02\sim0.04\ mm$。模具经超声抛光以后,表面粗糙度一般可达 $Ra0.4\sim0.8\ \mu m$。

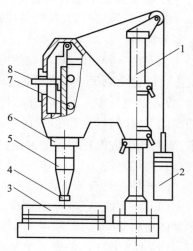

图 3.78　CSJ-2 型超声加工机床
1—支架;2—平衡锤;3—工作台;4—工具;
5—振幅扩大棒;6—换能器;
7—导轨;8—标尺

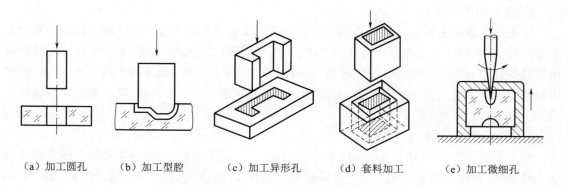

(a)加工圆孔　　(b)加工型腔　　(c)加工异形孔　　(d)套料加工　　(e)加工微细孔

图 3.79　超声加工的应用

3.4　激　光　加　工

自 1960 年问世以来,由于激光具有极高的能量密度、极好的方向性、单色性和相干性等特性,在工业、农业、交通运输、科学研究和现代国防等各个领域都得到越来越广泛的应用,在许多方面引起了深刻的变革。

随着激光技术的迅速发展,一种崭新的加工方法——激光加工出现了,并在生产实践中显示了其优越性。激光技术不需要工具,加工的小孔孔径,可以小到几微米,同时还可以焊接和切割各种硬脆和难熔的材料,且速度快,效率高,表面变形小。在机械制造业中,还广泛地应用于长度、速度、角度、方向、距离、转速、振动、流速和温度等的精密测量。

1. 激光加工的原理与特点

激光加工是利用光的能量经过透镜聚焦后在焦点上达到很高的能量密度,靠光热效应加工各种材料。

激光是一种强度高、方向性好、单色性好的相干光。由于激光的发散角小和单色性好,理论上可以聚焦到尺寸与光的波长相近的(微米甚至亚微米级)小斑点上,加上它本身强度就高,故可以使其焦点处的功率密度达到 $10^7 \sim 10^{11}$ W/cm^2,温度可高达 10 000 ℃ 以上。在这样的高温下,任何材料都将在 10^{-3} s 或更短的时间内急剧熔化和汽化,并爆炸性地高速喷射出来,同时产生方向性很强的冲击波。工件材料就是在高温熔融蒸发和冲击波的同时作用下实现打孔和切割的。

激光加工具有如下特点:

(1)激光加工的功率密度高,几乎能加工所有材料,包括各种金属材料和非金属材料以及半导体材料等。

(2)激光加工不需要加工工具,所以不存在工具损耗、更换调整等问题,很适合自动化连续加工。

(3)加工速度快,效率高,热影响区小。

(4)加工尺寸可小到几微米,可用于精密微细加工,适于加工深而小的微孔和窄缝。

(5)可以透过光学透明材料对工件进行加工。

2. 激光加工设备

激光加工设备主要包括激光器、电源、光学系统及机械系统四大部分。激光器是激光加工的重要设备,它的任务是把电能转变成光能,并产生所需的激光束;激光器电源为激光器提供所需要的能量,包括电压控制、储能电容组、时间控制及触发器等;光学系统的作用在于把激光引向聚焦物镜并聚焦在加工工件上;为使激光束准确地聚焦在加工位置,机械系统主要包括床身、工作台及机电控制系统等。

3. 激光加工的应用

激光加工作为一种精密微细的加工方法,现已广泛用于陶瓷、玻璃等非金属材料和硬质合金、不锈钢等金属材料的小孔加工、多种材料的成形切割以及焊接、表面处理等,如图 3.80 所示。

动画 ●

激光切割
仿真

图 3.80 激光加工的应用

（1）激光打孔。利用激光在金刚石拉丝模、钟表宝石、轴承、陶瓷、玻璃等非金属材料和硬质合金、不锈钢等金属材料上加工小孔。孔径可达 10 μm，且深度可达直径的 10 倍以上。

（2）激光切割。激光切割的原理和激光打孔原理基本相同，不同的是，工件与激光束要相对移动，在生产实践中，一般都是移动工件。目前激光可用于切割钢板、不锈钢、镍、铜、锌、铝、石英、陶瓷、半导体，以及布匹、木材、纸张、塑料等金属和非金属材料。

（3）激光焊接。激光焊接和激光打孔的原理稍有不同，焊接时不需要那么高的能量密度使工件材料汽化蚀除，而只要将工件的焊接区烧熔使其粘合在一起。因此，激光焊接所需要的能量密度较低，通常可通过减小激光输出功率实现。

（4）激光表面处理。用大功率激光进行金属表面处理，其实质是把激光作为热源，照射到金属表面，被金属表层所吸收，使金属原子迅速熔化、蒸发，产生微冲击波并形成大量晶格缺陷从而实现表面强化。

（5）模具加工中的应用。激光加工可确定试制坯料的形状，确定拉深加工后的工件切边尺寸，制造冲裁模、拉深模具，也可用激光加工切割薄板，然后叠合成复杂的三维曲面，这一方法可用于制造塑料注射模、压铸模、橡胶模等。

3.5 其他特种加工

3.5.1 电化学加工

1. 电化学加工的基本原理

如图 3.81 所示，在 NaCl 水溶液中，浸入两片金属（Cu 和 Fe），并用导线把它们连接起来，导线和溶液中均有电流通过，这是由于两种金属材料的电位不同，导致"自由电子"在电场作用下按一定方向移动，并在金属片和溶液的界面上产生交换电子的反应。

若接上直流电源，溶液中的离子便做定向移动，正离子（Fe^{2+}、Na^+、H^+）将移向阴极并在阴极上得到电子进行还原反应，并在阴极上沉积形成金属层（即电镀、电铸）；而负离子（Cl^-、OH^-）将移向阳极并在阳极表面失掉电

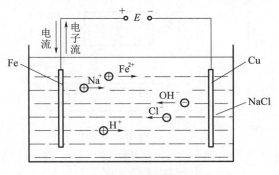

图 3.81 电化学加工的基本原理

子进行氧化反应(也可能是阳极金属原子失去电子而成为正离子 Fe^{2+} 进入溶液,即电解)。

溶液中正负离子的定向移动称为电荷迁移,在阳、阴极表面产生得、失电子的化学反应称为电化学反应,利用电化学反应原理来进行加工的工艺(如电解、电镀等)称为电化学加工。

2. 模具电化学加工的应用

电化学加工应用于模具制造,按其作用原理分三类:

(1)阳极溶解法。工件作阳极,让阴极金属在电场的作用下失去电子变成金属离子 M^+,M^+ 离子又与电解液中的 OH^- 化合沉淀,不断地将工件表面金属一层一层蚀除掉,以达到成形加工的目的。反应式如下

$$M-e \rightarrow M^+$$
$$M^+ + OH^- \rightarrow M(OH) \downarrow$$

利用阳极溶解法进行成形加工的工艺方法有电解加工、电化学抛光等。

(2)阴极沉积法。工件作阴极,让电解液中的金属离子(正离子)在电场作用下移动到阴极表面,还原为金属原子后沉积在工件的表面,以达到成形加工的目的(即 $M-e \rightarrow M^+$)。同时,阳极失去电子变成金属离子进入电解液中,补充电解液中被消耗的金属离子。

利用阴极沉积法进行成形加工的工艺方法有电镀、电铸等。

(3)复合加工法。利用电化学加工(常用阳极溶解法)与其他加工方法相结合而进行成形加工,如电解磨削、电解放电加工、电化学阳极机械加工等。

3.5.2 模具电解加工

1. 模具电解加工的原理和特点

电解加工是利用阳极溶解法进行加工,如图 3.82 所示。加工时,工件和工具分别接直流电源的正、负极,工具向工件缓慢进给,使电极之间保持较小的间隙(一般为 0.1~0.8 mm),并且间隙间有高速流动的电解液通过,将溶解产物带离间隙。

电解加工的基本原理如图 3.83 所示,由于工件与工具的初始端面形状不同,其表面各点的距离不同,距离近的地方电流密度大,距离远的地方电流密度小,如图 3.83(a)所示;而电流密度大的地方阳极溶解速度相对较快,工件阴极不断进给,工件表面不断被电解,直至工件表面形成与阳极工作面基本相似的形状为止,如图 3.83(b)所示。

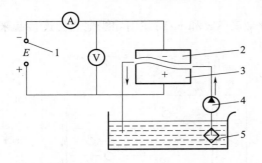

图 3.82 电解加工示意图
1—直流电源;2—工具阴极;3—工件;
4—电解液泵;5—电解液

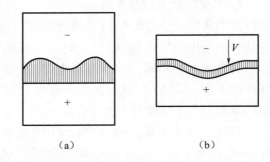

(a)　　　　(b)

图 3.83 电解加工成形原理图

电解加工与其他加工方法相比,具有以下特点:

(1)不存在宏观切削力,可加工任何硬度、强度、韧性的金属材料。

(2)能一次成形出复杂的型腔、型孔。

(3)电极损耗极小,可长期使用。

(4)生产率高,表面质量好(表面粗糙度可达 $Ra0.2 \sim 1.25 \ \mu m$),无毛刺和变质层。

(5)加工稳定性差,加工精度不高。

(6)电解液对机床设备有腐蚀作用,电解产物污染环境。

2. 电解加工在模具制造中的应用

目前,由于电解加工的机床、电源、电解液、自动控制系统、工具阴极的设计制造水平及加工工艺等不断进步,电解加工已发展成为比较成熟的特种加工方法,广泛应用于模具制造行业,如型孔、型腔、型面及各种表面抛光等。此外还可以与其他加工方法复合进行电解车、电解铣、电解切割等加工,以下面介绍几种电解加工的具体应用。

(1)型孔加工。在模具制造中常会遇到各种形状复杂、尺寸较小的型孔,其截面形状有四方、六方、棱角形、阶梯形、锥形等,用传统加工方法十分困难,甚至无法加工。一般采用电火花加工,但加工时间较长,电极损耗较大,若用电解加工则可以大大提高加工质量、生产率并降低成本。图 3.84 所示为型孔电解加工的示意图,型孔一般采用端面进给法,若不需要成形锥度,可将阴极侧面绝缘,为了增加端面的工作面积,将阴极出水口制成内锥孔。

图 3.85 所示为电液束加工深小孔的示意图。对于直径极小的孔,如 $\phi 0.8 \ mm$ 以下深度为直径的 50 倍以上的深孔,一般采用电液束加工。电解液通过绝缘喷嘴高速喷出,形成电解液流束,当带负电的电解液高速喷射到工件时,工件上喷射点产生阳极溶解,并随着阴极的不断进给而加工出深小孔。

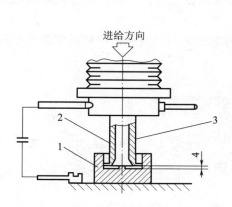

图 3.84　端面进给式型孔加工示意图
1—工件;2—绝缘套;3—管状阴极;
4—加工间隙

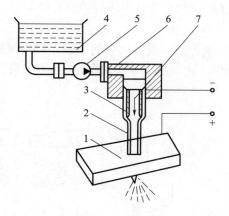

图 3.85　电液束加工深小孔的示意图
1—工件;2—绝缘套;3—阴极;4—电解液箱;
5—高压液泵;6—进给装置;7—电解液

(2)型腔加工。型腔模包括塑料模、压铸模、锻模等,其形状比较复杂,目前常用的加工方法有靠模仿形加工、电火花加工、数控加工等,但生产周期长,成本高。尤其是对于精度要求不高、消耗量较大的煤矿机械、汽车拖拉机的模具,采用电解加工,更能显示其优越性。

图 3.86 所示为连杆型腔模的电解加工示意图,电解液通过工具阴极内部流入,经过工具两端开放的通液孔从侧面流出。

(3)电解抛光。电解抛光主要应用于经电火花加工后的型腔模的抛光。例如,塑料模、压铸模的型腔表面粗糙度值要求较低,用手工抛光的方法十分困难,周期长,质量难以保证,经过电解抛光后的表面粗糙度可以从 $Ra3.2~\mu m$ 提高到 $Ra0.4~\mu m$ 以下,而且生产效率极高。

电解抛光的基本原理是利用阳极溶解法对工件表面进行腐蚀抛光。如图 3.87 所示,工件与工具电极之间的距离较大(一般为 $40 \sim 100~mm$),电解液又静止不动,在阳极表面生成一层薄薄的电解液膜。由于工件表面微观凹陷处电解液膜相对较厚,电阻较大,溶解速度相对缓慢;相反,凸起处电解液膜较薄,电阻小,溶解速度快。结果工件表面的粗糙度便逐渐改善,并且出现较强的光泽。

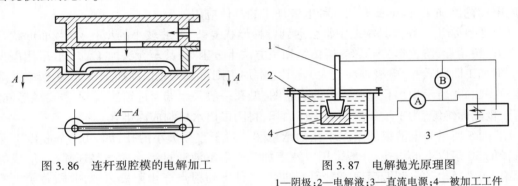

图 3.86 连杆型腔模的电解加工　　　　图 3.87 电解抛光原理图
　　　　　　　　　　　　　　　　1—阴极;2—电解液;3—直流电源;4—被加工工件

在实际生产中,要获得较好的抛光效果还必须根据工件材料选择确定电解液配方和加工参数。

(4)电解磨削。电解磨削的原理是将金属的电化学阳极溶解作用和机械磨削作用相结合的一种磨削工艺。其工作原理如图 3.88 所示。

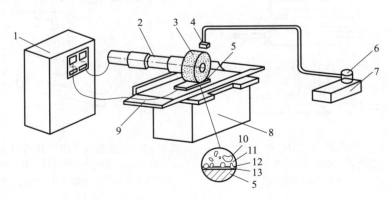

图 3.88 电解磨削原理图
1—直流电源;2—绝缘主轴;3—电解磨轮;4—电解液喷嘴;5—工件;6—泵;7—电解液箱;
8—床身;9—工作台;10—磨料;11—黏结剂;12—电解间隙;13—电解液

磨削加工时,工件接直流电源的正极,电解磨轮接负极,保持一定的电解间隙,并在电解间隙中保持一定量的电解液。当直流电源接通后,工件(阳极)的金属表面产生电化学溶解,其表面的金属原子失去电子氧化为溶解于电解液的离子,同时与电解液中的氧结合,在工件的表面生成一层极薄的氧化膜。随后,通过高速旋转的砂轮将这层氧化膜不断刮除,并被电解液带走。由于这种阳极溶解和机械磨削的交互作用,结果使工件表面的金属不断地被蚀除掉,并形成光滑的表面和一定的磨削尺寸精度。

电解磨削去除金属起主要作用的是阳极电化学溶解,砂轮的作用是磨去电解产物(即阳极钝化膜)和整平工件表面,因而磨削力和磨削热都很小,不会产生磨削毛刺、磨削裂纹、烧伤等现象,只要选择合适的电解液就可以用来加工任何硬度高或韧性大的金属工件,一般表面粗糙度可低于 $Ra0.16\ \mu m$,加工精度与普通机械磨削相近。此外,砂轮的磨损量很小,也有助于提高加工精度。

3.5.3　模具电铸成形

1. 电铸成形的基本原理

电铸和电镀的成形原理都是利用电化学过程中的阴极沉积现象进行加工,但它们之间也有明显的区别。电铸后,要将电铸层与原模分离以获得复制的金属制品,而电镀则要求得到与基体结合牢固的金属镀层以达到装饰、防腐的目的。在沉积层的厚度方面,电铸层的厚度为 $0.05\sim10\ mm$,而电镀的厚度一般为 $0.01\sim0.05\ mm$。

电铸成形原理如图 3.89 所示。用可导电的原模作阴极,用待电铸的金属材料作阳极,用待电铸材料的金属盐溶液作电铸溶液,即阳极金属材料与金属盐溶液中的金属离子的种类是一致的。当直流电源接通后,电铸溶液中的金属离子在电场作用下移到阴极表面,并获得电子还原成金属原子沉积在原模表面,而阳极金属原子失去电子氧化后,补充电解液的金属离子,使溶液中金属离子的浓度保持不变。当阴极原模的电铸层增加到所要求的厚度时,电铸结束。设法使电铸层与原模分离,即获得与原模型面相反的电铸件。

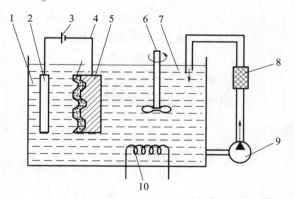

图 3.89　电铸成形原理图
1—电铸槽;2—阳极;3—直流电源;4—电铸层;
5—原模(阴极);6—搅拌器;7—电铸液;
8—过滤器;9—泵;10—加热器

2. 电铸成形的特点

(1)能准确复制原模表面形状和微细纹路。

(2)可以获得单层或多层复合的高纯度金属。

(3)可以用一只标准的原模制出很多大小一致的型腔或电火花成形加工用的电极。

(4)原模也可以采用非金属材料或非金属制品的本身,但需经表面导电化处理。

(5)电铸速度慢,生产周期长(一般几十至几百小时)。

3. 电铸成形工艺过程

电铸成形的工艺过程是:原模制作→表面处理→电铸→制作衬背→脱模→成品。

(1)原模制作。电铸是一种高精度的复制成形工艺,不但要求原模表面光滑,避免尖角,还要考虑制品材料的收缩率及合适的脱模斜度。同时,应按制品要求适当加长电镀面,作为成形后的修整余量。

(2)原模表面处理。原模分为两大类:一类是金属原模,表面处理时,先将其表面去锈除污,然后用重铬酸盐溶液将其钝化处理,形成一层不太牢固的钝化膜;另一类是非金属原模,材料诸如环氧树脂、塑料、石膏等。此类原模表面不能导电,需对电铸表面进行导电化处理。常用的方法有化学镀银(铜),喷镀银(铜),涂刷以极细的石墨粉、铜粉或银粉调入少量胶黏剂的导电漆等。

(3)电铸成形。电铸时,选择合适的电铸溶液,采用低电压、大电流的直流电源(电压控制在 12 V 以下,电流密度为 15~30 A/cm²),电铸槽要搅拌以保持电铸液浓度均匀,还要进行恒温控制。

(4)制作衬背。某些电铸模具,成形后需要先进行加固处理然后再机械加工,可用浇铸铝或低熔点合金的方法进行背面加固。

(5)脱模。脱模的方法有锤打、热熔脱、化学溶解或用脱模架等。操作过程中要避免电铸件变形或损坏。

4. 电铸工艺的应用

电铸工艺在模具制造中的应用主要有下列几方面:

(1)制作塑料模的成形型腔及其镶件。

(2)制作电火花用的铜电极。

(3)制作喷涂工艺用的金属遮罩。

(4)制作喷嘴、印制电路板等配件。

拓展阅读

阮雪榆院士的家国情怀

阮雪榆(1933 年 1 月 6 日—2019 年 2 月 3 日),中国冷挤压技术开拓者、国际知名数字化制造技术与塑性成形技术(冷挤压技术)专家、中国工程院院士、九三学社第十届中央委员会委员、上海交通大学教授。历任清华大学兼职教授、日本熊本大学荣誉教授、联合国教科文组织(UNESCO)冷锻技术教席负责人和国际冷锻学会(ICFG)会员等。

阮雪榆院士凭借着扎实的机械学、力学、材料学等基本知识,成功地在有色金属冷锻的基础上,在中国首先研究成功黑色金属冷挤压技术,在国际上首先提出了冷挤压许用变形程度理论,为我国建立完整的冷挤压工艺理论体系做出了重要贡献,成为我国冷挤压技术的开拓者之一。

阮雪榆院士谦虚地说:"至今做了两件事,第一件事就是冷挤压,就是冷锻。1959 年,我 26 岁,开始从事这方面的研究,通过对国内外有关知识的学习,于 1963 年出了一本 24 万字的《冷锻技术》,兵器部学校工作的一些老同志说兵器部的很多产品的快速生产都是与这本书有很大关系的。第二件事就是建立了一个数字化制造技术的平台,这个平台拥有很多年轻的科技工作者。"

作为一名老师,阮雪榆认为,教育的目的是"传道、授业、解惑",传道是要教育学生有修养,有品德。如果不严谨、不认真,对学生的德育就抓不住要点;没有亲和力,学生就不会接受。点亮学生心灵,既要让学生心情愉悦,又要启迪学生的智慧。

阮雪榆院士对指导和推动中国精密锻造理论与技术的发展做出了重大贡献,为推进中国塑性成形与数字化制造技术的进步和人才培养做出了卓越贡献。

思 考 题

1. 电火花成形的原理是什么?电火花加工有哪些特点?
2. 电火花加工必须具备哪些条件?
3. 评价电极损耗的指标是什么?加工时怎样降低电极的损耗?
4. 评价电火花加工效果的指标有哪些?
5. 影响工件加工速度的因素有哪些?
6. 影响工件加工精度及表面质量的因素有哪些?
7. 什么是电火花加工的极性效应?加工时怎样利用极性效应?
8. 电火花加工工作液有哪些作用?
9. 型腔电火花加工可采用哪些方法?各有什么特点?
10. 如何选择线切割加工的工艺路线?电极丝初始位置的确定有哪几种方法?
11. 编写图 3.90 所示零件的线切割加工程序。电极丝的直径为 0.12 mm,单边放电间隙为 0.01 mm。
12. 图 3.91 所示型腔采用电火花单电极平动成形加工,取电极单边缩放量为 0.3 mm,试确定电极水平方向的尺寸。

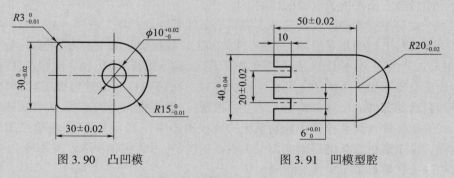

图 3.90　凸凹模　　　　　　　　　　图 3.91　凹模型腔

13. 简述超声波加工的原理、特点及应用。
14. 简述激光加工的原理、特点及应用。
15. 简述电化学加工的原理、特点及应用。
16. 简述电解加工的原理、特点及应用。
17. 简述电铸加工的原理、特点及应用。

第4章 模具数控加工技术

本章学习目标及要求

(1) 掌握数控加工的基本概念,了解数控加工的原理和特点。

(2) 了解数控加工机床的构成。

(3) 掌握数控加工程序的编制。

(4) 了解模具设计时结构工艺性的一般要求。

(5) 了解计算机辅助制造。

4.1 数控加工技术

4.1.1 数控加工基本概念

数字控制(numerical control, NC)是用数字化信号对机床的运动及其加工过程进行控制的一种方法,简称数控。由于现代数控都采用了计算机进行控制,因此,也可以称其为计算机数控(computerized numerical control, CNC)。

采用数控技术进行控制的机床,称为数控机床(NC 机床)。机床控制也是数控技术应用最早、最广泛的领域。在形状复杂和高精度的模具成形表面加工中,数控机床在提高加工精度和保证产品质量等方面发挥了重要的作用。

数控加工就是根据零件图及工艺要求等原始条件编制数控加工程序,输入数控系统,控制数控机床中刀具与工件的相对运动,完成零件的加工。数控加工的主要内容包括:分析零件图样、确定加工工艺过程、数学处理、编写零件加工程序、输入数控系统、程序检验及首件试切。

数控加工与普通加工方法的区别在于控制方式。在普通机床上进行加工时,机床动作的先后顺序和各运动部件的位移都是由人工直接控制;在数控机床上加工时,所有这些都由预先按规定形式编排并输入到数控机床控制系统的数控程序来控制。因此,实现数控加工的关键是数控编程。由于通过重新编程就能加工出不同的产品,因此它非常适合多品种、小批量生产方式。数控加工在模具加工中占有重要地位。

4.1.2 数控加工的工作原理及特点

1. 数控加工的工作原理

数控机床加工时,首先根据被加工零件的形状、尺寸、工艺方案等信息,用规定的代码和程序格式将刀具的移动轨迹、加工工艺过程、工艺参数、切削用量等编写成加工程序,然后将加工程序输入数控装置,数控装置对输入的各种信息进行译码、寄存和计算后,将计算结果向伺服系统的各个坐标分配进给脉冲,并发出动作信号,伺服系统将这些脉冲和动作信号进行转换与放大,驱动数控机床的工作台或刀架进行定位或按照某种轨迹移动,并控制其他必要的辅助操作,机床按照程序要求的形状和尺寸对零件进行加工。

2. 数控加工的特点

(1)加工精度和加工质量高。数控机床本体的精度和刚度较好,对于中、小型数控机床,其定位精度普遍可达 0.02 mm,重复定位精度可达 0.01 mm。并且数控系统具备误差自动补偿功能,在按照程序自动加工时,可消除生产者的人为操作误差,产品尺寸一致,大大提高了加工质量,尤其在复杂成形表面的加工中显示出优越性。

(2)生产效率高。生产效率取决于零件的实际加工时间和辅助时间。数控机床可自动实现加工零件的尺寸精度和位置精度,省去了划线工作和对零件的多次测量、检测时间,省去了工艺装备的准备和调整时间,当变换加工零件时,只需更换加工程序,这些都有效地提高了生产效率。

(3)自动化程度高。数控机床加工使用数字信号和标准代码输入,与计算机连接,可以实现计算机控制与管理。加工时按事先编好的程序自动完成,能准确计划零件加工工时,简化检验工作,减少工夹具管理,操作者不必进行繁重的手工操作,自动化程度高。

(4)生产周期短。用传统方法加工,由于加工精度低,在产品装配中需要较多的时间反复进行修正和调整。数控加工提高了零件的加工质量,大大缩短了生产周期。在数控加工中可以省去或减少样板和模型的制作时间,缩短了生产周期。

(5)柔性强。在数控机床上,只需重新编制(更换)程序,就能实现对不同零件的加工,它为多品种、小批量生产加工以及新产品试制提供了极大的便利。同时,通过多轴联动装置可实现曲线、曲面的加工,扩大了机床的加工范围。对于复杂零件的加工比普通机床更具优势,因此,能更好地适应加工对象的不同要求,“柔性”比普通机床强。

(6)利于生产管理现代化。用数控机床加工零件,能准确地计算零件的加工工时,并有效地简化检验和工夹具、半成品的管理工作。这些都有利于生产管理现代化,便于实现计算机辅助制造。

(7)良好的经济效益。数控机床虽然设备价格较高,分摊到每个零件的加工费用较普通机床高,但使用数控机床加工,可以通过上述优点体现出整体效益。特别是数控机床的加工精度稳定,减少了废品率,降低了生产成本;此外,数控机床还可“一机多用”,节省厂房面积和投资。因此,使用数控机床,通常都可获得良好的经济效益。

4.1.3 数控加工在模具制造中的应用

数控加工方式为模具提供了丰富的生产手段,每一类模具都有其最合适的加工方式。

对于旋转类模具,一般采用数控车加工,如车外圆、车孔、车平面、车锥面等。酒瓶、酒杯、保龄球、方向盘等模具,都可以采用数控车削加工。

对于复杂的外形轮廓或带曲面模具,电火花成形加工一般采用数控铣加工。如注塑模、压铸模等,都可以采用数控铣加工。

对于微细复杂形状、特殊材料模具、塑料镶拼型腔及嵌件、带异形槽的模具,都可以采用数控电火花线切割加工。

模具的型腔、型孔,可以采用数控电火花成形加工,包括各种塑料模、橡胶模、锻模、压铸模、压延拉伸模等。

对精度要求较高的解析几何曲面,可以采用数控磨削加工。

总之,各种数控加工方法,为模具加工提供了可供选择的手段。随着数控加工技术的发展,越来越多的数控加工方法应用到模具制造中,这些先进制造技术的采用,使模具制造的前景更加广阔。

4.1.4 数控机床简介

1. 数控机床的组成

数控机床一般由输入/输出装置、数控装置、伺服系统、检测反馈装置、辅助控制装置和机床本体等部分组成,如图 4.1 所示。图中的输入/输出装置、数控装置、伺服系统和检测反馈装置构成了机床数控系统。

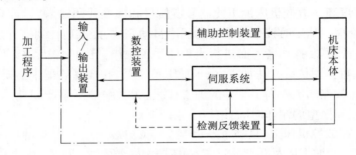

图 4.1　数控机床的组成

控制介质又称信息载体,它是存储和运载信息的工具。数控加工的各种信息(如零件加工的工艺过程、工艺参数和位移数据等)以数字和符号的形式,按一定的程序形式编制,并按规定格式和代码记录在输入介质上,加工时将介质送入数控装置。常用的控制介质有穿孔纸带、穿孔卡、磁带、软磁盘,也可以是计算机直接控制。早期使用的穿孔纸带或磁带等由于信息量小、易损坏、使用不方便等原因,现已逐步被淘汰。代码分别表示十进制的数字、字母或符号。目前国际上通常使用 EIA(Electronic Industries Association)代码和 ISO(International Organization for Standardization)代码。我国规定以 ISO 代码作为标准代码。

数控机床加工程序的编制简称数控编程。数控编程就是根据被加工零件图样要求的形状、尺寸、精度、材料及其他技术要求等,确定零件加工的工艺过程、工艺参数,然后根据编程手册规定的代码和程序格式编写零件加工程序单。对于较简单的零件,通常采用手工编程;对于形状复杂的零件,常采用自动编程。

数控装置是机床运算和控制的系统。它阅读输入介质传来的信息,经运算系统计算后发出程序控制、功能控制和坐标控制指令,并将这些指令传送给机床伺服系统。根据对机床的控制方式不同,数控装置分为三种:点位控制系统、点位直线控制系统和连续控制系统。

伺服系统由伺服驱动电动机和伺服驱动装置组成,是数控系统的执行部分。它将数控装置的指令信息放大后,通过传动元件将控制指令传给机床的操纵和执行机构,带动移动部件作精密定位或按规定轨迹和速度运动。伺服系统按被调量有无检测反馈装置可分为三种:开环伺服系统、闭环伺服系统和半闭环伺服系统。

辅助控制装置的主要作用是根据数控装置输出主轴的转速、转向和启停指令,刀具的选择和交换指令,冷却、润滑装置的启停指令,工件和机床部件的松开、夹紧,工作台转位等辅助指令所提供的信号,以及机床上检测开关的状态等信号,经过必要的编译和逻辑运算,经放大后驱动相应的执行元件,带动机床机械部件、液压、气动等辅助装置完成指令规定的动作。辅助控制装置通常由 PLC 和强电控制回路构成。

数控机床的本体包括主运动部件、进给运动部件(如工作台)、刀架及传动部件和床身立柱等支承元件,此外,还有冷却、润滑、夹紧等辅助装置。对加工中心等机床,还有存放刀具的刀库、交换刀具的机械手等部件。

2. 数控机床的分类

数控机床种类很多,分类方法不一。按照数控机床的加工方式,可以分成以下四类:

(1)金属切削类。数控车床、数控铣床、数控镗床、数控磨床、数控钻床、加工中心等。

(2)金属成形类。数控折弯机、数控冲床等。

(3)特种加工类。数控电火花成形加工机床、数控电火花线切割机床、数控激光切割机等。

(4)其他类。数控火焰切割机、三坐标测量机等。

3. 常用数控加工机床简介

1)数控铣床

数控铣床是最常见的一类数控机床。图 4.2 所示为 XK5040A 数控铣床。

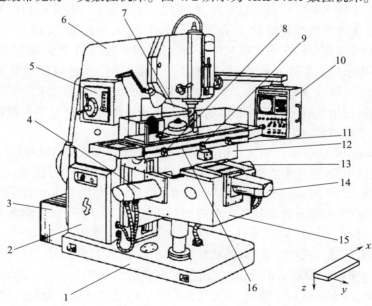

图 4.2　XK5040A 型数控铣床的外观图

1—底座;2—强电柜;3—变压器箱;4—伺服电动机;5—主轴变速手柄和按钮板;6—床身;7—数控柜;
8、11—保护开关;9—挡铁;10—操纵台;12—横向溜板;13—纵向进给伺服电动机;
14—横向进给伺服电动机;15—升降台;16—纵向工作台

数控铣床主体包括床身、主轴、纵向工作台、横向溜板、升降台等;伺服装置包括纵向进给伺服电动机、横向进给伺服电动机、垂直升降进给伺服电动机等;数控装置包括显示器、控制面板、强电控制系统、数控系统等。

数控铣床有许多种,实际生产中立式数控铣床和卧式数控铣床应用较广泛。小型数控铣床都采用工作台移动、升降而主轴不动的方式,与普通立式升降台铣床结构相似;中型数控铣床一般采用纵向和横向工作台移动方式,而主轴沿垂直溜板上下运动;大型数控铣床要考虑到扩大行程、机床刚性及缩小占地面积等技术问题,往往采用龙门架移动式,主轴可以在龙门架的横向与垂直溜板上运动,而工作台沿床身作纵向运动。

从机床数控系统控制的坐标数量来看,目前,一般可进行 x、y、z 三坐标联动加工,但也有部分机床只能进行 x、y 两个坐标的联动加工(常称为两轴半加工)。此外,还有机床主轴可以绕 y 轴旋转或工作台绕 z 轴旋转的四坐标、五坐标数控立式铣床。

卧式数控铣床的主轴轴线平行于水平面,通常采用增加数控转盘或万能数控转盘来实现四、五坐标加工。这样,不仅工件侧面上的连续回转轮廓可以加工出来,还可以实现在一次安装中,通过转盘改变工位,进行"四面加工"。尤其是万能数控转盘可以把工件上各种不同空间角度的加工面摆成水平来加工,可以省去许多专用夹具或专用角度成形铣刀。对箱体类零件或需要在一次安装中改变工位的工件来说,选择带数控转盘的卧式铣床进行加工是非常合适的。

此外,还有立、卧两用数控铣床。这类铣床目前正在逐渐增多,它的主轴方向可以更换,能达到在一台机床上既可以进行立式加工,又可以进行卧式加工。采用数控万能主轴头的立、卧两用数控铣床,其主轴头可以任意转换方向,加工出与水平面成各种不同角度的工件表面。当立、卧两用数控铣床增加数控转盘后,可以实现对工件的"五面加工",即除了工件与转盘贴合的定位面外,其他五面都可以在一次安装中进行加工,因此,其加工性能非常优越。

数控铣床可用来加工零件的平面、内外轮廓、孔、螺纹等。通过两轴联动加工零件的平面轮廓,通过二轴半、三轴或多轴联动加工零件的空间曲面。从机床运动的分布特点来看,数控铣床也可以用作数控钻床或数控镗床,完成铣、镗、钻、扩、铰、攻螺纹等工艺内容。

2)数控加工中心机床

加工中心(machining center,MC)是用于加工复杂工件的高效率自动化机床。加工中心是从数控铣床发展而来的,二者最大的区别在于加工中心具有自动交换刀具的功能,通过在刀库上安装不同用途的刀具,可在一次装夹中通过自动换刀装置改变主轴上的加工刀具,实现铣、扩、钻、镗、铰、攻螺纹、切槽及曲面加工等多种加工功能,加工中心机床又称多工序自动换刀数控机床。

加工中心机床包括立式加工中心、卧式加工中心、五面加工中心、龙门式加工中心等。

(1)立式加工中心。如图4.3所示,立式加工中心的结构简单,占地面积小,而且装夹工件方便,便于操作,易于观察加工情况,因此应用广泛。但受立柱高度及换刀装置的限制,不能加工太高的零件,另外,在加工内凹的形面时切屑不易排出,影响加工的顺利进行。

(2)卧式加工中心。如图4.4所示,其主轴处于水平状态,一般具有 3~5 个运动坐标,常见的是三个直线运动坐标加一个回转运动坐标,它能够使工件在一次装夹后完成除安装面和顶面以外的其余四个面的加工,最适合加工箱体类零件。

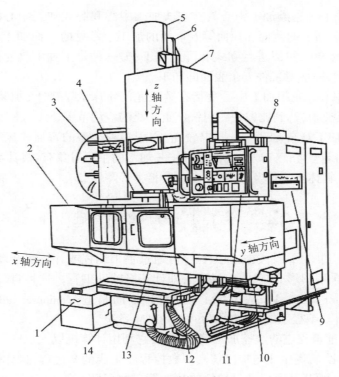

图 4.3　立式加工中心

1—切屑槽;2—防护罩;3—刀库;4—换刀装置;5—主轴电动机;6—z 轴伺服电动机;7—主轴箱;8—支架座;
9—数控柜;10—x 轴伺服电动机;11—操作面板;12—主轴;13—工作台;14—切削液槽

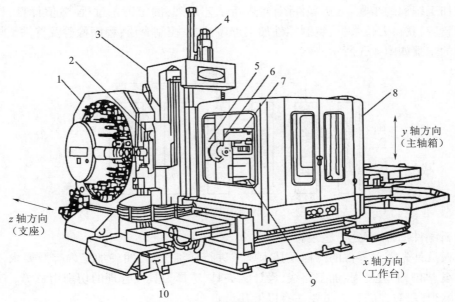

图 4.4　卧式加工中心

1—刀库;2—换刀装置;3—立柱;4—y 轴伺服电动机;5—主轴箱;6—主轴;
7—数控装置;8—防护罩;9—工作台;10—切屑槽

（3）五面加工中心。这类加工中心具有立式加工中心和卧式加工中心的功能,工件一次安装后能完成除安装面外的侧面和顶面等五个面的加工。常见的五面加工中心有两种形式,一种是主轴可以旋转90°,可以进行立式和卧式加工;另一种是主轴不改变方向,而是由工作台带着工件旋转90°,完成对工件五个表面的加工。

（4）龙门加工中心。龙门加工中心是指在数控龙门铣床的基础上,加装刀库和换刀机械手,以实现自动刀具交换,达到比数控龙门铣床更广泛的应用范围。

加工中心适合加工复杂、工序多、要求较高、需用多种类型的普通机床和众多的刀具、夹具,及经多次装夹和调整才能完成加工的零件。其加工的主要对象有:模具类零件、各种叶轮、球面和凸轮类零件、箱体类零件及异形件、盘、套、板类等零件。

4.2 数控加工程序编制基础

根据问题复杂程度的不同,数控加工程序可通过手工编程或计算机自动编程来获得。目前计算机自动编程采用图形交互式自动编程,即计算机辅助编程。这种自动编程系统是计算机辅助设计（computer aided design, CAD）与计算机辅助制造（computer aided manufacturing, CAM）高度结合的自动编程系统,通常称为 CAD/CAM 系统。

CAM 编程是当前最先进的数控加工编程方法,它利用计算机以人机交互图形方式完成零件几何形状计算机化、轨迹生成与加工仿真到数控程序生成的全过程,操作过程形象生动,效率高且出错概率小。而且还可以通过软件的数据接口共享已有的 CAD 设计结果,实现 CAD/CAM 集成一体化,实现无图纸设计制造。

1. 数控编程的内容及步骤

数控加工编程的步骤:分析零件图样;进行工艺处理;确定工艺过程;数值计算,计算刀具中心运动轨迹,获得刀位数据;编制零件加工程序;制作控制介质;程序检验及首件试切。数控加工编程的步骤如图 4.5 所示。

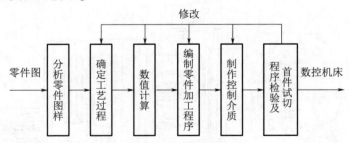

图 4.5　数控加工编程的步骤

1）分析零件图样,确定工艺过程

编程人员首先需对零件的图样及技术要求进行详细分析,明确加工内容及要求。然后确定加工方案、加工工艺过程、加工路线、设计工夹具、选择刀具及合理的切削用量等。工艺处理涉及的问题很多,数控编程人员要注意以下几点:

（1）确定加工方案。此时应考虑数控机床使用的合理性及经济性,并充分发挥数控机床的功能。

（2）工夹具的设计和选择。在数控加工中,应特别注意减少辅助时间,使用夹具要加快零件的定位和夹紧过程,夹具的结构大多比较简单。使用组合夹具有很大的优越性,生产准备周期短,标准件可以反复使用,经济效果好。另外,夹具本身应该便于在机床上安装,便于协调零件和机床坐标系的尺寸关系。

（3）选择合理的走刀路线。合理地选择走刀路线很重要。应根据下面的要求选择走刀路线:

①保证零件的加工精度及表面粗糙度。

②取最佳路线,即尽量缩短走刀路线,减少空行程,提高生产率,并保证生产安全可靠。

③有利于数值计算,减少程序段和编程工作量。

（4）选择正确的对刀点。数控编程时,正确地选择对刀点很重要。对刀点就是在数控加工时,刀具相对工件运动的起点,又称程序原点。

对刀点选择原则如下:

① 选择对刀的位置(即程序的起点)应使编程简单。

② 对刀点在机床上容易找正,方便加工。

③ 加工过程便于检查。

④ 引起的加工误差小。

为了提高零件的加工精度,对刀点应尽量选在零件的设计基准或工艺基准上,对于以孔定位的零件,可以取孔的中心作为对刀点。对刀点不仅仅是程序的起点,往往也是程序的终点,因此在生产中,要考虑对刀的重复精度。对刀时,应使对刀点与刀位点重合。所谓刀位点,是指刀具的定位基准点。不同的刀具,刀位点不同。对于车刀、镗刀类刀具,刀位点为刀尖;对于钻头,刀位点为钻尖;对于平头立铣刀、面铣刀类刀具,刀位点为它们的底面中心;对于球头铣刀,刀位点为球心。为了提高对刀精度可采用千分表或对刀仪进行找正对刀。

（5）合理选择刀具。根据工件的材料性能、机床的加工能力、数控加工工序的类型、切削参数以及其他与加工有关的因素选择刀具。对刀具的总要求是:安装调整方便、刚性好、精度高、耐用度好等。

（6）确定合理的切削用量。

2）数值计算

根据零件的几何形状,确定走刀路线,计算出刀具运动的轨迹,得到刀位数据。数控系统一般都具有直线与圆弧插补功能。对于由直线、圆弧组成的较简单的平面零件,只需计算出零件轮廓相邻几何元素的交点或切点的坐标值,得出各几何元素的起点、终点、圆弧圆心的坐标值。如果数控系统无刀补功能,还应计算刀具运动的中心轨迹。对于复杂的零件,其计算也较为复杂,例如,对非圆曲线(如渐开线、阿基米德螺旋线等),需要用直线段或圆弧段逼近,计算出曲线各节点的坐标值;对于自由曲线、自由曲面、组合曲面的计算更为复杂。

数控编程中误差处理是数值计算的重要组成部分,数控编程误差由三部分组成:

（1）逼近误差。用近似的方法逼近零件轮廓时产生的误差,又称首次逼近误差,它出现在用直线段或圆弧段直接逼近轮廓的情况及由样条函数拟合曲线时,亦称拟合误差。

（2）插补误差。用样条函数拟合零件轮廓后,进行加工时,必须用直线或圆弧段作二次逼近,此时产生的误差亦称插补误差,其误差值根据零件的加工精度要求确定。

（3）圆整误差。编程中数据处理、脉冲当量转换、小数圆整时产生的误差。对误差的处理应采用合理的方法，否则会产生较大的累积误差，从而导致编程误差增大。

3）编制零件加工程序

在完成上述工艺处理及数值计算后即可编写零件加工程序，按照机床数控系统使用的指令代码及程序格式要求，编写或生成零件加工程序，并进行初步人工检查、编辑与修改。

4）制作控制介质

过去，大多数数控机床程序的输入是通过穿孔纸带或磁带等控制介质实现的。现在往往通过控制面板直接输入，或采用网络通信的方法将程序输送到数控系统中。

5）程序检验及首件试切

准备好的程序必须经检验和试切削后才能正式投入使用。过去，程序检验的方法是以笔代替刀具，坐标纸代替工件进行空运转画图，检查机床运动轨迹与动作的正确性。现在，在具有图形显示屏幕的数控机床上，用显示走刀轨迹或模拟加工过程的方法进行检验更为方便。对于复杂的零件，则需使用石蜡、木材进行试切。当发现错误后，及时修改程序单或采取尺寸补偿等措施。随着计算机科学的不断发展，先进的数控加工仿真系统如雨后春笋般面世，为数控程序检验提供了多种准确而有效的途径。

2. 数控加工编程的标准与代码

在数控编程时，为了描述机床的运动，简化程序编制的方法及保证记录数据的互换性，数控机床的坐标系和运动方向均已标准化，ISO 和我国都拟定了命名的标准。我国已颁布了国家标准《工业自动化系统与集成　机床数值控制坐标系和运动命名》（GB/T 19660—2005）。但是，各生产厂家使用的代码、指令等不完全相同，编程时必须遵照机床编程手册中的具体规定。下面对数控加工中使用的有关标准及代码加以介绍。

1）数控机床的坐标系

在数控机床上加工工件，工序比较集中，在一次装夹中要加工工件上的平面、曲面、孔、螺纹等各种表面，刀具和工件具有复杂的相对移动。因此要在机床上建立坐标系，以便数控装置向各坐标轴发出控制信号，完成规定运动。最常用的是笛卡儿直角坐标系，如图 4.6 所示。

机床坐标系是机床上固有的坐标系，用于确定被加工零件在机床中的坐标、机床运动部件的位置（如换刀点、参考点）以及运动范围（如行程范围、保护区）等。往往采用那些能够作为基准的点、线、面作为机床的换刀点、坐标轴的轴心线和坐标平面，如图 4.7 所示。

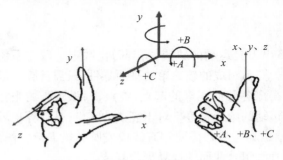

图 4.6　坐标命名及旋转方向

工件坐标系在编程时使用，是由编程人员在工件上建立的坐标系。

国家标准《工业自动化系统与集成 机床数值控制坐标系和运动命名》（GB/T 19660—2005）对数控机床的坐标、运动方向明确规定：机床的直线运动采用笛卡儿直角坐标系，这个坐标系的各个坐标轴与机床主要导轨相平行，其坐标命名为 x、y、z，用右手法则判定；围绕 x、y、z 坐标轴线中心的旋转运动，分别称为 A、B、C，按右手螺旋定律确定。

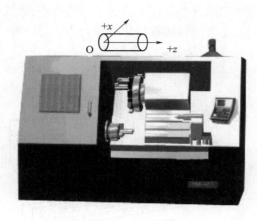

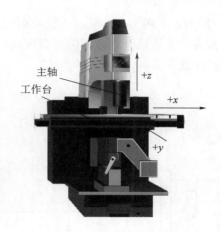

（a）两坐标数控车床坐标系　　　　　　　（b）三坐标数控铣床坐标系

图 4.7　两坐标机床和三坐标机床坐标系

坐标轴的规定原则：

先确定 z 轴，再确定 x 轴和 y 轴，最后确定其他轴。

机床运动的正方向：增大工件和刀具之间距离的方向。

（1）z 轴。

定义：与主轴轴线平行的坐标轴即为 z 轴。如果机床没有主轴，z 轴垂直于工件装夹面。

方向：规定刀具远离工件的方向作为 z 轴的正方向。

（2）x 轴。

定义：x 轴是水平的，方向是在工件的径向上，且垂直于 z 轴。

方向：刀具离开工件旋转中心的方向为 x 轴正方向。

（3）y 轴。

定义：y 轴垂直于 x、z 坐标轴。

方向：根据 x 和 z 坐标的正方向，按照右手直角笛卡儿坐标系判定。

（4）附加坐标轴。

如果机床除有 x、y、z 主要坐标轴以外，还有平行于它们的坐标轴，可分别指定为 u、v、w，如果还有第三组运动，则分别指定为 p、q、r。

（5）主轴回转运动方向。主轴顺时针回转运动的方向是按右螺旋进入工件的方向。

2）机床原点、参考点、工件原点和对刀点

机床原点就是机床坐标系的原点。它是机床上的一个固定的点，由制造厂家确定，原则上是不可改变的。

机床参考点（R）是由机床生产厂人为定义的点，它与机床原点（M）之间的坐标位置关系是固定的，并存放在数控系统的相应机床数据存储器中，一般是不允许改变的。机床参考点可用于对机床工作台、滑板与刀具相对运动的测量系统进行标定和控制，即机床参考点的设置目的是校准机床运动部件的位置。设计厂家通过记录一个初始的机床原点和机床参考点之间的距离，在加工零件之前通过让运动部件移动到参考点，用一定的测量方法比较移动距离与原始记录距离之间的差别来校正机床的误差。机床参考点通常设置在各进给坐标轴靠近正向极限的位置,如图 4.8 和图 4.9 所示。数控车床的机床原点多定在主轴前端面的中心,数控铣床的机床原点多定在进给行程范围的正极限点处,但也有的设置在机床工作台中心,使用前可查阅机床用户手册。

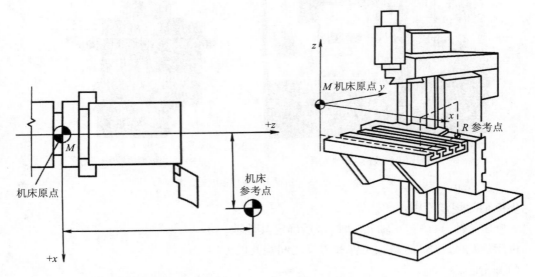

图 4.8　数控车床的机床原点　　　　　图 4.9　数控铣床的机床原点

工件原点(P)又称工件零点或编程零点,工件原点(P)是为编制加工程序而定义的点,它可由编程员根据需要定义,一般选择工件图样上的设计基准作为工件原点(P),如回转体零件的端面中心、非回转体零件的角边、对称图形的中心作为几何尺寸绝对值的基准。

对刀点又称起刀点,是数控加工时刀具相对零件运动的起点,也就是程序运行的起点。对刀点选定后,便确定了机床坐标系和零件坐标系之间的相互位置关系。

对刀点找正的准确度直接影响零件加工精度。对刀时,应使对刀点与刀位点一致。其选择的原则是:对刀方便,便于观察和检测。所以对刀点既可选在零件上,也可选在零件外(如夹具上)。为减少对刀误差,提高零件的加工精度,对刀点应尽量选在零件的设计基准或工艺基准上。例如,以孔定位的零件,可以将孔的中心点作为对刀点。

数控机床加工时,若在加工过程中需要换刀操作,就需要在编程时考虑换刀的位置,即换刀点。为避免换刀时刀具与工件或夹具发生干涉、碰撞,换刀点应选在工件外部安全的位置。

3)常用加工指令代码

数控加工大多数系统使用国际通用的 ISO 格式,其指令代码主要有准备功能 G 代码、辅助功能 M 代码、进给功能 F 代码、主轴转速功能 S 代码和刀具功能 T 代码等。在数控编程中,用各种 G 指令和 M 指令来描述工艺过程的各种操作和运动特征。不同控制系统的指令含义略有区别,但是基本的"直线""圆弧""转速""进给"等常见指令是通用的。

(1)准备功能 G 指令。准备功能 G 指令由地址 G 和后面的两位数字组成,从 G00~G99 共 100 种,见表 4.1。G 指令主要用于规定刀具和工件的相对运动轨迹、机床坐标系、坐标平面、刀具补偿等多种功能。它为数控系统的插补运算作准备,故 G 指令一般位于程序段中坐标字的前面。

表 4.1　准备功能 G 代码

代　号	组　号	功　能	代　号	组　号	功　能
G00	01	快速点定位	G66	16	模态调用宏程序
G01		直线插补	G67		取消模态调用宏程序
G02		顺时针方向圆弧插补	G68		坐标系旋转
G03		逆时针方向圆弧插补	G69		坐标系旋转取消
G04	00	暂停	G70	09	精车固定循环
G10		通过程序输入数据	G71		粗车外圆固定循环
G11		取消用程序输入数据	G72		粗车端面固定循环
G15	18	极坐标指令取消	G73		固定形状粗车固定循环或深孔钻循环
G16		极坐标指令			
G17	02	xy 平面选择	G74		端面沟槽复合循环或反攻螺纹循环
G18		zx 平面选择			
G19		yz 平面选择	G75		外径沟槽复合循环
G20	06	英制输入	G76		复合螺纹切削循环或精镗循环
G21		米制输入			
G27	00	返回参考点校验	G80		固定循环取消
G28		自动返回参考点	G81		钻孔循环
G29		从参考点返回	G82		阶梯孔加工循环
G30		第二参考点返回	G83		深孔加工循环
G31		跳步功能	G84		攻螺纹循环
G32	01	螺纹切削加工	G85		镗削循环 1
G40	07	取消刀具半径补偿	G86		镗削循环 2
G41		刀具半径左补偿	G87		反镗循环
G42		刀具半径右补偿	G88		镗孔循环 1
G43	08	刀具长度正补偿	G89		镗孔循环 2
G44		刀具长度负补偿	G90	03	绝对值编程
G49		取消刀具长度补偿	G91		增量值编程
G50	00	设定坐标系或限制主轴最高转速	G92	00	坐标系设定
G54	14	选择工件坐标系 1	G94	05	每分钟进给
G55		选择工件坐标系 2	G95		每转进给
G56		选择工件坐标系 3	G96	13	线速度恒定控制生效
G57		选择工件坐标系 4	G97		线速度恒定撤销
G58		选择工件坐标系 5	G98	10	固定循环中返回初始平面
G59		选择工件坐标系 6	G99		固定循环中返回到 R 点
G65	12	调用宏程序			

（2）辅助功能 M 指令。辅助功能 M 指令用 M00～M99 表示，见表 4.2。主要用于机床加工时的工艺性指令。可控制机床的开、关功能（辅助动作）。其特点是靠继电器的通、断或 PLC 输入输出点的通、断实现控制过程。

表 4.2　辅助功能 M 代码

代　码	功能开始时间		功能保持到被注销或被适当程序指令代替	功能仅在所出现的程序段内有作用	功　　能
	与程序段指令运动同时开始	在程序段指令运动完成后开始			
M00		*		*	程序停止
M01		*		*	计划停止
M02		*		*	程序结束
M03	*		*		主轴顺时针方向
M04	*		*		主轴逆时针方向
M05		*	*		主轴停止
M06	#	#		*	换刀
M07	*		*		2 号切削液开
M08	*		*		1 号切削液开
M09		*	*		切削液关
M10	#	#	*		夹紧
M11	#	#	*		松开
M12	#	#	#	#	不指定
M13	*		*		主轴顺时针方向，切削液开
M14	*		*		主轴逆时针方向，切削液开
M15	*			*	正运动
M16	*			*	负运动
M17～M18	#	#	#	#	不指定
M19		*	*		主轴定向停止
M20～M29	#	#	#	#	永不指定
M30		*		*	程序结束，系统复位
M31	#	#			互锁旁路
M32～M35	#	#	#	#	不指定
M36	*		#		进给范围 1
M37	*		#		进给范围 2
M38	*		#		主轴速度范围 1
M39	*		#		主轴速度范围 2
M40～M45	#	#	#	#	如有需要作为齿轮换挡，此外不指定
M46～M47	#	#	#	#	不指定

续上表

代　码	功能开始时间		功能保持到被注销或被适当程序指令代替	功能仅在所出现的程序段内有作用	功　能
	与程序段指令运动同时开始	在程序段指令运动完成后开始			
M48		*	*		注销 M49
M49	*		#		进给率修正旁路
M50	*		#		3 号切削液开
M51	*		#		4 号切削液开
M52~M54	#	#	#	#	不指定
M55	*		#		刀具直线位移,位置 1
M56	*		#		刀具直线位移,位置 2
M57~M59	#	#	#	#	不指定
M60		*		*	更换工件
M61	*		#		工件直线位移,位置 1
M62	*		*		工件直线位移,位置 2
M63~M70	#	#	#	#	不指定
M71	*		*		工件角度位移,位置 1
M72	*		*		工件角度位移,位置 2
M98	#	#	#	#	子程序调用
M99	#	#	#	#	子程序结束标记

注:(1)#号表示如选作特殊用途,必须在程序格式说明中说明。

(2)M90~M99 可指定为特殊用途。

(3)∗号表示 M 指令的应用场合。

(3)其他功能指令。

①进给功能指令 F。F 指令用以指定切削进给速度,其单位为 mm/min 或 mm/r。F 地址后跟数值的确定有直接指定法和代码指定法。现在一般都使用直接指定方式,即 F 后的数字直接指定进给速度,如"F120"即为进给量 120 mm/min,进给速度的数值按有关数控切削用量手册的数据或经验数据直接选用。

②主轴转速功能指令 S。S 指令用以指定主轴转速,其单位为 r/min。S 地址后跟数值的确定有直接指定法和代码指定法。现今数控机床的主轴都用高性能的伺服电动机驱动,可以用直接法指定任意一种转速,如"S2000"即为主轴转速 2 000 r/min。代码法用于异步电动机与齿轮传动的有级变速,现已很少运用。

③刀具功能指令 T。T 指令用以指定刀号及其补偿号。T 地址后跟的数字有两位(如T11)和四位(如 T0101)之分。对于四位,前两位为刀号,后两位为刀补寄存器号。如 T0202,前面的 02 表示 2 号刀,后面的 02 表示从 02 号刀补寄存器取出事先存入的补偿数据进行刀具补偿。若后两位为 00,则表示无补偿或注销补偿。编程时常将刀号与补偿号取相同的数字,以方便程序查阅。

上述 T 指令中含有刀补号的方法多用于数控车床的编程。

④坐标功能指令。坐标功能指令(又称尺寸功能指令)用来设定机床各坐标方向上的位移量。它一般使用 X、Y、Z、U、V、W、P、Q、R、A、B、C 等地址符为首,在地址后紧跟着"+"或"−"及一串数字。该数字以系统脉冲当量为单位(如 0.01 mm/脉冲或以 mm 为单位),数字前的正负号代表移动方向。

⑤程序段号功能指令 N。N 指令用以指定程序段名,由 N 地址及其后面的数字组成。

其数字大小的顺序不表示加工或控制顺序,只是程序段的识别标记,用作程序段检索、人工查找或宏程序中的无条件转移。因此,在编程时,数字大小的排列可以不连续,也可颠倒,甚至可以部分或全部省略。但习惯上还是按顺序并以 5 的倍数编程,以便插入新的程序段。如"N10"表示第一条程序段,"N20"表示第二条程序段等。

4.3 数控手工编程与自动编程

手工编程是指从零件图样分析、工艺处理、数值计算、编写程序单直到程序校验等各步骤的数控编程工作均由人工完成的全过程,如图 4.10 所示。手工编程适合编写点位加工或几何形状不复杂的轮廓加工以及几何计算简单、程序段不多,程序编制容易实现的场合。这种方法比较简单,容易掌握,适应性较强。手工编程方法是编制加工程序的基础,也是机床现场加工调试的主要方法,对机床操作人员来讲是必须掌握的基本功,其重要性是不言而喻的。

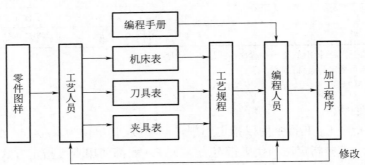

图 4.10 手工编程的一般过程

对于点位加工或几何形状不太复杂的零件来说,编程计算较简单,程序量不大,手工编程即可实现。如简单阶梯轴冲压凸模的车削加工,一般不需要复杂的坐标计算,往往可以由技术人员根据工序图纸数据,直接编写数控加工程序。但是对轮廓形状不是由简单的直线、圆弧组成的复杂零件,特别是空间复杂曲面零件,数值计算相当烦琐,工作量大,容易出错,且很难校对,手工编程将难以胜任,甚至无法实现。据统计,用手工编程时,一个零件的编程时间与机床加工时间之比平均约为 30∶1。而且数控机床往往由于零件加工程序编不出来而没有发挥其功能,于是在数控加工的实践中,逐渐地发展出各种适应数控机床加工过程的计算机自动编程系统。

自动编程是用计算机及其外围设备并配以专用的系统处理软件进行编程。根据编程系统输入方法及系统处理方式的不同,主要有语言程序编程系统和图形交互自动编程系统。

1. 语言程序编程系统

这种方法是用专用的语言和符号来描述零件图样上的几何形状及刀具相对零件运动的轨迹、顺序和工艺参数等。这样编出的程序称为零件源程序。源程序输入计算机,经过计算处理后,自动输出零件加工程序单,传送给数控机床。语言编程过程如图 4.11 所示。

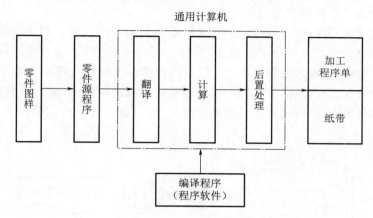

图 4.11　语言编程过程

国际上流行的数控自动编程语言有很多种,最具有代表性的是 APT 系统。APT 系统语言词汇丰富,定义的几何元素类型多,并配有多种后置处理程序,通用性好。

自第一台数控机床问世不久,美国麻省理工学院即开始语言自动编程系统的研究。APT语言系统最早的实用版本是 APT Ⅱ,以后经过几次大的修改和补充,由 APT Ⅲ 发展到 APT Ⅳ、APT-AC(advanced contouring)和 APT/SS(sculptured surface)。其中 APT Ⅱ 适用于平面曲线的自动编程;APT Ⅲ 的出现,使数控编程从面向机床指令的编程上升到面向几何元素的高级编程,它可以用于 3~5 坐标的立体曲面的自动编程;APT Ⅳ 可处理自由曲面自动编程,使机械加工中遇到的各种几何图形,几乎都可以由数控编程系统给出刀具运动轨迹;APT-AC 具有切削数据库管理的能力;APT/SS 可处理复杂雕塑曲面自动编程。

1) APT 语言

APT 语言通常由几何定义语句、刀具运动语句和辅助语句组成。

(1)几何定义语句。几何定义语句用于描述零件的几何图形,一般的表达式为:标识符 = 几何类型/定义。

(2)刀具运动语句。刀具运动语句是描述刀具运动状态的语句,如铣削加工中,刀具运动分为点位运动和轮廓连续运动,现以轮廓连续运动为例加以说明。在 APT 语言中通过定义三个控制面来控制刀具相对于加工零件的运动。它们是零件面PS,导动面 DS 和检测面 CS,如图 4.12 所示。

零件面 PS(part surface)是控制刀具工作高度的表面,导动面 DS(drive surface)是控制引导刀具运动的平面,检测面 CS(check surface)是控制刀具

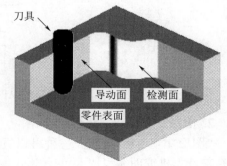

图 4.12　零件三个控制面

运动停止的表面。

（3）辅助语句。辅助语句包括工艺参数语句和数据输入语句等。例如,零件名称及程序编号语句、机床后置处理语句、刀具直径指定语句、进给速度语句、主轴语句、快速运动语句、计划停车语句、冷却液开关语句、暂停语句和程序结束语句等。

2）APT 语言自动编程原理与过程

APT 语言自动编程原理与过程如图 4.13 所示。利用专用的语言和符号来描述零件图纸上的几何形状及刀具相对零件运动的轨迹、顺序和其他工艺参数,这个程序称为零件的源程序。零件源程序编好后,输入计算机。为了使计算机能够识别和处理零件源程序,事先必须将编写好的编译程序存放在计算机内,这个程序通常称为"数控程序系统"或"数控软件"。通过数控软件处理后产生刀位文件,利用后置处理模块,针对具体 NC 机床产生相应的零件 NC 加工程序(即 G 代码)。

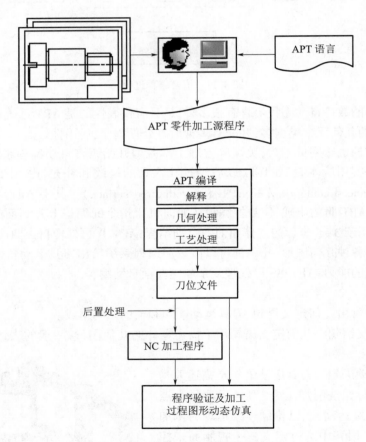

图 4.13 APT 语言自动编程原理与过程

2. 图形交互自动编程系统

"图形交互自动编程"是一种可以直接将零件的几何图形信息自动转化为数控加工程序的全新计算机辅助编程技术,它是通过专用的计算机软件实现的,有效地解决了几何造型、零件几何形状的显示、交互式设计、修改及刀具轨迹生成、走刀过程的仿真显示、验证等问题,从而推动了 CAD 和 CAM 向一体化方向发展。

图形交互自动编程通常以 CAD（计算机辅助设计）软件为基础,利用 CAD 软件的造型、图形编辑等功能将零件的几何图形绘制到计算机上,形成零件的几何模型。然后调用 CAM（计算机辅助制造）模块,在计算机屏幕上指定被加工的部位,再输入相应的加工参数,计算机便可自动进行必要的数学处理并编制出数控加工程序,同时在计算机屏幕上动态地显示出刀具的加工轨迹,这些操作都是在屏幕菜单及命令驱动等图形交互方式下完成的。很显然,这种编程方法具有速度快、精度高、直观性好、使用简便、便于检查等优点。因此,"图形交互自动编程"已经成为目前国内外先进的 CAD/CAM 软件所普遍采用的数控编程方法。

图形交互自动编程软件种类较多,其软件功能、面向用户的接口方式有所不同,所以,编程的具体过程及编程过程中所使用的指令也不尽相同。但从总体上讲,其编程的基本原理及基本步骤大体上是一致的。归纳起来可分为五大步骤:几何造型、加工工艺决策、刀位轨迹的计算及生成、后置处理、程序输出。

1）几何造型

几何造型就是利用 CAD 模块的图形构造、编辑修改、曲线曲面和实体特征造型功能,通过人机交互的方式建立被加工零件的三维几何模型,也可通过三坐标测量法扫描仪测量被加工零件复杂的形体表面,经计算机整理后送 CAD 系统进行三维曲面造型。与此同时,在计算机内以相应的图形数据文件进行存储。

2）加工工艺决策

选择合理的加工方案以及工艺参数是准确高效加工工件的前提条件,也是数控编程的基础。加工工艺决策内容包括定义毛坯尺寸、边界、刀具尺寸、刀具基准点、进给率、快进路径以及切削加工方式。

CAM 系统中有不同的切削加工方式供编程中选择,可分为粗加工、半精加工、精加工,各个阶段选择相应的切削加工方式。

3）刀位轨迹的计算及生成

图形交互自动编程刀位轨迹的生成是面向屏幕上的零件模型交互进行的。首先用户可根据屏幕提示用光标选择相应的图形目标,确定待加工的零件表面及限制边界,用光标或命令输入切削加工的对刀点,交互选择切入方式和走刀方式;然后图形交互编程软件将自动从图形文件中提取编程所需的信息,进行分析判断,计算出节点数据,并将其转换成刀位数据,存入指定的刀位文件中或直接进行后置处理生成数控加工程序,同时在屏幕上模拟显示出刀位轨迹图形。对已生成的刀具轨迹可进行编辑修改、优化处理,还可对生成的刀位文件进行加工过程仿真,检验走刀路线是否正确,是否有碰撞干涉或过切现象。若生成的刀具轨迹严重干涉或用户不满意,可修改工艺方案,重新进行刀具轨迹计算。近年来,在多数数控编程系统及 CAD/CAM 系统中有如下几种刀位算法。

（1）自由曲线的刀位算法。数控系统一般都不具备样条曲线的插补功能,自由曲线使用三次参数样条、NURBS 等方法拟合后,还必须用直线段或圆弧进行二次逼近,才能编制数控加工程序,进行数控加工。用直线段逼近,需编制的程序段较多。使用单圆弧逼近,计算较简单,曲线总体上为一阶光滑。但当型值点为曲线的拐点时,此法不易处理,双圆弧拟合可解决曲线存在拐点的问题,同时似合精度和光滑性都比单圆弧拟合高,因此应用广泛。

（2）平面型腔零件加工时刀位算法。平面型腔是由封闭的边界（外轮廓）与底面构成的凹坑。一般情况下坑的坑壁（外轮廓）与底面垂直，但也有和坑底面成一定锥度的。有时在凹坑（型腔）中存在凸起即称为岛（内轮廓）。平面型腔零件加工方法主要有两种：行切法及环切法。

①行切法。行切法加工时，刀具沿一组平行线走刀，可分为往返走刀和单向走刀。往返走刀是当刀具切进毛坯后，尽量少抬刀，在一个单向行程结束时，继续以切进方式转向返回行程并走完返回行程，如此往返。这种方式在加工过程中将交替出现顺铣、逆铣，因两者切削效果不同，影响加工表面质量和切削刀的大小。有些材料不宜往返走刀，可采用单向走刀方式。单向走刀时刀具沿一个方向进行至终点后，抬刀到安全高度再快速返回到起刀点后沿下一条平行线走刀，如此循环进行，该方式的优点是刀具可保持相同的切削状态进行加工。行切法的刀位点计算较简单。主要是一组平行线与型腔的内、外轮廓求交，判断出有效的交线，经编辑后按一定的顺序输出。在遇到型腔中"岛屿"时，稍作分析加以处理，可采取不同的措施：抬刀到安全高度越过"岛屿"；沿"岛屿"边界绕过去；遇到内轮廓反向回头继续切削；若内轮廓不是凸台而是"坑"可以直接跨越。

②环切法。环切法加工不仅可使加工状态保持一致，同时能保证外轮廓的加工精度，环切法刀位计算复杂，是国内外学者研究的重点。下面介绍一种环切计算方法，其步骤如下：

a. 外轮廓按加工要求的刀偏值向内偏置，检查形成的环是否合理，并进行处理。

b. 内轮廓按加工要求的刀偏值向外偏置，检查形成的环是否合理，并进行处理。

c. 内、外环接触后，消除干涉，重新形成新的内、外环。

d. 重复上述步骤，新的环不断生成，直至整个零件的加工完成。环切法刀具轨迹的生成过程如图 4.14 所示。

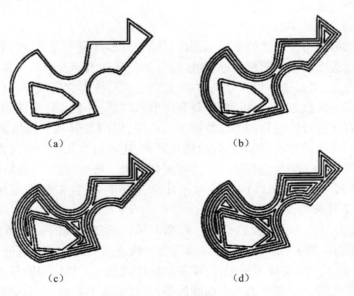

图 4.14　环切法刀具轨迹的生成过程

（3）基于等距面精确裁剪的加工方法。该方法的思想是首先求出等距面，然后通过等距面求交并进行精确裁剪，得到精确的曲面边界，确定精确的加工区域，进行刀具轨迹规划，得出走刀轨迹。

①刀具轨迹规划。曲面经裁剪并确定了加工区域后，根据不同的零件结构及加工工艺要求，需对走刀轨迹进行规划，得到刀位点数据，例如，曲面型腔的加工，可先对加工曲面进行等距面裁剪，得到曲面加工域，然后在其参数域上按平面型腔的方式规划走刀轨迹，其轨迹可选取环切或行切，然后再返回到实空间生成刀具轨迹。

②组合曲面加工。组合曲面加工时，也是先进行等距面裁剪，然后用一组平面与等距面求交，交线即为走刀轨迹，根据需要，平面可按平行方式布置，也可一点固定，按辐射状展开布置。同时还可将平面转换成曲面或其他形式的简单曲面。组合曲面的三种走刀轨迹图，如图 4.15所示。

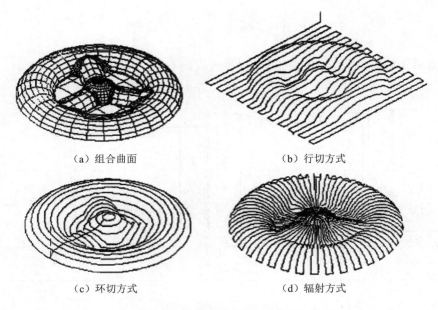

(a) 组合曲面   (b) 行切方式

(c) 环切方式   (d) 辐射方式

图 4.15 组合曲面加工示意图

综上所述，基于等距面精确裁剪的加工方法具有如下特点：

①采用等距而后裁剪方式，避免了不同曲面的刀具轨迹干涉。

②通过等距面的精确裁剪，得到了精确的曲面加工边界且选取了精确的加工区域，提高了加工精度。

③整个计算过程都在平面偏置面上进行，避免了以往算法中，同步平面轨迹映射到三维空间时的曲面与曲面多次求交的问题，减少了数据转换环节，提高了计算精度。

④适用范围广，不仅适用于复杂型腔的加工，而且适用于组合曲面及单张曲面区域加工。

4）后置处理

由于各种机床使用的控制系统不同，所用数控指令文件的代码及格式也有所不同。为解决这个问题，图形交互编程软件通常会设置一个后置处理文件。在进行后置处理前，编程人员需对该文件进行编辑,按文件规定的格式定义数控指令文件所使用的代码、程序格式、圆整化方式等内容,在执行后置处理命令时,软件将自行按设计文件定义的内容,生成所需要的数控指令文件。另外,由于某些软件采用固定的模块化结构,其功能模块和控制系统是一一对应的,后置处理过程已固化在模块中,所以在生成刀位轨迹的同时便可自动进行后置处理生成数控指令文件,而无须再进行单独的后置处理。

5)程序输出

该方法在编程过程中,可在计算机内自动生成刀位轨迹图形文件和数控程序文件,因此程序的输出可以通过计算机的各种外围设备进行。例如,可采用打印机打印数控加工程序单,也可在绘图机上绘制出刀位轨迹图,使机床操作者更加直观地了解加工的走刀过程。对于有标准通信接口的机床控制系统,可以和计算机直接联机,由计算机将加工程序直接送给机床控制系统。

4.4 数控手工程序编制

图 4.16 所示的零件,其数控车削手工编程过程如下:

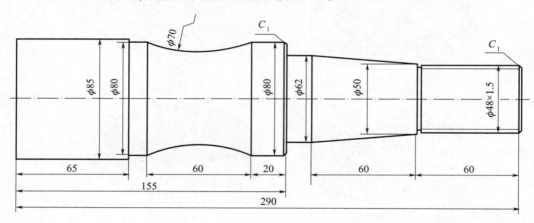

图 4.16 阶梯轴加工图

设该工件的粗加工工序已完成,本例仅阐述该零件在数控车床上进行精加工时的程序编制方法。图中 $\phi 85$ 不再加工,故选 $\phi 85$ 为夹持基准。

1. 确定工件的装夹方式及加工工艺路线

以工件左端面及 $\phi 85$ 外圆为安装基准进行装夹,该工件精加工工艺路线为:

(1)倒角→切螺纹的实际外圆→切锥度→车 $\phi 62$ 外圆→倒角→车 $\phi 80$ 外圆→切圆弧→车 $\phi 80$ 外圆。

(2)切 $3 \times \phi 45$ 退刀槽。

(3)车 $M48 \times 1.5$ 的螺纹。

2. 刀具选择与刀具布置图的绘制

根据加工要求,选外圆、切槽和螺纹车刀各一把。Ⅰ号刀为外圆车刀,Ⅱ号刀为切槽车刀,Ⅲ号刀为螺纹车刀。其中Ⅲ号刀刀尖偏距 z 向 15 mm,需进行刀具补偿。

　　绘刀具布置图时,设夹盘端面与回转轴线的交点(O 点)为工件坐标系零点,选 A(200, 350)点为换刀点,注意换刀点应以刀具不碰工件为原则。参见图 4.17 工件装夹及刀具布置示意图。

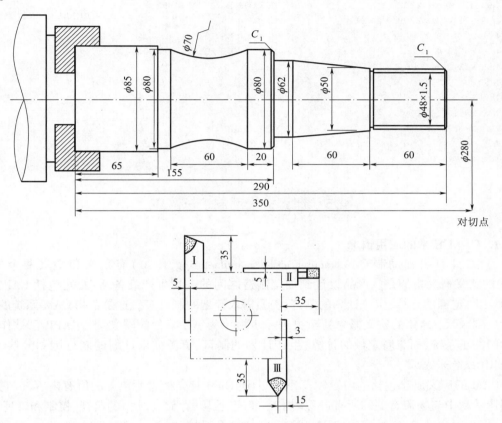

图 4.17　工件装夹及刀具布置示意图

3. 切削用量选择

　　表 4.3 给出了各工序的切削用量。

表 4.3　切削用量表

工　序	主轴转速 S/(r/min)	进给速度 F/(mm/r)
车外圆	630	0.15
切槽	315	0.16
车螺纹	200	1.5

4. 编制精加工程序

　　该机床采用小数点编程,并使用了绝对值和增量值混合编程方式。绝对值编程用地址 x、y;增量值编程用地址 u、w。

　　Ⅰ、Ⅱ、Ⅲ号刀的 T 代码分别为 T01、T02、T03,带刀补时 T 代码分别为 T0101、T0202、T0303。设程序编号为 O0001。

```
O0001                               N14 X90.0 W0;
N01 G50 X200.0 Z350.0;              N15 G00 X200.0 Z350.0 M05 T0100 M09;
N02 S630 M03 T0101 M8;              N16 X51.0 Z230.0 S315 M03 T0202 M08;
N03 G00 X41.8 Z292.0;              N17 G01 X45.0 W0 F0.16;
N04 G01 X47.8 Z289.0 F0.15;        N18 G04 X5.0;
N05 U0 W-59.0;                      N19 G00 X51.0;
N06 X50.0 W0;                       N20 X200.0 Z350.0 M05 T0200 M09;
N07 X62.0W-60.0;                    N21
N08 U0 Z155.0;                      G00 X52.0 Z296.0 S200 M03 T0303 M08;
N09 X78.0 W0;                       N22 G92 X47.2 Z231.5 F1.5;
N10 X80.0 W-1.0;                    N23 X46.6;
N11 U0 W-19.0;                      N24 X46.2
N12 G01 U0 W-60.0 I63.25 K-30.0;   N25 X45.8;
N13 G01 U0 Z65.0;                   N26 X200.0 Z350.0 T0300;
```

4.5　计算机辅助制造(CAM)

1. CAM 技术的应用情况

通常,计算机辅助制造(computer aided manufacturing,CAM)有狭义和广义两个概念。CAM 的狭义概念指的是从产品设计到加工制造之间的一切生产准备活动,它包括 CAPP、NC 编程、工时定额的计算、生产计划的制订、资源需求计划的制订等。这是最初 CAM 系统的狭义概念。到今天,CAM 的狭义概念甚至更进一步缩小为 NC 编程的同义词。CAPP 已被作为一个专门的子系统,而工时定额的计算、生产计划的制订、资源需求计划的制订则划分给 MRP-Ⅱ/ERP 系统来完成。

CAM 的广义概念包括的内容较多,除了上述 CAM 狭义概念所包含的所有内容外,它还包括制造活动中与物流有关的所有过程(加工、装配、检验、存储、输送)的监视、控制和管理。

目前,国内外 CAM 技术的应用非常广泛,它涉及机械、电子、轻纺和建筑等领域,特别是在机械行业中的航空、航天、汽车、造船、机床工具和轻工等行业都取得了明显的效益。

而在这些行业中模具的应用尤其面广量大,因而模具计算机辅助制造(CAM)是一个非常重要的方面,引起了世界各国的高度重视,大家都竞相研制各种高水平的 CAM 软件、在模具制造中发挥了相当大的作用。

2. 模具 CAM 技术在电话机模具制造中的应用

下面通过一个实例介绍 UG CAM 技术在电话机塑料模具自动编程中的综合应用,如图 4.18 所示。

该电话机型腔的毛坯是个长方体,尺寸为 150 mm×250 mm×75 mm,根据"先粗后精、先主后次"等工序划分原则,确定工件的装夹方案后,关键一步是针对模具零件型面的特点,选用合理的加工子类型,加工时主要考虑以下五个方面:

(1)从毛坯到成品,显然切削余量很大,可以采用

图 4.18　电话机型腔

UG CAM 提供的"型腔铣"去除大部分余量,如果工件是钢材,最好将粗加工再分成两次,同时尽量保证后续工序加工的余量均匀。结合机床的刚性情况,合理选用开粗刀具和切削用量。一般采用平底立铣刀开粗后,再选用圆角铣刀进行二次开粗,以保证后面余量均匀。

(2)由于顶面和型腔底面是自由曲面,一般选用小直径的球头铣刀精加工,当然主轴转速必须高,刀具进给速度必须大,否则对加工效率有很大影响。为了提高曲面加工质量,除了设置较小的步距宽度或者较小的波峰高度值进行控制外,还必须保证精加工之前加工余量的均匀性,所以在精加工型腔之前可以安排一道半精加工曲面工序。

在刀路分布形式的选择上,可以根据本实例型腔的特点,选用平行切削方法,这种方法加工后的表面形貌较为美观。切削角度设置为45°,可以使机床工作台相对平稳,减少了切削振动。

(3)鉴于四周轮廓面是直壁面,可以采用等高轮廓铣削进行精加工来保证轮廓质量。

(4)选用切削用量时,除了参考上面的加工类型、加工要求以外,还要考虑所用设备的刚性和刀具自身的切削性能。

(5)加工方法的选用问题,加工方法主要根据待加工工件的材料来确定,本例选用 UG CAM 中默认的加工方法设置,即粗加工余量为 1 mm、半精加工为 0.25 mm。

3. 制定数控编程工序卡

在以上工艺分析的基础上,结合 UG CAM 现有的加工模板类型和设备的性能,制定数控编程工序卡,作为自动编程的指导和工艺参数设置的依据,见表 4.4。

表 4.4　数控编程工序卡

工步	加工内容	操作类型	走刀方式	刀具选用	切削用量(公制)		
					转速	进给	切深
1	粗加工毛坯外形,去处大部分余量	型腔铣 (cavity milling)	跟随工件形状	10 mm 立铣刀	2 000	250	2
2	半精加工型腔	固定轴曲面轮廓铣 (fixed contour milling)	平行往复刀路	10 mm 球头刀	2 000	300	0.25
3	精加工侧壁	等高轮廓铣 (equal altitude contour milling)	跟随工件形状	6 mm 立铣刀	3 000	500	2
4	残料清根	固定轴曲面轮廓铣 (fixed contour milling)	平行往复刀路	2 mm 球头刀	3 000	500	0.25

4. 电话机型腔模型的自动编程实例

1)初始化加工环境

(1)选择"起始"→"加工"命令,进入 UG CAM 环境,由于该工件主模型是第一次进入加工环境,系统将打开"加工环境"对话框。如图 4.19 所示,单击"初始化"按钮,即可完成加工环境的初始化工作。

(2)建立加工坐标系(WCS)。首先将操作导航器换到刀具平面,在下面的窗口中找到 MCS_MILL 图标并双击,进行坐标系调整。本实例使用的刀具种类多,考虑到对刀操作的方便性,可以将工件坐标系调整到

图 4.19　"加工环境"对话框

毛坯顶面的侧面位置,如图4.20所示。当然还要考虑将顶平面预先进行铣削平整,保证实际毛坯高度方向的尺寸和构建的毛坯模型尺寸一致。

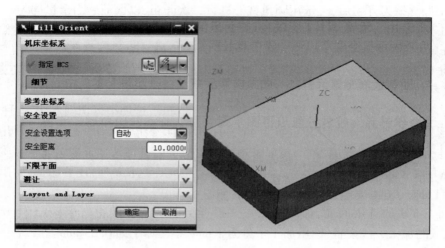

图4.20 工作坐标系调整示意图

(3)展开MCS_MILL节点的子项,选择WORKPIECE点并双击,出现Mill Geom对话框,分别指定工件几何体和毛坯几何体。图4.21所示为指定几何体和毛坯。

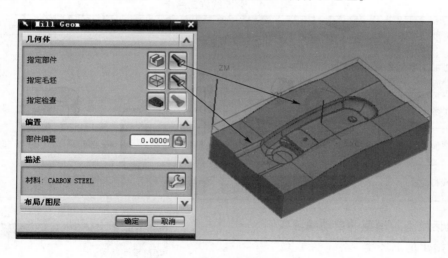

图4.21 指定几何体和毛坯

2)创建加工方法

(1)创建粗加工操作。由于工件加工余量大,型面复杂,第一步是选用一种型腔铣削加工类型,第二步是根据工件型面的几何特点,选用型腔铣削中子类型"跟随型腔铣"作为加工方式,如图4.22和图4.23所示。图4.24所示为粗加工刀轨及加工过程模拟图。

(2)创建半精加工操作。余量均匀化是精加工的重要前提,特别是在高转速、小切深的曲面加工场合。所以在精加工之前必须安排一道或者多道半精加工工序。

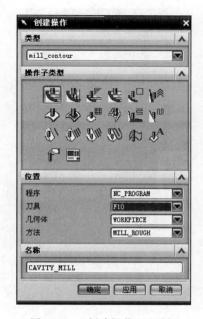

图 4.22　"创建操作"对话框

图 4.23　"型腔铣"对话框

图 4.24　粗加工刀轨及仿真图

　　目前在模具加工中,一般模具型腔中的型面在切削加工后,还需要采用电火花成形加工手段来保证表面质量,随着高速加工和新型高硬刀具的出现,采用高速切削直接取代电火花成形加工,大大缩短制造周期。所以在高速加工的精加工之前,安排多道半精加工工序很有必要。

　　选用固定轴曲面轮廓铣操作作为半精加工,是为后面的加工曲面轮廓铣作准备,显然选取的加工方法为半精加工,如图 4.25 和图 4.26 所示。图 4.27 所示为固定轴曲面轮廓铣半精加工刀轨及加工仿真图。

　　(3)创建精加工操作。精加工和半精加工的操作方法是一样的,主要是一些参数设置上的区别。"步进"选用"恒定的"模式、"距离"输入"0.3","主轴转速"和"剪切进给"的数值要大些。图 4.28 至图 4.30 分别为精加工方式对话框、区域铣削参数设定对话框、精加工刀具轨迹及仿真图。

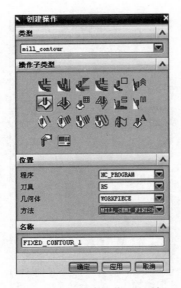

图 4.25 "创建操作"对话框

图 4.26 "区域铣削驱动方式"对话框

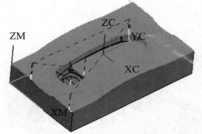

图 4.27 半精品加工刀轨及仿真图

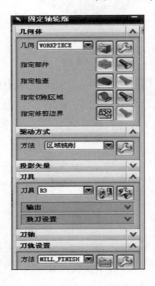

图 4.28 精加工方式对话框

图 4.29 区域铣削参数设定对话框

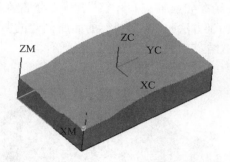

图 4.30　精加工刀轨及仿真图

（4）创建精加工清根操作。精加工"清根"和精加工的操作方法相似，主要区别在于驱动方式的选择上，如图 4.31 所示，驱动方式选择"清根"，单击"清根"右边的编辑按钮进行"清根"参数设置，如图 4.32 所示。图 4.33 所示为精加工"清根"刀轨及仿真图。

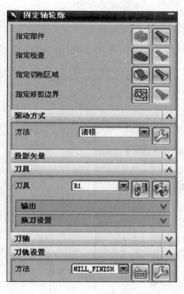

图 4.31　精加工"清根"对话框　　　　图 4.32　清根参数设置

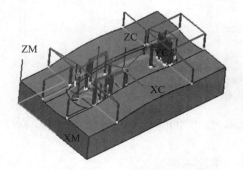
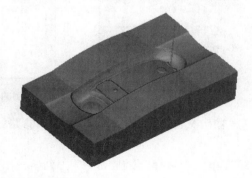

图 4.33　精加工"清根"刀轨及仿真图

至此,本实例所有的加工工序操作全部完成,在导航器窗口中,读者可以依次在"程序顺序视图"、"机床(刀具)视图"、"几何视图"和"加工方法视图"下观察前面所创建的所有操作,图4.34所示为"几何视图"窗口。所有工序模拟结束后的工件如图4.35所示。

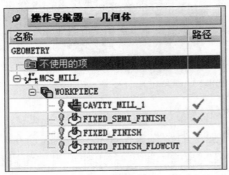
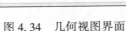

图4.34 几何视图界面

图4.35 加工好的工件示意图

5. 后置处理

利用后置处理功能,根据加工的实际需要,既可以将整个加工过程中某个操作的刀具轨迹转化成NC程序,也可以将所有操作的刀轨转化成NC程序。

1)输出NC文件

(1)在操作导航器窗口中,选择前面成功生成刀具轨迹的所有操作,在工具栏中单击"后处理"按钮,打开"后处理"对话框,如图4.36所示,选择现有的后置处理文件MILL_3_AXIS。

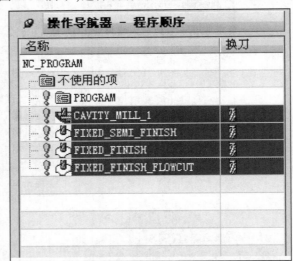

图4.36 对本实例的操作进行后置处理

(2)"输出文件"的文件名可以为默认的路径名,也可单击"浏览"按钮设定NC程序安放路径。

(3)在单位中选择"公制/部件","列出输出"复选框不必勾选。

(4)单击"应用"按钮,打开图4.37所示的扩展名为".ptp"的NC文件。

（5）对于生成的 NC 程序要进行检查，一般需要对程序名称、关键程序段、使用的刀具做好相应的信息说明，根据规定和个人编程习惯而定，没有统一的格式，对于数控机床中数控系统特殊的编程格式，可以利用记事本进行增添、删减和调整等操作。

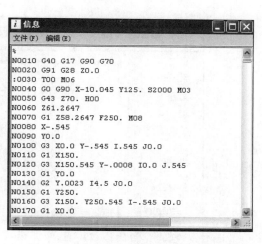

图 4.37　本实例所生成的部分 NC 程序

2）输出车间工艺文件

车间工艺文件是一种包含了加工工艺信息的文件，在成功生成刀具轨迹后，就可以输出当前显示零件的车间工艺文件，其中包含工件几何、工件材料、刀具选用、加工类型、加工顺序和切削参数等。输出的车间工艺文件一般提供给生产现场的设备操作人员，从而避免手工撰写工艺文件，有利于规范管理。

对于本实例生成车间工艺文件的步骤如下：

（1）选用所有操作刀轨，单击加工环境主界面工具栏中的"车间文档"按钮，打开图 4.38 所示对话框。

（2）在对话框的"报告格式"列表框中选择 Advanced Web Page Mill（HTML）模板，如图 4.39 所示，可输出操作报告、刀具报告、加工方法报告等。单击"应用"按钮，输出指定格式的车间工艺文件，如图 4.40 所示。在图 4.40 中可以发现，左侧包括 CoverSheet、Signoff、Tool List、Setup、Cutting Seq 等选项，根据需要，单击其中某个选项，即可得到相应的文件。单击左侧 "Cutting Seq"选项后出现图 4.41 所示文件，为工艺文件中有关刀具选用的信息。

图 4.38　"车间文档"对话框

图 4.39　选择"报告格式"

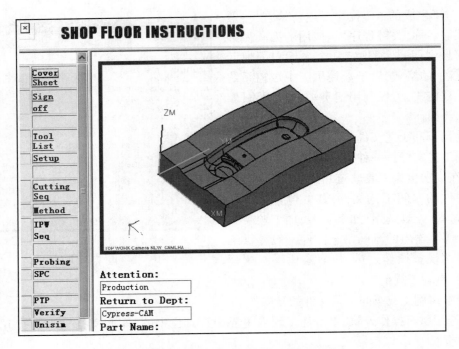

图 4.40　超文本格式的车间工艺文件

CUTTING SEQUENCE WITH TOOL CHANGE

Tool Change	Oper Name	Oper Type	Cut Feed	Part Stock
F10	CAVITY_MILL_1	Cavity Milling	250.0000	1.0000
R5	FIXED_SEMI_FINISH	Fixed-axis Surface Contouring	300.0000	0.2500
R3	FIXED_FINISH	Fixed-axis Surface Contouring	500.0000	0.0000
R1	FIXED_FINISH_FLOWCUT	Fixed-axis Surface Contouring	500.0000	0.0000

图 4.41　车间工艺文件中有关刀具选用的信息

从本实例的思路分析、操作步骤中可以看出,不管加工的工件如何复杂,由多少型面组成,首先要从工件型面的几何特征、加工尺寸、加工表面质量等综合考虑,在指定好合理工艺路线的基础上,运用 UG CAM 提供的加工功能进行自动编程,生成最终的 NC 程序,效率高且准确性好。其特点体现在以下五方面:

（1）工艺路线的制定。工艺路线制定得合理与否是决定自动编程成功与否的关键，除了按照工艺制定的原则外，还需要对加工方法（如粗加工、半精加工、精加工等）、加工顺序、机床和刀具选用等内容进行合理安排，可以制定多种方案，在调研和研讨的基础上选定最合理的一种。

（2）加工模板（加工类型）的选用。UG CAM 提供了很多种类的加工模板，每个模板都有特定的运用场合，因此选用时先选择通用性强、操作简单、编辑方便、生成刀具轨迹效率高的加工类型。加工模板的选用服从于工艺路线安排的需要。

（3）切削参数设置。在选用某一个具体的加工类型后，不同的参数设置可产生不同的刀具轨迹，针对不同的场合灵活地设置切削参数可得到适宜的刀轨。

（4）非切削运动设置。在加工型面多的情况下，非切削运动的设置非常重要，合理的进刀/退刀安排，可以避免刀具和工件、夹具等的碰撞，也不能全凭系统自动指定进刀和退刀等非切削运动。

（5）刀具轨迹和 NC 程序的检查。可视化刀具轨迹中的 3D 切削仿真工具非常实用，不但能观察到刀具运动的全过程和判断有无干涉情况，还可以通过仿真后的中间毛坯形貌决定下道工序该采用何种加工类型。

总之，自动编程是一门实践性非常强的技术，除了要熟练掌握 CAM 软件的基本操作以外，还需在实践过程中不断积累经验和技巧，才能顺利地解决工程中越来越复杂的加工问题。

拓展阅读

先进模具制造技术

模具工业是国民经济的基础工业，受到政府和企业界的高度重视，发达国家有"模具工业是进入富裕社会的源动力"之说，可见其重视的程度。当今，"模具就是经济效益"的观念已被越来越多的人所接受。而在模具制造中，广泛采用各种先进的制造技术并使之不断发展完善，是促进模具工业兴旺发达的必由之路。

模具先进制造技术从广义上讲是模具制造业不断吸收信息技术和现代管理技术后的成果，并将其综合应用于模具产品设计、加工、检验、管理、销售、使用、服务乃至回收的模具制造全过程。

模具制造技术迅速发展，已成为现代制造技术的重要组成部分。例如，模具 CAD/CAM 技术，模具激光快速成形技术，模具精密成形技术，模具超精密加工技术，模具设计采用有限元法、边界元法进行流动、冷却、传热过程动态模拟技术，模具 CIMS 技术，已开发模具 DNM 技术以及数控技术等，几乎覆盖了所有现代制造技术，图 4.42 所示为模具零件数控加工。

图 4.42 模具零件数控加工

思 考 题

1. 什么是数控加工？简述数控加工的原理和特点。
2. 数控加工机床由哪几部分构成？
3. 数控加工程序的编制过程是什么？
4. 什么是计算机辅助制造（CAM）？

第 5 章　模具的研磨与抛光

本章学习目标及要求

(1)掌握研磨的基本原理。
(2)了解研磨的特点及分类,理解研磨工具的使用。
(3)了解抛光工具的使用。
(4)掌握抛光中可能产生的缺陷及预防措施。
(5)了解其他研磨抛光方法。

在模具制造过程中,形状加工后进行的平滑加工和镜面加工称为模具零件表面的研磨与抛光加工,简称模具的研磨与抛光。

模具的研磨与抛光是以降低零件表面粗糙度、提高表面形状精度和增加表面光泽为主要目的,属于光整加工,可归为磨削工艺大类。研磨与抛光在成形理论上很相似,一般用于产品、零件的最终加工。

现代模具对成形表面的表面粗糙度和精度的要求越来越高,特别是高精度、高寿命的模具要求达到微米级的精度。采用一般的磨削工艺加工,表面不可避免地要留下磨痕、微裂纹等缺陷,这些缺陷对模具的精度影响很大。要消除这些缺陷,其成形表面可采用超精密磨削加工,但大多数异形和高精度表面都采用在磨削后研磨与抛光加工。研磨抛光工作的好坏直接影响模具使用寿命、成形制品的表面光泽度、几何形状精度等,它是提高模具质量的重要工序。

对冲压模具来讲,模具经研磨与抛光后,降低了模具的表面粗糙度,减小了材料的流动阻力,有利于材料的流动,极大地提高了成形零件的表面质量,这对于汽车外覆盖件尤为明显。经研磨刃口后的冲裁模具,可消除模具刃口的磨削伤痕,使冲裁件毛刺高度降低。

塑料模具型腔在研磨、抛光后,极大地提高了型腔表面质量及成形性能,满足了塑件成形质量的要求,使塑件易于脱模。浇注系统经研磨、抛光后,可降低注射时塑料的流动阻力。另外,研磨与抛光可提高模具结合面精度,防止树脂渗漏或出现粘黏等。

模具工件型面采用电火花成形或线切割加工之后,表面会有一层薄薄的变质层,变质层上许多缺陷需要用研磨与抛光去除。另外,研磨与抛光还可改善模具表面的力学性能,减小应力集中,增加型面的抗疲劳强度。

5.1　模具的研磨

5.1.1　研磨的基本原理与分类

研磨是一种微量加工的精密加工方法。研磨借助研具与研磨剂(一种游离的磨料),使工件的被加工表面和研具之间产生接触并做相对运动,并施以一定的压力,从而去除工件上微小的表面凸起层,以获得很低的表面粗糙度及很高的尺寸精度、几何形状精度等。在模具制造中,特别是在对产品外观质量要求较高的精密压铸模、塑料模、汽车覆盖件模具生产中应用广泛。

1. 研磨的基本原理

(1)物理作用。研磨时,研具的研磨面上均匀地涂有研磨剂,若研具材料的硬度较低,研磨压力较大时,在研具和工件表面的相对运动过程中,研磨剂中具有尖锐棱角和高硬度的磨粒,会被压嵌入研具表面,对工件产生切削作用(塑性变形);若研具材料的硬度较高,磨粒不会压嵌入研具表面,磨粒则在研具和工件表面间滚动或滑动,产生滑擦(弹性变形)。这些微粒如同无数的切削刃,对工件表面产生微量的切削作用,并均匀地从工件表面切去一层极薄的金属。图 5.1 所示为研磨加工模型。此外,钝化了的磨粒在研磨压力的作用下,通过挤压被加工表面的峰点,使被加工表面产生微挤压塑性变形,也会使工件逐渐得到较高的尺寸精度和较低的表面粗糙度。

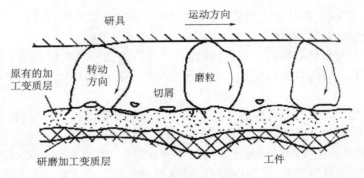

图 5.1　研磨加工模型

(2)化学作用。当采用氧化铬、硬脂酸等研磨剂时,在研磨过程中,研磨剂和工件的被加工表面产生化学作用,生成一层厚度为 2~7 nm 极薄的氧化膜,氧化膜很容易被磨掉。研磨的过程就是氧化膜的不断生成和擦除的过程,如此多次循环反复,使被加工表面的粗糙度降低。

2. 研磨的应用特点

(1)表面粗糙度低。研磨属于微量进给磨削,背吃刀量小,有利于降低工件表面粗糙度,表面粗糙度可达 $Ra0.01\ \mu m$。

(2)尺寸精度高。研磨采用极细的微粉磨料,机床、研具和工件处于弹性浮动工作状态,在低速、低压作用下,逐次磨去被加工表面的凸峰点,加工精度可达 $0.1\sim0.01\ \mu m$。

(3)形状精度高。研磨时,工件基本处于自由状态,受力均匀,运动平稳,且运动精度不影响形状精度。加工圆柱体的圆柱度公差可达 $0.1\ \mu m$。

(4)改善工件表面力学性能。研磨的切削热量小,工件变形小,变质层薄,表面不会出现微裂纹;同时还能降低表面摩擦因数,提高耐磨和耐蚀性。研磨零件表层存在残余压应力,这种应力有利于提高工件表面的抗疲劳强度。

(5)对研具的要求不高。研磨所用的研具和设备一般比较简单,不要求极高的精度;但研具材料硬度一般比工件硬度低,研磨中会受到磨损,应注意及时修整与更换。

3. 研磨的分类

1)按研磨工艺的自动化程度分类

(1)手动研磨。工件、研具的相对运动均用手动操作,加工质量依赖于操作者的技术水平,劳动强度大,工作效率低。适用于各类金属、非金属工件的各种表面。模具成形零件上的局部窄缝、狭槽、深孔、盲孔和死角等部位,仍然以手工研磨为主。

(2)半机械研磨。工件和研具之一采用简单的机械运动,另一件采用手工操作,其加工质量与操作者技能有关。主要用于工件内、外圆柱面,平面及圆锥面的研磨。

(3)机械研磨。工件、研具的运动均采用机械运动。加工质量靠机械设备保证,工作效率比较高。只适用于研磨表面形状不太复杂的零件。

2)按研磨剂的使用条件分类

(1)干研磨。在研磨之前,先将磨粒均匀地压嵌入研具工作表面一定深度,称为嵌砂。研磨过程中,研具与工件保持一定的压力,并按一定的轨迹做相对运动,实现微切削作用,从而获得较高的尺寸精度和较低的表面粗糙度。干研磨时,一般不加或仅涂微量的润滑研磨剂。干研磨一般用于精研平面,生产效率较低。

(2)湿研磨。研磨过程中将研磨剂涂抹于研具表面,磨料在研具和工件间自由地滚动或滑动,形成对工件表面的切削作用。其加工效率较高,但加工表面的几何形状和尺寸精度及光泽度不如干研磨。多用于粗研和半精研平面与内、外圆柱面。

(3)半干研磨。采用糊状研磨膏,类似湿研磨。研磨时,根据工件加工精度和表面粗糙度的要求,适时地涂敷研磨膏。半干研磨适用于各类工件的粗、精研磨。

5.1.2　研磨工艺

1. 研磨工艺参数

1)研磨压力

研磨压力是研磨时零件表面单位面积上所承受的压力。在研磨过程中,随着工件表面粗糙度的不断降低,研具与工件表面接触面积不断增大,而研磨压力则逐渐减小。研磨时,应使研具与工件的接触压力保持适当。若研磨压力过大会加快研具的磨损,使研磨表面粗糙度增高;反之,若研磨压力过小,会使切削能力降低,影响研磨效率,研磨压力的范用一般在 0.01~0.5 MPa,手工研磨时的研磨压力为 0.01~0.2 MPa;精研时的研磨压力为 0.01~0.05 MPa;机械研磨时,压力一般为 0.01~0.3 MPa。当研磨压力在 0.04~0.2 MPa 范围内时,对降低工件表面粗糙度收效显著。

2)研磨速度

研磨速度是影响研磨质量和效率的重要因素之一,在一定范围内,研磨速度与研磨效率成正比。但研磨速度过高时,会产生较大的热量,甚至会烧伤工件表面,加剧研具磨损,从而影响加工精度。一般粗研磨时,宜用较高的压力和较低的速度;精研磨时,宜用较低的压力和较高的速度,这样可提高生产效率和表面的加工质量。

选择研磨速度时,应考虑加工精度、工件材料、硬度、研磨面积及加工方式等方面因素。一般研磨速度应在 10~150 m/min 范围内选择;精研速度应在 30 m/min 以下。

3）研磨余量的确定

零件在研磨前的预加工质量与研磨余量,将直接影响到研磨加工的精度与质量。由于研磨加工只能研磨掉很薄的表面层,因此,零件在研磨前的预加工,需有足够的尺寸精度、几何形状精度和表面粗糙度。对表面积大或形状复杂且精度要求高的工件,研磨余量应取较大值。预加工的质量高,研磨量取较小值。研磨余量还应结合工件的材质、尺寸精度、工艺条件及研磨效率等来确定。研磨余量应尽量小,一般手工研磨不大于 10 μm,机械研磨也应小于 15 μm。

4）研磨效率

研磨效率以每分钟去除表面层的厚度来表示。工件表面的硬度越高,研磨效率越低。一般淬火钢为 1 μm/min;合金钢为 0.3 μm/min;超硬材料为 0.1 μm/min。通常在研磨的初期阶段,工件几何形状误差的消除和表面粗糙度的改善较快,而后期则逐渐减慢,效率下降。这与所用磨料的粒度有关,磨粒粗,切削能力强,研磨效率高,但所得研磨表面质量低;磨粒细,切削能力弱,研磨效率低,但所得研磨表面质量高。因此,为提高研磨效率,选用磨料粒度时,应从粗到细,分级研磨,循序渐进地达到所要求的表面粗糙度。

2. 研具

研具是研磨剂的载体,游离的磨粒嵌入研具工作表面发挥切制作用。磨粒磨钝后,由于磨粒自身部分碎裂或结合剂断裂,磨粒从研具上局部或完全脱落,而研具工作面上的磨料不断出现新的切削刃口,或不断露出新的磨粒,使研具在一定时间内能保持要求的切削性能。同时研具又是研磨成形的工具,自身具有较高的几何形状精度,并将其按一定的方式传递到工件上。

1）研具的材料

（1）灰铸铁。晶粒细小,具有良好的润滑性;硬度适中,磨耗低;研磨效果好;价廉易得,应用广泛。

（2）球墨铸铁。比一般铸铁容易嵌存磨料,可使磨粒嵌入牢固、均匀,同时能增加研具的耐用度,可获得高质量的研磨效果。

（3）软钢。韧性较好,强度较高;常用于制作小型研具,如研磨小孔、窄槽等。

（4）各种非铁金属及合金。如铜、黄铜、青铜、锡、铝、铅锡金等,材质较软,表面容易嵌入磨粒,适宜作软钢类工件的研具。

（5）非金属材料。如木、竹、皮革、毛毡、纤维板、塑料、玻璃等。除玻璃以外,其他材料质地较软,磨粒易于嵌入,可获得良好的研磨效果。

2）研具种类

（1）研磨平板。用于研磨平面,有带槽和无槽两种类型。带槽的用于粗研,无槽的用于精研。模具零件上的小平面,常用自制的小平板进行研磨,如图 5.2 所示。

（2）研磨环。主要研磨外圆柱表面,如图 5.3 所示。研磨环的内径比工件的外径大 0.025～0.05 mm,当研磨环内径磨大时,可通过外径调节螺钉使调节圈的内径缩小。

（3）研磨棒。主要用于圆柱孔的研磨,分固定式和可调式两种,如图 5.4 所示。固定式研磨棒制造容易,但磨损后无法补偿。研磨棒分有槽和无槽两种结构,有槽的用于粗研,无槽的用于精研。当研磨环的内孔和研磨棒的外圆做成圆锥形时,可用于研磨内外圆锥表面。

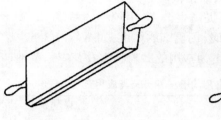
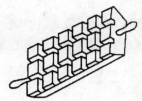

(a) 无槽的用于精研　　　　　　　　(b) 有槽的用于粗研

图 5.2 研磨平板

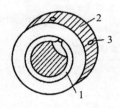
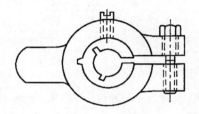

图 5.3 研磨环

1—调节圈;2—外环;3—调节螺钉

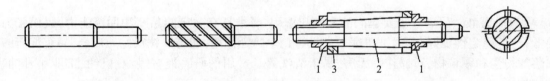

（a）固定式无槽研磨棒　　　　　　（b）固定式有槽研磨棒　　　　　　（c）可调节式研磨棒

图 5.4 研磨棒

1—调节螺钉;2—锥度心棒;3—开槽研磨套

3）研具的硬度

研具是磨具大类里的一类特殊工艺装备,它的硬度定义仍沿用模具硬度的定义。磨具硬度是指磨粒在外力作用下从磨具表面脱落的难易程度,反映结合剂把持磨粒的强度。磨具硬度主要取决于结合剂的加入量和磨具的密度。磨粒容易脱落的表示磨具硬度低;反之,表示硬度高。研具硬度的等级一般分为超软、软、中软、中、中硬、硬和超硬 7 级。从这些等级中还可再细分出若干小级。测定磨具硬度的方法,较常用的有手锥法、机械锥法、洛氏硬度计测定法和喷砂硬度计测定法。在研磨切削加工中,若被研工件的材质硬度高,一般选用硬度较低的磨具;反之,则选用硬度较高的磨具。

3. 常用的研磨剂

研磨剂是由磨料、研磨液及辅料按一定比例配制而成的混合物。常用的研磨剂有液体和固体两大类。液体研磨剂由研磨粉、硬脂酸、煤油、汽油、工业用甘油等配制而成;固体研磨剂是指研磨膏,由磨料和无腐蚀性载体,如硬脂酸、肥皂片、凡士林等配制而成。

磨料一般应根据加工面所要求的表面粗糙度来选择。从研磨加工的效率和质量来说,要求磨料的颗粒要均匀。粗研磨时,为了提高生产率,用较粗的粒度,如 W28~W40;精研磨时,用较细的粒度,如 W5~W27;精细研磨时,用更细的粒度,如 W1~W3.5。

(1)磨料。磨料的种类很多,表5.1为常用的磨料种类及其应用范围。

表 5.1 常用的磨料种类及其应用范围

系　　列	磨料名称	颜　　色	应用范围
氧化铝系	棕刚玉	棕褐色	粗、精研钢、铸铁及青铜
	白刚玉	白色	粗研淬火钢、高速钢及非铁金属
	铬刚玉	紫红色	研磨表面粗糙度要求较低的表面、各种钢件
	单晶刚玉	透明、无色	研磨不锈钢等强度高、韧性大的工件
碳化物系	黑色碳化硅	黑色半透明	研磨铸铁、黄铜、铝等材料
	绿色碳化硅	绿色半透明	研磨硬质合金、硬铬、玻璃、陶瓷、石材等材料
超硬磨料系	金刚石	灰色至黄白色	研磨硬质合金、人造宝石、玻璃、陶瓷、半导体材料等高硬度难加工材料
	立方氮化硼	琥珀色	研磨硬度高的淬火钢、高钒高钼高速钢、镍基合金钢等
软磨料系	氧化铬	深红色	精细研磨或抛光钢、淬火钢、铸铁、光学玻璃及单晶硅等,氧化铈的研磨抛光效率是氧化铁的1.5~2倍
	氧化铁	铁红色	
	氧化铈	土黄色	

(2)研磨液。研磨液主要起润滑和冷却作用,要求具有一定的黏度和稀释能力;表面张力要低;化学稳定性要好,且对被研磨工件没有化学腐蚀作用;能与磨粒很好地混合,易沉淀研磨脱落的粉尘和颗粒物;对操作者无害,易于清洗等。常用的研磨液有煤油、机油、工业用甘油、动物油等。

此外,研磨剂中还会用到一些在研磨时起到润滑、吸附等作用的混合脂辅助材料。

4. 研磨机

研磨机是用涂上或嵌入磨料的研具对工件表面进行研磨的机床。它主要用于研磨工件中的高精度平面、内外圆柱面、圆锥面、球面、螺纹面和其他型面等。研磨机的主要类型有圆盘式研磨机、转轴式研磨机和各种专用研磨机。

(1)圆盘式研磨机。圆盘式研磨机有单盘和双盘两种,其中双盘研磨机应用最为普遍。在双盘研磨机上,多个工件同时放入位于上、下研磨盘之间的保持架内,保持架和工件由偏心或行星机构带动作平面平行运动。下研磨盘旋转,与之平行的上研磨盘可以不旋转,或与下研磨盘反向旋转,并可上下移动以压紧工件(压力可调节);此外,上研磨盘还可随摇臂绕立柱转动一角度,以便装卸工件;双盘研磨机主要用于加工两平行面、一个平面(需增加压紧工件的附件)、外圆柱面和球面(采用带 V 形槽的研磨盘)等;加工外圆柱面时,因工件既要滑动又要滚动,须合理选择保持架孔槽形式和排列角度。单盘研磨机只有一个下研磨盘,用于研磨工件的下平面,可使形状和尺寸各异的工件同盘加工,研磨精度较高。

(2)转轴式研磨机。由正、反向旋转的主轴带动工件或研具(可调式研磨环或研磨棒)旋转,结构比较简单,用于研磨内、外圆柱面。

（3）专用研磨机。根据被研磨工件的不同,可分为中心孔研磨机、钢球研磨机和齿轮研磨机等。此外,还有一种采用类似无心磨磨削原理的无心研磨机,用于研磨圆柱形工件。

5.2 模具的抛光

抛光是利用柔性抛光工具、微细磨料颗粒或其他抛光介质对工件表面进行的修饰加工,以去除前工序留下的加工痕迹,如刀痕、磨纹、麻点、毛刺等。抛光不能提高工件的尺寸精度或几何形状精度,而是以得到光滑表面或镜面光泽为目的。有时也用来消除光泽(消光处理)。抛光与研磨的机理是相同的,人们习惯上把使用硬质研具的加工称为研磨,而使用软质研具的加工称为抛光。按照不同的抛光要求,抛光可分为普通抛光和精密抛光。

5.2.1 抛光工具

抛光除可采用研磨工具外,还有适用于快速降低表面粗糙度的专用抛光工具。

1. 辅助抛光工具

（1）电动直杆旋转式。手持电动直杆旋转式抛光工具如图 5.5 所示,安装有研磨抛光工具的夹头高速旋转实现研磨抛光。夹头上可以配置直径为 2~12 mm 的特形金刚石砂轮,用于研磨抛光不同曲率的凹弧面,还可配置 $R4 \sim R12$ mm 的塑胶研磨抛光套或毛毡抛光轮,用于研磨抛光复杂形状的型腔或型孔。

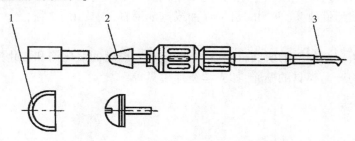

图 5.5 手持电动直杆旋转式抛光工具

1—抛光套;2—砂轮;3—软轴

（2）电动弯头旋转式。手持电动弯头旋转式研磨抛光工具如图 5.6 所示,它可以伸入型腔,对有角度的拐槽、弯角部位进行研磨抛光加工。

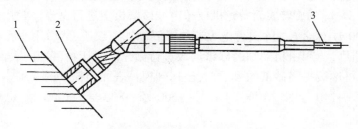

图 5.6 手持电动弯头旋转式抛光工具

1—工件;2—研抛环;3—软轴

辅助研磨抛光工具可以提高研磨抛光效率,减轻劳动强度,但是研磨抛光质量仍取决于操作者的技术水平。

2. 磨石

磨石是用磨料和结合剂等压制烧结而成的条状固结磨具。磨石在使用时通常要加油润滑,因而得名。磨石一般用于手工修磨零件,也可装夹在机床上进行珩磨和超精加工。磨石有人造磨石和天然磨石两类。人造磨石由于所用磨料不同,有两种结构类型,分为无基体磨石和有基体磨石。

(1)用刚玉或碳化硅磨料与结合剂制成的无基体磨石,按其横断面形状可分为正方形、长方形、三角形、楔形、圆形和半圆形等。

(2)用金刚石或立方氮化硼磨料与结合剂制成的有基体磨石,按其横断面形状可分为长方形、三角形和弧形等。

天然磨石是选用质地细腻又具有研磨和抛光能力的天然石英岩加工而成的,适用于手工精密修磨。

3. 砂纸

砂纸是由氧化铝或碳化硅等磨料与纸黏结而成的,主要用于粗抛光。按颗粒的大小,常用的砂纸有 400 号、600 号、800 号、1000 号等型号。

4. 研磨抛光膏

研磨抛光膏是由磨料和研磨液组成,分为硬磨料和软磨料两类。硬磨料研磨抛光膏中的磨料有氧化铝、碳化硅、碳化硼和金刚石等,常用粒度为 240 号磨粒,W40 微粉等;软磨料研磨抛光膏中含有油质活性物质,使用时可用煤油或汽油稀释,主要用于精抛光。

5. 抛研液

抛研液是用于超精加工的研磨材料,由 W0.5~W5 粒度的氧化铬和乳化液混合而成,多用于外观要求极高的产品模具的抛光,如光学镜片模具等。

5.2.2 抛光工艺

1. 工艺顺序

首先了解被抛光件的材料和热处理硬度,以及前道工序的加工方法和表面粗糙度等情况,检查被抛光表面有无划伤和压痕,明确工件最终的表面粗糙度要求,并以此为依据,分析确定具体的抛光工序,准备抛光用具及抛光剂等。

(1)粗抛。经铣削、电火花成形、磨削等加工后的表面经过清洗后,可以选择将工件在转速为 35 000~40 000 r/min 的旋转表面抛光机或超声波研磨机上进行抛光。常用的方法是先利用 $\phi3$ mm、粒度为 400 号的轮子去除白色电火花层或表面加工痕迹,然后用磨石加煤油作为润滑剂或冷却剂手工研磨,再用由粗到细的砂纸逐级进行抛光。对于精磨削的表面,可直接用砂纸进行粗抛光,然后再逐级提高砂纸的号数,直至达到模具表面粗糙度的要求。一般砂纸号数的使用顺序为 180 号→240 号→320 号→400 号→600 号→800 号→1000 号,也可选择从 400 号开始。

(2)半精抛。半精抛主要使用砂纸和煤油。砂纸的号数依次为 400 号→600 号→800 号→1000 号→1200 号→1500 号,一般 100 号砂纸只适用于淬硬的模具钢(52 HRC 以上),而不适用于预硬钢,否则可能会导致预硬钢件表面烧伤。

(3)精抛。精抛主要使用研磨膏。用抛光布轮混合研磨粉或研磨膏进行研磨时,通常的研磨顺序是 1800 号→3000 号→8000 号。1800 号研磨膏和抛光布轮可用来去除 1200 号和 1500 号砂纸留下的发状磨痕。接着用粘毡和钻石研磨膏进行抛光时,顺序为 14000 号→60000 号→100000 号。精度要求 1 μm 以上(包括 1 μm)的抛光工艺,在模具加工车间中的一个清洁的抛光室内即可完成。若要进行更加精密的抛光,则必须有一个绝对洁净的空间。灰尘、烟雾、头皮屑等都有可能报废经数小时工作所得到的高精密抛光表面。

2. 工艺措施

(1)工具材质的选择。用砂纸抛光需要选用软的木棒或竹棒。在抛光圆弧面或球面时,使用软木棒可更好地配合圆弧面和球面的弧度;而较硬的木条适用于平整表面的抛光。修整木条的末端使其能与钢件表面形状保持吻合,以避免木条(或竹条)的锐角接触钢件表面而造成较深的划痕。

(2)抛光方向的选择和抛光面的清理。当换用不同型号的砂纸抛光时,抛光方向应与上一次的抛光方向变换 30°~45°,使前一种型号砂纸抛光后留下的条纹阴影可分辨出来。对于塑料模具,最终的抛光纹路应与塑件的脱模方向一致。

在换不同型号砂纸之前,必须用脱脂棉蘸取酒精之类的清洁液对抛光表面进行仔细的擦拭,不允许有上一工序的抛光膏进入下一工序(尤其在精抛阶段)。从砂纸抛光换成钻石研磨膏抛光时,清洁过程更为重要。在抛光继续进行之前,所有颗粒和煤油都必须被完全清洁干净。

(3)抛光中可能产生的缺陷及解决办法。在研磨抛光过程中,不仅工作表面要求洁净,工作者的双手也必须仔细清洁。每次抛光时间不应过长,时间越短,效果越好。如果抛光过程进行得过长,将会造成"过抛光"(产生"橘皮"和"点蚀"现象),表面反而更粗糙。为获得高质量的抛光效果,容易发热的抛光方法和工具都应避免使用,如抛光中产生的热量过多和抛光用力过大都会造成"橘皮",而材料中的杂质如果在抛光过程中从金属组织中脱离出来,会形成"点蚀"等。

解决上述缺陷的办法有:提高被抛光工件的表面硬度;采用软质的抛光工具或工件,采用优质的合金钢材;在抛光时施加合适的压力,并用最短的时间完成抛光。

抛光过程停止后,必须保证工件表面洁净,仔细去除所有研磨剂和润滑剂,同时应在表面喷淋一层模具防锈涂层。

3. 影响模具抛光质量的因素

由于一般抛光操作主要还是靠人工完成,所以操作者的抛光技术是影响抛光质量的主要因素。除此之外,还与模具材料、抛光前的表面状况、热处理工艺等有关。

(1)不同的工件表面硬度对抛光工艺的影响。硬度增高使抛光研磨的难度增大,但抛光后的表面粗糙度降低。由于工件硬度增大,要达到较低表面粗糙度所需的抛光时间相应增长。同时硬度增高,抛光过度的可能性相应减少。

(2)工件表面状况对抛光工艺的影响。钢材在机械切削加工的过程中,表层会因热量、内应力或其他因素而使工件表面状况不佳,而电火花成形加工后表面会形成硬化薄层。因此,抛光前最好增加一道粗磨工序,彻底清除工件表面状况不佳的表面层,为抛光加工提供一个良好的基础。

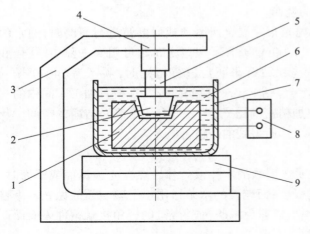

图 5.7　整体电化学抛光示意图
1—工件；2—工具；3—床身；4—伺服机构；5—进给主轴；
6—电解液；7—电解槽；8—电源；9—纵横工作台

5.2.3　其他研磨抛光方法

1. 电化学抛光

化学抛光是把材料在化学介质中使表面微观凸出的部分、微观凹坑部分优先溶解，从而得到平滑的表面。这种方法的主要优点是不需要复杂的设备，可以抛光形状复杂的工件，而且可以同时抛光很多工件，生产效率高。电化学抛光的核心问题是抛光液的配制和环境保护。图 5.7 所示为整体电化学抛光示意图。

电化学抛光过程分为两步：

第一步：宏观平整。溶解产物向电解液中扩散，材料表面粗糙度下降，Ra 大于 1 μm。

第二步：微光平整。阳极极化，表面光亮度提高，Ra 小于 1 μm。

2. 超声抛光

将工件放入磨料悬浮液中，并将其一起置于超声波场中，依靠超声波的振荡作用，使磨料在工件表面磨削抛光。超声抛光宏观作用力小，不会引起工件变形，但工装制作和安装较困难。超声波加工可以与化学或电解方法结合使用。在溶液腐蚀、电解的基础上，再施加超声波振动搅拌溶液，使工件表面溶解产物易于脱离，并使表面附近的腐蚀或电解质均匀；超声波在液体中的空化作用还能够抑制腐蚀过程，利于表面光亮化。图 5.8 所示为超声抛光原理示意图。

3. 磁研磨抛光

磁研磨抛光是利用磁性磨料在磁场作用下形成磨料刷，对工件进行磨削加工。这种方法加工效率高，质量好，加工条件容易控制，工作条件好。若采用合适的磨料，表面粗糙度可以达到 $Ra0.1$ μm。

4. 流体抛光

流体抛光是依靠高速流动的液体及其携带的磨粒冲刷工件表面以达到抛光的目的。常用的流体抛光方法有：磨料喷射加工、液体喷射加工、流体动力研磨等。流

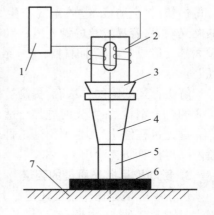

图 5.8　超声抛光原理示意图
1—超声发生器；2—超声换能器；
3、4—变幅杆；5—工具；6—磨
料悬浮液；7—工件

体动力研磨由液压系统驱动，使携带磨粒的液体介质高速往复流过工件表面。介质主要采用在较低压力下流过性好的特殊化合物（聚合物状物质）与磨料混合制成，磨料可采用碳化硅粉末。

拓展阅读

大国重器　匠心打造

　　随着国内航空航天和汽车行业的迅猛发展,超大型注塑制品的需求量日益增长。以往,超大型注塑机核心技术被国外企业垄断,使得国内大型塑件的生产受到阻碍。对此,我国伊之密股份有限公司克服重重困难,历时 2 年,研发出了国内最大的一台注塑机——伊之密 8 500 t超大型注塑机(见图 5.9)。这台机器长约 27 m,整体高度超过 6 m,占地 251 m²,比 3 个羽毛球场还要大,它的核心部件,单块模板铸造质量超过 140 t。

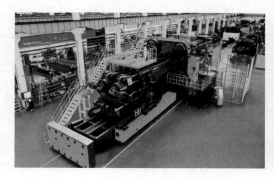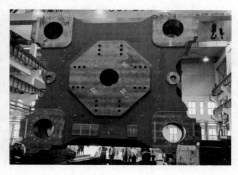

图 5.9　伊之密 8 500 t 超大型注塑机

　　这台 8 500 t 超大型注塑机不仅在机器吨位上创造了国内之最,还采用了精密微开控制技术、双射台同步塑化及注射技术、注射压缩控制技术等先进技术。这台超大型高精密注塑成形机的额定锁模力为 8 500 t,最大锁模力可达 9 000 t,开合模定位精度达到 0.3 mm,搭配两套射出质量超过 80 kg 的注射系统,产品能一次成形外形复杂、透光要求高、尺寸精确或带有金属嵌件的质地密致的超大型透明塑料零件,解决了国内超大型透明塑料件成形难的问题,为大型塑料件的成形打开了一个非常好的窗口,对整个行业在大型注塑机的开发起到引领作用。同时,也奠定了超大型注塑机在全球同行业的领先地位。该机器能满足航空航天、汽车工业、石化管道、交通设施等领域对超大型制品的需求。

思　考　题

1. 简述研磨与抛光的基本原理。
2. 如何选择研磨工具?
3. 抛光方向如何选择?
4. 简述抛光缺陷产生的主要原因及预防措施。

第6章　模具现代制造技术

本章学习目标及要求

(1) 了解快速原型制造技术的原理、过程及方法。
(2) 了解逆向工程的基本概念及在模具制造中的应用。
(3) 了解高速切削的基本概念、高速铣削对模具加工的作用。
(4) 了解并行工程的核心内容。
(5) 了解敏捷制造的特点。
(6) 了解精益生产的主要特征。
(7) 了解绿色制造的目标。

当代制造技术已经发展到以知识密集型的柔性自动化生产方式，满足多品种、多批量的市场需求向智能自动化的方向发展。在上述发展过程中，制造技术的内涵不断地延伸和扩展，已经形成了现代制造技术的全新概念。

现代制造技术是传统制造技术不断吸收机械、电子、信息、材料、能源及现代管理技术的最新成果，将其综合应用于制造全过程，实现优质、高效、低耗、清洁、灵活生产，取得理想技术经济效果的制造技术的总称。与传统制造技术相比，现代制造技术具有以下特征：

(1) 传统制造技术的学科、专业单一，界限分明，而现代制造技术的各学科、专业间不断交叉融合，其界限逐渐淡化甚至消失。计算机技术、传感技术、自动化技术、新材料技术、管理技术等的引入及与传统制造技术的结合，使现代制造技术成为一个能驾驭生产过程的物质流、能量流和信息流的多学科交叉的系统工程。

(2) 传统制造技术一般单指加工制造过程的工艺方法，而现代制造技术则贯穿了从产品设计、加工制造到产品销售及使用维修的全过程，以实现上市快、质量好、成本低、服务好（即 time、quality、cost、service，简称 TQCS），进而满足不断增长的多样化需求。

(3) 对生产规模扩大及最佳技术经济效果的追求，使现代制造技术更加重视技术与管理的结合，重视制造过程组织和管理体制的简化及合理化，产生了一系列技术与管理相结合的新的生产方式。

(4) 现代制造技术应不断地进行优化和推陈出新，这就使得现代制造技术具有鲜明的时代特征，具有相对和动态的特点。

可以看出，在市场需求和科技发展的不断推动下，制造技术的内涵和水平已经发生了质的变化。现代制造技术的产生和发展给传统的模具制造技术带来了勃勃生机。

6.1　快速原型制造技术

快速原型制造技术(rapid prototyping/parts manufacturing, RPM)是一种典型的材料累加法加工工艺。它集机械制造、CAD、数控技术以及材料科学等多项技术于一体,在没有任何刀具、模具及工装夹具的情况下,自动迅速地将设计思想物化为具有一定结构和功能的零件或原型,并可及时对产品设计进行快速反应,并不断评价、现场修改,以最快的速度响应市场,从而提高企业的竞争能力。

6.1.1　快速原型技术基本原理及一般工艺过程

快速原型技术的具体工艺方法有多种,但其基本原理都是一致的,可分为离散和堆积两个阶段。首先建立一个三维 CAD 模型,并对模型数据进行处理,沿某一方向进行平面"分层"离散化;然后通过专有的 CAM 系统(成形机)将成形材料一层层加工,并堆积成原型。其工艺过程如图 6.1 所示。

1. CAD 模型建立

CAD 模型的建立可以在 CAD 造型系统中获得,也可以通过测量仪器测取实体的形状尺寸,转化成 CAD 模型。在 CAD 系统中完成三维造型后,就要把数学模型转化成快速成形系统能够识别的文件格式。常用的有面片模型文件(如 STL、CFL 文件)或层片模型文件(如 HPGL、LEAF、CLI 文件)。由美国 3D 系统公司开发的 CAD 模型的 STL 格式目前被公认为是行业数据交换的标准。

2. 模型 z 向分离(切片)

模型 z 向分离(切片)是一个分层过程,它将 STL 格式的 CAD 模型,根据有利于零件堆积制造而优选的特殊方位,横截成一系列具有一定厚度的薄层,得到每一切层的内外轮廓等几何信息,层厚通常为 0.05~0.4 mm。若每层的厚度有变化时,可采用实时切片方式。

3. 层面信息处理

即根据层面几何信息,通过层面内外轮廓识别及补偿、废料区的特性判断等,生成成形机工作的数控代码,以便成形机的激光头或喷口对每一层面进行精确加工。

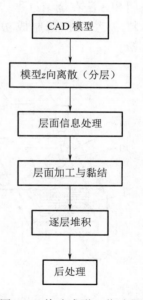

图 6.1　快速成形工艺过程

4. 层面加工与黏结

即根据生成的数控指令,对当前层面进行加工,并将加工出的当前层与已加工好的零件部分黏结。

5. 逐层堆积

当每一层制造结束并和上一层黏结后,零件下降一个层面,铺上新的当前层材料(新的当前层的位置保持不变),成形机重新布置,再加工新的一层。如此反复进行直到整个加工完成,清理掉嵌在加工件中不需要的废料,即得完整的制件。

6. 后处理

成形完成后的制件进行必要的处理,如深度固化、修磨、着色、表面喷镀等,使之达到原型或零件的性能要求。

6.1.2 快速原型技术的基本方法

1. 物体分层制造法(LOM)

物体分层制造法(laminated object manufacturing,LOM)是用纸片、塑料薄膜或复合材料等片材,利用 CO_2 激光束切割出相应的横截面轮廓,得到连续的层片材料构成三维实体的模型图,如图 6.2 所示,然后由热压机对切片材料加以高压,使黏结剂融化,层片之间黏贴成形。

采用 LOM 法制造实体时,激光只需扫描每个切片的轮廓而非整个切片的面积,生产效率较高,使用的材料广泛,成本较低。

2. 选择性激光烧结法(SLS)

选择性激光烧结法(selective laser sintering,SLS)是将金属粉末(含热熔性黏结剂)作为原材料,利用高功率的 CO_2 激光器(由计算机控制)对其层层加热熔化堆积成形,如图 6.3 所示。采用 SLS 法在烧结过程结束后,应先去除松散粉末,将得到的坯件进行烘干等后处理。SLS 法原料广泛,现已研制成功的就多达十几种,范围覆盖了高分子、陶瓷、金属粉末和它们的复合粉。

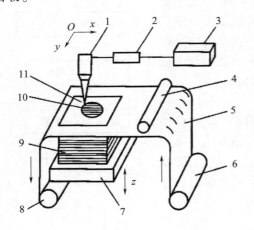

图 6.2 物体分层制造法示意图

1—x-y 扫描系统;2—光路系统;3—激光器;4—加热棍;
5—薄层材料;6—供料滚筒;7—工作平台;8—回收
滚筒;9—制成件;10—制成层;11—边角料

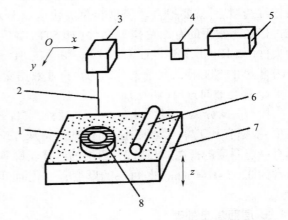

图 6.3 选择性激光烧结法示意图

1—粉末材料;2—激光束;3—x-y 扫描系统;
4—透镜;5—激光器;6—刮平器;
7—工作台;8—制成件

3. 熔化堆积造型法(FDM)

熔化堆积造型法(fused deposition modeling,FDM)是采用熔丝材料经加热后将半熔状的熔丝材料在计算机控制下喷涂到预定位置,逐点逐层喷涂成形,如图 6.4 所示,FDM 法制造污染小,材料可以回收。

4. 立体平板印刷法(SLA)

立体平板印刷法(stereo lithography apparatus,SLA)工作原理如图 6.5 所示。通过计算机软件对立体模型进行平面分层，得到每一层截面的形状数据，由计算机控制的氦-镉激光发生器 1 发出的激光束 2，按照获得的平面形状数据，从零件基层形状开始逐点扫描。当激光束照射到液态树脂后，被照射的液态树脂发生聚合反应而固化。然后由 z 轴升降台下降一个分层厚度（一般为 0.01～0.02 mm），进行第二层形状扫描，新固化层黏在前一层上。就这样逐层地进行照射、固化、黏结和下沉，堆积成三维模型实体，得到预定的零件。

1
2
3
z
4
O x
5
y
6

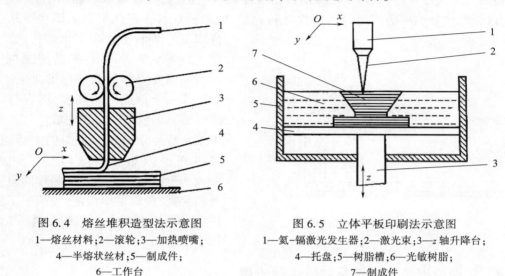

图 6.4　熔丝堆积造型法示意图
1—熔丝材料；2—滚轮；3—加热喷嘴；
4—半熔状丝材；5—制成件；
6—工作台

O x
y
1
2
7
6
5
4
3
z

图 6.5　立体平板印刷法示意图
1—氦-镉激光发生器；2—激光束；3—z 轴升降台；
4—托盘；5—树脂槽；6—光敏树脂；
7—制成件

5. 三维印刷系统（TDP）法

三维印刷（three dimensional printing，TDP）法是一种不依赖于激光的成形技术。TDP 使用粉末材料和黏结剂，喷头在一层铺好的材料上有选择性地喷射黏结剂，在有黏结剂的地方粉末材料被黏结在一起，其他地方仍为粉末，这样层层黏结后就得到一个空间实体，去除粉末进行烧结就得到所要求的零件。TDP 法可用的材料范围很广，尤其是可以制作陶瓷模。现在又出现了采用多喷头的 TDP 方法，如图 6.6 所示，制作零件的速度非常快，成本较低。

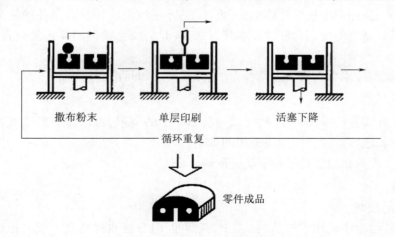

撒布粉末
单层印刷
活塞下降
循环重复
零件成品

图 6.6　三维印刷系统法示意图

6. 喷墨印刷法（IJ-P）

热塑性材料选择性喷洒的工艺与喷墨打印机原理相同,故又称喷墨印刷(ink jet printing, IJ-P),它可作为计算机的外围设备在办公室使用。

喷墨印刷快速原型系统通常采用 2 个喷嘴,其中一个用于喷洒成形热塑性材料,另一个用于喷洒支承成形零件,这两个喷嘴能根据截面轮廓的信息,在计算机的控制下作 xy 平面运动,选择性地分别喷洒熔化的热塑性材料和蜡,此两种材料在工作平台上迅速冷却后形成固态的截面轮廓和支承结构。随后,用平整器平整上表面,使其控制在预定的截面高度。每层截面成形之后,工作台下降一个截面层的高度,再进行下层的喷洒,如此循环,直到完成。从工作室中取出后．用溶剂除去蜡的支承结构,最终获得原型零件。其工作原理如图 6.7 所示。用该种方法制作的原型尺寸精度高,轮廓层厚很薄,无须手工抛光即可获得表面非常光洁的零件,可直接用于制模。

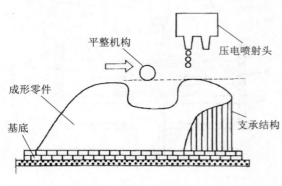

图 6.7　喷墨印刷法示意图

6.1.3　快速原型技术在模具制造中的应用

快速原型技术应用最重要的方向之一是模具的快速制造技术。

通常模具制造方法是几何造型系统生成模具 CAD 模型,然后对模具所有成形面进行数控编程,得到它们的 CAM 数据,利用信息载体控制数控机床加工出模具毛坯,再经电火花成形精加工得到精密模具,此方法需要人工编程,加工的周期较长,加工成本相对较高;传统的快速模具制造是根据产品图样,把木材、石膏、钢板甚至水泥、石蜡等材料采用拼接、雕塑成形等方法制作原型,这种方法不仅耗时,加工精度也不高,尤其碰到一些复杂结构的零件时显得无能为力;快速原型技术能够更快、更好、更方便地设计并制造出各种复杂的零件和原型,一般可使模具制造的周期和制造成本降低 2/3~4/5,而且模具的几何复杂程度越高,效益越明显。

利用快速原型技术生产模具有两种方法,即直接法和间接法。

1. 直接法

采用 LOM 方法直接生成的模具,可以经受 200 ℃ 的高温,可以作为低熔点合金的模具或蜡模的成形模具,还可以代替砂型铸造用的木模。

直接法生产模具目前还处于初步研究阶段。

2. 间接法

1)制作简易模具

如果零件的批量小或用于产品的试生产,则可以用非钢铁材料生产成本相对较低的简易模具。这类模具一般用快速原型技术制作零件原型,然后根据该原型翻制成硅橡胶模、金属、树脂模或石膏模,或对零件原型进行表面处理,用金属喷镀法或物理蒸发沉积法镀上一层熔点较低的合金来制作模具。

另外,还有一种用化学黏结陶瓷浇注注塑模的新工艺。其工艺过程为:

①用 SLS 或 LOM 方法制作母模。

②用硅橡胶或聚氨酯浇注模型。

③移去母模。

④利用硅橡胶或聚氨酯模型浇注成化学黏结陶瓷模型。

⑤在 205 ℃下固化模具型腔。

⑥抛光。

⑦制成小批量制品用注塑模。

如果利用母模翻制成石膏铸型,然后在真空条件下浇铸铝、锌等非铁合金模具,也可生产小批量注塑产品。

2)制作钢质模具

(1)陶瓷型精密铸造法。在单件生产或小批量生产钢模时,可采用此法。其工艺过程为:

①快速原型做母模。

②浸挂陶瓷砂浆。

③在焙烧炉中固化模壳。

④烧去母模。

⑤预热模壳。

⑥烧铸钢型腔。

⑦抛光。

⑧加入浇注、冷却系统。

⑨制成注塑模。

(2)石蜡精密铸造法。在批量生产金属模具时,先利用快速原型技术制成蜡模的成形模,然后利用该成形模生产蜡模,再用石蜡精铸工艺制成钢模具。在单件生产复杂模具时,也可以直接用快速原型代替蜡模。

(3)用化学黏结钢粉浇铸型腔。该方法的工艺过程为:

①用快速原型先制成母模。

②翻制硅橡胶或聚氨酯软模。

③浇注化学黏结钢粉型腔。

④烧结钢粉。

⑤渗铜处理。

⑥抛光型腔。

⑦制成注塑模具。

(4)利用快速原型技术制作电火花成形加工用的电极,然后用电火花成形加工制成钢模。

6.2 逆向工程技术

6.2.1 逆向工程概述

传统的设计和工艺过程是从产品的设计开始,根据二维图纸或设计规范,借助 CAD 软件建立产品的三维模型,然后编制数控加工程序,并最终生产出产品。这种开发工程称为顺向工程(forward engineering,FE)。逆向工程则正好相反。

逆向工程(reverse engineering,RE)是指应用计算机技术由实物零件反求其设计的概念和数据并复制出零件的整个过程,又称反向工程、反求工程。即把实物零件经过高效准确的测量,借助计算机将模拟量转换成数字量,从而建立起数学模型,并作必要的改进,通过数学模型生成图样和 NC 信息,最终获得零件,实现从产品(样件)—再设计—产品(批量)的过程。

作为获取成品的两种不同途径,顺向工程和逆向工程的设计流程如图 6.8 所示。

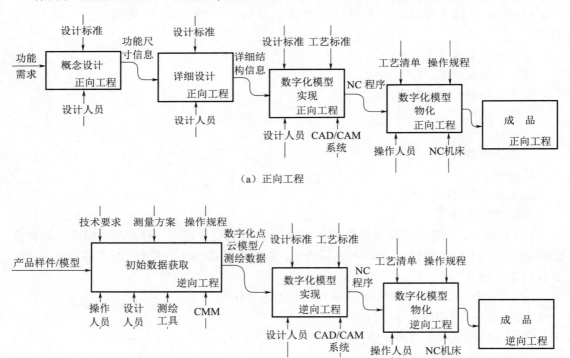

(a) 正向工程

(b) 逆向工程

图 6.8 设计流程

逆向工程的应用主要包括以下三个方面:

(1)产品的仿制。即制作单位接受委托单位的样品或实物,并按照实物样品复制出来。传统的复制方法是用立体的雕刻技术或者仿形铣床制作出 1∶1 等比例的模具,再进行生产。这种方法属于模拟型复制,它的缺点是无法建立工件尺寸图档,因而无法用现有的 CAD 软件对其进行修改、改进。采用逆向工程则能较好地解决这些问题。所以逆向工程已逐渐取代了传统的复制方法。

（2）新产品的设计。随着工业技术的发展以及经济环境的成熟，消费者对产品的要求越来越高。为赢得市场竞争，不仅要求产品在功能上要先进，而且在产品外观上也要美观。而在造型中针对产品外形的美观设计，已不是传统训练下的机械工程师所能胜任。一些具有美工背景的设计师开始利用 CAD 技术构想创新的美观外形，再以手工方式制造出样件，如木材样件、石膏样件、黏土样件、橡胶样件、塑料样件、玻璃纤维样件等，然后再以三维尺寸测量的方式测量样件建立曲面模型。

（3）旧产品的改进（改型）。在工业设计中，很多新产品的设计都是从对旧产品的改进开始。为了用 CAD 软件对原设计进行改进，首先要有原产品的 CAD 模型，然后在原产品的基础上进行改进设计。

综上所述，通过逆向工程复制实物的 CAD 模型，使得那些以实物为制造基础的产品有可能在设计和制造的过程中充分利用 CAD、CAM、RPM、PDM 及 CIMS 等先进制造及管理技术。

6.2.2 逆向工程数据采集与处理

数据采集与处理是逆向工程的基础。

1. 常用的数据采集方法

数据采集就是利用坐标测量得到逆向工程的数据。传统的测量方法基本上是手工测绘，这种方法劳动强度大，测量精度不稳定，特别是对于复杂表面的工件进行手工数字化处理是一件非常耗时和困难的工作。目前，逆向工程的实现手段正由熟练的手工过程转变到以计算机软件和现代测量仪器为主的自动测量过程。

数据采集的方法很多，如图 6.9 所示。按设备与目标物体的相互关系可分为接触式和非接触式测量，按设备的测量机制则可分为基于光学、声学、磁学和机械学的测量。

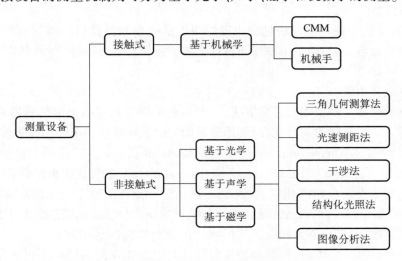

图 6.9 常用数据采集方法

1）非接触式测量方法

非接触式测量方法有多种，分别是基于光学的测量方法（三角几何测算法、光速测距法、干涉法、结构化光照法和图像分析法）、基于声学和基于磁学的方法。

（1）三角几何测算法。三角几何测算法是利用光源和图像探测器之间的位置与投射/反射光线与这两点所连成的直线之间的夹角来测算目标点位置的，高能光源（一般为激光）以预设的角度聚焦并投射到目标曲面。图像探测器（一般为摄像头）捕捉到反射光，并按已知的角度和距离所构成的三角形几何关系计算出曲面上点的位置。光源和图像探测器安装在可移动平台上进行多轴扫描，解决了坐标定位的问题，通常采用多测点布置，能快速完整地读取物体的表面点数据信息。其特点是数据采集速度快，如十几秒即可完成对人体面部数据的采集，但采集精度受图像探测器的灵敏度、扫描仪与目标物体之间的距离、目标物体表面质量和反光因素等的影响。

（2）光速测距法。光速测距法是利用光束（一般是激光或脉冲光源）的飞行时间来测算距离的，类似于人们用来测算地球到其他星球之间距离的方法。

（3）干涉法。干涉法是利用不同波长光的干涉条纹来测算距离，因为一个序列的可见光的波长只有几百纳米，而一般的工程应用的测算仅仅是毫米量级，所以这种方法的采集精度很高。原则上，各种电磁波光谱都可以作为光源，实际应用中常采用可见单色光。高能光源提供两束光柱，一束用来探测目标物体，另一束用来和反射光进行对比。

（4）结构化光照法。结构化光照法是将一个预设的光路图形映射到目标物体上，并捕捉反射回来的图像，根据一定的算法测算出目标物体的坐标点，这种方法一次可以获得较多的目标点，但处理算法相当复杂。

（5）图像分析法。图像分析法类似于结构化光照法，但它不是利用反射图像进行分析测算，而是利用立体成像系统提供的信息测算目标位置的坐标值。

（6）声学法。声学法和光速测距法相似，当声音的传播速度已知时，就可以利用声纳系统自动测算目标点的位置，有时也利用超声波原理测量内凹点位置，这种方法的难点是如何提高系统的抗干扰性能。

（7）磁场测量法。磁场测量法是利用磁场强度的改变来测算目标点位置的，一般用一根铁质探针接触目标点，然后记录下铁棒与目标物体的接触位置，还可以利用磁共振原理测量出内凹点位置。

2）接触式测量方法

接触式测量是另一种常用的采集方法，一般是利用连接在探头上的传感器来测算目标点的位置。这种方法相对简单易行，有时利用普通的三轴联动数控机床略作改装就可以运行。

三坐标测量机（coordinate measuring machine，CMM）是目前被广泛采用的接触式测量方法。CMM 的探头可分为硬式探头（hard probe 或 mechanical probe）、触发式探头和模拟式探头（analog probe）等三种，可以安装在 CNC 机床上，也可以安装在专用的机床上。三坐标测量机使用接触探头测量物体表面的位置点，探头通常连接着一个敏感的压力传感器装置，通过与物体表面的接触得到触发，能提供测量点的坐标值。按照测量台面和探头的运动方向，CMM 可以分为水平式和垂直式两种。就目前来说，与其他测量仪器相比，CMM 在测量精度上仍然是较高的。在某些企业，它已成为测量系统不可缺少的一部分，是实现逆向工程最流行的工具之一。

接触式扫描测量也有其固有的缺陷,它的扫描数字化速度受机械限制,对于某些测头不能触及的内凹表面无法测量。由于测量是采用接触压力传感器,对于某些软性材料,会出现变形而产生测量误差,并且在进行探头半径补偿时,也会出现误差。

2. 逆向工程的数据处理技术

一个待测工件在逆向工程中要经过数据采集、点云模型预处理、曲线/曲面重构等关键步骤,最后才形成 CAD 模型。

1)点云模型预处理技术

点云模型预处理的目的首先是去除模型中冗余的数据点,最好只留下恰好够得上重构出 CAD 模型的数据量。但是这个尺度很难把握,一般来说,预处理后的点云模型仍然存在较多的数据冗余,不过已经可以大大减轻 CAD 系统的负担,因为 CAD 系统对点云模型的处理能力非常有限,例如,对数以万计点云的显示问题,大多数 CAD 系统都要占用大量的内存,因此刷新速度很慢,导致工作无法开展。另一个目的则是对噪声点进行过滤。这两个步骤,目前都只能由人机交互完成,还无法智能化。点云模型预处理的具体内容有以下几方面:

(1)补偿点产生。由于扫描数据来自不同的扫描设备,又具有不同的格式,因此,首先需要一个标准数据接口将这些数据转换成标准的内部数据格式,同时进行必要的数据补偿。一方面,对于接触式扫描,由于从扫描仪获得的测量数据并不真正代表接触点的坐标,而反映的是探头的中心或顶部的值,因此,要对这些数据进行补偿,转换为被测物体表面的坐标值;另一方面,在生成刀具轨迹时,有些刀具,如铣刀等,也需要与工件之间有一定的偏移。对于产生补偿点,首先需要计算出标准点,而由于没有表面的数学表达式,不能使用一般的方法计算出标准点,目前已开发出特殊的算法,能够在规定的公差范围之内,获得近似的标准值。

(2)噪声点删除。逆向工程测量中,由于受测量设备的精度、操作者经验和被测实物表面质量等诸多因素的影响,会造成测量数据误差点的产生,对这类误差点,习惯上称为噪声点。删除这些噪声点能减少误差点对后续相邻区域平滑或细化等处理步骤不可预见的干扰和影响。扫描数据经过去除噪声处理后,可进行后续的数据点精化处理,消除数据波动,修改范围可由用户通过人机交互设定。

(3)数据点精化。在 CAD 系统中,需要对逆向工程中获得的扫描数据点进行曲面重构、数控加工或快速原型直接复制等后续工作。在进行这些操作之前,首先对大量初始测量数据点进行精化处理,包括对测量数据点过滤、平滑等操作,数据点过滤的原则是在扫描线曲率较小时减少点数,曲率较大时保留较多的点数。数据点过滤一般在平滑之前,这样能够减少由于数据点过密造成局部区域产生较大曲率等问题,并且有利于提高平滑过程的效率和精度。

(4)数据点加密。表面上这与数据点精化相矛盾,但实际上由于各种测量设备以及测量方式的不同,造成测量数据点分布的结果不同。通常测量机所采集的数据是自动计算弧弦误差得到的,即在较平缓的区域采集到的数据点较少或没有,造成曲线拟合时出现失真现象;同时在重构曲面时,需要插值加密;而从四边形网格的要求出发,相对应的边也需要将数据点均匀化,否则在构造曲线、曲面时,会产生较大的波动。因此,对于某些局部的数据不足,应该允许用户采用自动和交互两种方法进行数据点加密和补充。数据点加密的方式可以采用手工屏幕取点方式和相邻点自动插值等方法。

(5)坐标变换。逆向工程中,对于扫描数据点通常要提供四种类型的坐标变换,即平移、旋转、缩放和镜像。平移和旋转常用于调整 CNC 机床坐标系的刀具轨迹位置。缩放功能除了用于测试和演示外,还可用于塑料注射模具中,考虑到由于塑料件的收缩,需要尺寸补偿的问题,还要较容易地设定不同方向的缩放因子。镜像功能主要用于凸凹转换,在模具制造中是很常见的,例如,冲压成形凸凹模,它们的形状相似,只是有一个板料厚度的差别。在模具设计和制造中,这种功能可以大大减少重复性劳动;此外它还能够用于具有对称形状的零件。

(6)数据输出。当对扫描数据进行编辑处理以后,可以根据不同的条件和需要,以多种格式输出,如 ASCII、IGES、DXF、VDA、STL、STEP 等。输出的数据主要有两方面的用途:一是利用这些数据直接产生 NC 轨迹,进行机械加工或快速原型制造;二是建立 CAD 模型。

2)模型重构技术

模型重构时要考虑的关键问题有两个:一是怎样用比较简单的几何元素对模型进行表达;二是怎样找到原设计者的造型思路或痕迹,并以相类似(最好是相同)的几何元素构造 CAD 模型。

尽量采用简单几何元素造型的好处在于,首先这是后续工作的工艺要求,例如,本来设计的是一个圆孔,在加工工艺上有圆度要求,那么原来的加工工艺应当选用钻/铰孔或者镗孔加工,圆的特征可以被识别出来;扫描后如果拟合成样条曲线,由于丢失了加工特征,将被作为一个腔槽铣削加工,这样很有可能不满足原来的设计要求,逆向出来的结果就不理想了。其次,因为在点云模型中丢失了所有的几何特征信息,对于比较复杂的点集往往会构造成自由曲面,这无形中加大了造型的难度,也使 CAD 模型的容量增大,如图 6.10 所示,原来的模型由一个半圆柱和三个矩形(梯形)块相拼,然后在交界处倒角,特征非常明显,造型简单,CAD 模型的容量很小;而扫描后的点云模型只能用来构造曲面,不仅难度增大,而且倒角很难精确做出,CAD 模型的容量也不小。对于再复杂一点的模型,要开展工作就更加棘手了。

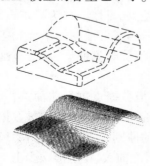

图 6.10 CAD 模型(上)与点云模型(下)

仔细分析模型,揣摩原设计者的造型思路,对点云模型进行合理分片也是重构出高质量模型的有力保证。如果无法找到原设计者的构图路线,也应尽力接近原设计者的思路,否则,即便采用相同的 CAD 系统,选用相同的构图方法,其结果也将大相径庭的。特别是对于像汽车车身外覆盖件,对零件表面质量不仅要求光顺,还对反光性(法矢)有要求。图 6.11(b)所示为汽车翼子板(挡泥板),原设计是基于整车的,即要求装配件之间有曲率匹配要求,构造曲面的特征线应如图 6.11(c)所示的布局,重构曲面则采用图 6.11(d)所示的特征线布局,显然是不能满足车身外观要求的。

模型重构过程一般是由数据点拟合出样条线,然后利用样条线拟合出曲面,曲面之间还可以进一步缝合或者加厚以得到实体模型。建立曲线和曲面的常用拟合方法是逼近法和插补法。

逼近法首先在选定的曲面 u、v 方向分别给出控制线的初始数目,再用最小二乘或其他逼近方法构造一张曲面,然后算出测量点投影到这张曲面上的最大误差,若大于给定的允许误差范围,则要增加控制线的数目,并重复上述过程直到满足精度要求。

插补法是对数据点进行分析以后,从中抽取出关键数据点作为曲线或曲面的控制节点,然后由这些控制节点和相应的曲线/曲面方程构造出曲线/曲面模型。

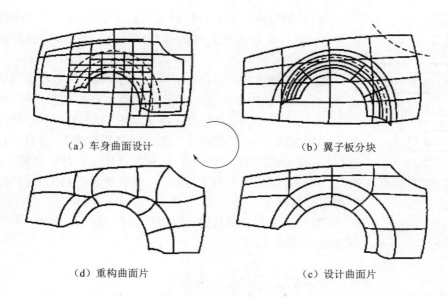

（a）车身曲面设计　　　　　　　　　　　　（b）翼子板分块

（d）重构曲面片　　　　　　　　　　　　（c）设计曲面片

图 6.11　汽车翼子板

在实际应用中经常结合以上两种方法构造曲面模型,即先用数据点求出逼近的曲线,然后以这些曲线为控制线构造出曲面。常用的逆向工程软件有 Im-ageware 公司的 Surfacer、PTC 公司的 Scan Tools、Delcam 公司的 Copy CAD 等。

6.2.3　逆向工程在模具制造中的应用

模具制造过程中,运用逆向工程技术不仅能够得到精确的复制品,而且可以生成完整的数学模型和产品图样,为产品更改及数控加工带来方便,对提高模具质量、缩短模具制造周期具有特别重要的意义。逆向工程技术在模具制造中的应用主要包括以下两个方面:

(1)以样本模具为对象进行复制。即对原有的模具(如报废的模具或者二手的模具)进行复制。

(2)以实物零件为对象,设计制造模具并通过模具进行复制。即对用户提供的实物(如主模型、产品样件、检具等)进行检测,然后通过制造模具复制零件。

前者是一种相对比较简单的复制,只要能测绘出样本模具的各种参数,就能着手进行复制;后者一方面由于样本零件本身由模具成形获得,在成形时因为热或压力等因素的影响,零件已发生了变形,另一方面则由于对样本零件的生产工艺过程不甚了解,在复制时对数据的获取和处理带来了相当大的困难,特别是对这些变形的补偿。以上这两个方面的困难在复杂零件的复制过程中尤为突出。

模具逆向工程的具体实施过程与传统的复制步骤是一样的,即在对实物测绘并进行再设计后,获得模具或零件的数学模型,然后进行复制。模具逆向工程的工作过程如图 6.12 所示。

(1)样本模具几何型面原始数据的获取。运用三坐标测量机以平行截面法直接从模具中获取数据,从而避免了对成形零件收缩与变形的估算,此过程较为困难。

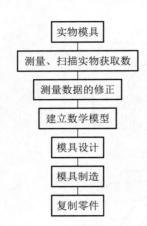

实物模具

测量、扫描实物获取数

测量数据的修正

建立数学模型

模具设计

模具制造

复制零件

图 6.12　逆向工程工作
过程图

（2）对所测得的数据进行修正。修正测量过程中由于各种因素及样本模具表面缺陷所造成的误差，从而获得样本模具原始几何模型的数据。

（3）对所测得的数据进行必要的数学拟合，为造型提供依据。

（4）运用 CAD 技术进行还原，建立生成样本模具的原始模型。

（5）由于样本模具的已使用年限较长，型腔的形状已发生了某些变化，因此应在对零件应用功能充分理解的基础上，通过再设计对样本模具的原始模型作必要的修正，从而产生一个新的模具几何模型。

（6）对复制模具进行工艺设计，编制复制模具的数控加工工艺，并加工复制模具。

（7）在对复制的模具进行试模后，对其生产的零件进行几何形状与应用功能的检验。

6.3　高速切削技术

6.3.1　高速切削概述

高速加工（high speed machine，HSM）是指使用超硬材料刀具，在高转速、高进给速度下提高加工效率和加工质量的现代加工技术。

1. 高速切削原理

20 世纪 30 年代，德国切削物理学家 Carl·Salomon 根据一些实验曲线（见图 6.13），提出了高速切削的概念。Salomon 指出，在常规的切削速度范围内，随着切削速度的增大，切削温度随之提高；但当切削速度增大到某一数值 v_s 以后，切削速度再增大，切削温度反而降低，如图 6.14 所示。Salomon 同时指出，v_s 的值与工件材料的种类有关，对于每一种工件材料，存在一个速度范围，在这个速度范围内，由于切削温度太高，任何刀具都无法承受，切削加工就不可能进行，这个范围常被称为"死谷（dead valley）"。

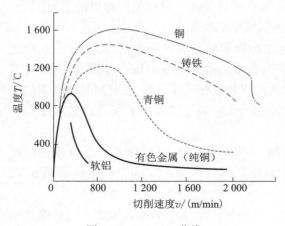

图 6.13　Salomon 曲线

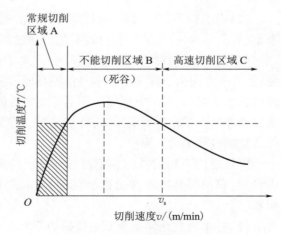

图 6.14　Salomon 曲线示意

从研究机理的角度看,随着切削速度的提高,切削过程产生的切削热来不及传到工件和刀具而是被切屑带走,这对高速切削十分有利,它可使刀具工作寿命延长、工件加工质量提高;另一方面随着切削速度的提高,切削剪切区温度升高,材料屈服强度降低。也有人认为切削加工所需的切削能量在某一速度范围达到平衡点,随着切削速度进一步增高,切削力随之降低,并在某一速度后保持不变,然后可能随着切屑的动量改变略有变化。

对于高速切削机理的研究,迄今为止还停留在实验观察推断摸索阶段,还不能从理论上确切把握最佳切削方案。

2. 高速切削特点

(1)加工效率高。高速切削加工允许使用较高进给率,比常规切削加工提高 5 ~ 10 倍,加工单位时间材料切除率可提高 3 ~ 6 倍,因而零件加工时间通常可缩减到原来的 1/3,从而提高了生产率和设备利用率。

(2)切削力低、刀具寿命长。和常规切削加工相比,高速切削力至少降低 30%,这对于加工刚性较差的零件(如细长轴、薄壁件等)来说,可减少加工变形,提高零件加工精度。同时,按高速切削单位功率比,材料切除率可提高 40% 以上,有利于延长刀具使用寿命,通常刀具耐用度可提高约 70%。

(3)热变形小。高速切削加工过程,95% 以上的切削过程所产生的热量将被切屑带走,工件积聚热量极少,零件不会由于温度升高导致翘曲或膨胀变形。因此,高速切削特别适合加工容易发生热变形的零件。

(4)加工精度高。应用高主轴转速、高进给速度的高速切削加工,其激振频率特别高,已远远超出机床-工件-刀具系统的固有频率范围,使加工过程平稳、振动较小,可实现高精度、低粗糙度加工。高速切削加工获得的工件表面质量几乎可与磨削加工相比,高速切削加工可直接作为最后一道精加工工序。同时,由于高速切削加工温升及单位切削力较小,更有利于提高加工精度和表面质量。

(5)综合经济效益好。采用高速切削加工能取得较好的综合经济效益,如缩短加工时间,提高生产效率;可加工刚性差的零件;提高了刀具耐用度和机床利用率;零件加工精度高,表面质量好,工件热变形小;刀具成本低,节省了换刀辅助时间及刀具刃磨费用等。

6.3.2　高速铣削

高速铣削加工是当今世界先进制造技术之一,该项技术的采用大约始于 20 世纪 80 年代,90 年代中期开始越来越多地用于各种精密零件的精加工,被加工零件材料可以是钢件、铸铁、铜、铝合金等各种材料,特别适用于加工大批量生产的零件和形状复杂的模具。

1. 模具的高速铣削加工与传统铣削加工的比较

高速铣削加工与传统数控铣削加工方法的主要区别在于进给速度、切削速度和切削深度的工艺参数值不同。高速铣削加工采用高进给速度和小切削参数;而传统数控加工则采用低进给速度和大切削参数,如图 6.15 所示。具体地说,从切削用量的选择看,高速铣削加工的工艺特点表现在以下四个方面:

(1)主轴转速(切削速度)高。在高速加工中,主轴转速能够达到 10 000 ~ 30 000 r/min,一般在 20 000 r/min 以上。

（2）进给速度快。典型的高速加工进给速度对切削钢材而言在 5 m/min 以上。最近开发的高速铣床的切削进给速度远远超过这个值。如德国的 XHC240 加工中心,最大进给速度可达 60 m/min。

（3）切削深度小。高速加工的切削深度一般为 0.3~0.6 mm,在特殊情况下切削深度也可以低于 0.1 mm。小的切削深度可以减小切削力,降低加工过程中产生的切削热,延长刀具的使用寿命。从加工方式上讲,小的切削深度和快的进给速度能够获得加工时更好的刀具长径比 L/D(其中 L 指刀具长度,D 指刀具直径),使得许多深度很大的零件也能完成加工。应该说,这是一种相当合理的加工方法。

（4）切削行距小。高速铣削加工采用的刀具轨迹行距一般在 0.2 mm 以下。一般来说,小的刀具轨迹行距可以降低加工过程中的表面粗糙度,提高加工质量,大幅度减少后续的精加工过程。

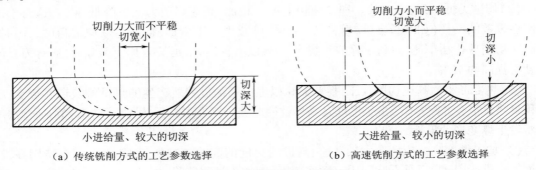

（a）传统铣削方式的工艺参数选择 　　　　（b）高速铣削方式的工艺参数选择

图 6.15　模具铣削加工的比较

2. 模具的高速铣削加工与电火花成形加工的比较

电火花成形加工(EDM)经过了几十年的发展,已经成为模具加工的重要方法。以往的模具加工,往往采用普通铣削进行粗加工,再利用电火花成形进行精加工,最后对模具表面进行手工修整和抛光工序,以达到模具技术要求。

采用高速铣削加工,粗、中、精加工可以一次装夹,在同一台机器上完成。可以大大提高模具的加工速度,减少加工工序,利用高速铣削加工制作模具可以节省时间 50% 以上。同时,工件的加工精度以及表面质量也得到了极大的提高。

随着高速铣削技术的发展与推广,已经开始取代电火花成形加工成为模具中的主导加工工艺。如加工某些特殊材料,尽管电火花成形加工也可获得不错的表面粗糙度,但由于电火花成形加工的工艺所限,可能会在表面产生超硬、脆弱的薄层,影响模具的使用寿命。

当然,高速铣削更适合于比较平坦的浅型腔加工,对于深型腔和具有内尖的模具型腔、表面有花纹或图案的模具加工就存在一定的困难。表 6.1 是电火花成形加工与高速铣削加工技术的比较。

表 6.1　电火花成形加工与高速铣削加工技术的比较

分　类	电火花成形加工	高速铣削
材料	所有导电材料	所有切削材料(钢硬度可达 62 HRC)
几何形状	任意	受深度和半径限制

续上表

分　类	电火花成形加工	高速铣削
内部尖角	半径可达 0.1 mm	底部圆角可达 0.3 mm,壁圆角半径 1.0 mm
深槽	取决于电极的制造	长径比小于 10
表面质量	总是需要再加工	某些应用不需要再加工
再加工的费用	高	低
结构变化	微裂	受压
几何精度	好	优
去屑能力	更适合大的成形表面	适用于小成形面,点接触
刀具	电极	简单、标准的产品

3. 模具高速铣削加工的优点

（1）加工质量好。与传统的加工方法相比,用高速加工更容易生产和剪断切屑。当切屑厚度减小时,切屑温度上升,结果切屑更为碎小,而当应力和切屑都减小时,刀具负载变小,工件变形也小,产生的摩擦热降低,同时大量的切削热量被高速离去的切屑带走,所以模具和刀具的热变形很小,模具表面没有变质及微裂纹。从而大大改善工件的加工质量,并且有效地提高其加工精度。一般来说,高速加工精度为 10 μm 甚至更高,表面粗糙度 $Ra<1$ μm,有效地减少了电加工和抛光工作量。

（2）刀具的使用寿命长。在高性能计算机数控系统的控制下,高速加工工艺能保证刀具在不同速度下工作的负载恒定,再加上刀具每刃的切削量极小,有利于延长刀具使用寿命。

（3）工作效率高。模具制造中,采用高速铣削对模具进行高速精加工,可改进模具的表面粗糙度和几何精度。除最后的油石打磨工序外,可免除所有的手工精整。虽然切削深度和厚度小,但由于主轴转速高,进给速度快,金属切除量反而增加,加工效率也相应提高。

（4）加工总成本低。尽管钳工作业的单位费用比高速铣削的单位加工费用要低,但由于钳工作业时间占模具总加工时间的 25%～38%,另外,钳工精整的加工精度低,由于钳工产生的误差会在模具试用阶段导致失效而需要更多的返修费用,所以从产量与质量而言,都应该尽量减少钳工作业。采用高速铣削,能加工出较小的表面粗糙度,或是较小的加工误差,降低加工总成本。

（5）直接加工淬硬模具。高速加工可以在高速度、大进给的情况下完成淬硬钢的精加工,所加工的材料硬度高达 62 HRC,而传统铣削加工只能在淬火之前进行,因淬火造成的变形必须经手工修整或采用电加工最终成形,现在则可以通过高速加工完成,省去了电极材料、电极加工以及加工过程所导致的表面硬化。

（6）加工高质量的模型和样件。对于耐热、耐磨要求较低的模型以及批量生产之前的样件常常采用易加工材料,但精度要求往往较高,像手工抛光这样成本高的再加工应该尽量避免。高速切削技术也被应用在加工光学部件上,加工时间由 25 h 缩短为 5 h,表面质量也有所提高,不需要进一步抛光,表面即可到达镜面要求。

6.4 并行工程

并行工程(concurent engineering,CE)是一种企业组织、管理和运行的先进设计、制造模式,是采用多学科团队和并行过程的集成化产品开发模式。它把传统的制造技术与计算机技术、系统工程技术和自动化技术相结合,在产品开发的早期阶段全面考虑产品生命周期中的各种因素、力争使产品开发能够获得成功,从而缩短产品开发周期、提高产量、降低产品成本。

1. 并行工程的产生

自20世纪80年代以来,自动化、信息、计算机和制造技术相互渗透,发展迅速,新知识应用于生产实际的速度是惊人的,随着交通运输技术的进步、信息时代的到来,大大加速了世界市场的形成与发展,使得在世界范围内的市场竞争变得越来越激烈。竞争有力地推动着社会进步,使技术得到了空前发展。但同时,竞争也是残酷无情的,适者生存,造成了严酷的企业生存环境。无论一个企业原来的基础如何,是处于先进、落后抑或中间,都遵循着同一竞争尺度,即用户选择原则。随着竞争的加剧,竞争的焦点变为以最短的时间开发出高质量、低成本的产品投放市场,核心是时间。同时,技术的飞速发展以及产品复杂程度的不断提高,都大大增加了新产品开发的难度。企业为适应市场竞争的需要,就必须不断想办法,采取措施,提高企业的效率及效益。谁能在最短的时间内,把采用最新技术生产出的高质量、低成本的产品推向市场,谁将是竞争的胜利者。为提高企业的TQCS水平,企业不断更新技术和手段,使其与当时的科技发展水平相适应。随着世界工业市场竞争的不断加剧,各国企业纷纷采用各种新思想、新方法、新技术来改进自己的产品开发模式,力图使企业及其产品具有较强的竞争力和生命力。而用户对产品的需求呈多元化和个性化,降低产品成本的主要手段不再是廉价的原材料和劳动力,而是快速、准确的信息来源和高技术含量。另外,随着产品性能的提高,产品开发周期也越来越长。这种形势要求企业不断寻找新的途径来追求企业的TQCS效益目标,增强企业的竞争能力。在这个过程中,计算机集成制造系统(computer integrated manufacturing system,CIMS)首先被提出并被各企业采用,实现了企业的各个环节,如市场、工程设计、制造、销售等的信息集成。

由于CIMS在产品开发过程中采用了计算机辅助工具,新产品的开发能力得到了增强。然而,应用了CIMS技术的产品开发仍然采用传统的串行开发模式,致使设计的早期阶段不能很好地考虑产品生命周期中的各种因素,不可避免地造成较多的设计返工,在一定程度上影响了企业TQCS目标的实现。如何在产品开发的早期阶段就考虑产品生命周期中的各种因素,对企业获得最佳TQCS效益是至关重要的。

全球性的竞争要求生产者对市场变化做出迅速准确的反应。在这种新的竞争形势下,以信息技术为基础的并行工程技术应运而生。并行工程是对传统产品开发方式的一种根本性改进,是一种新的设计理念。并行工程作为一个系统化的思想,由美国国防先进研究计划局最先提出,在1988年发表了其研究结果,明确提出并行工程的思想,把并行工程定义为对产品及下游的生产及支持过程进行设计的系统方法。并行工程通过组织以产品为核心的跨部门集成产品开发团队,改进产品开发流程,实现产品全生命周期的数字定义和信息集成,采用新的质量理念满足不断变化的用户需求,并开发新的计算机辅助工具,保证在产品开发过程的早期能做出正确决策,能够有效减少设计修改,缩短产品开发周期,降低产品的总成本。并行工程在国际上引起了各国的高度重视,并行工程的思想正在被越来越多的企业及产品开发人员接受和采纳,各国政府都在加大力度扶持并行工程技术的开发,把它作为抢占国际市场的重要技术手段。

并行工程作为现代制造技术中重要的一环,以 CIMS 信息集成为基础,以实现产品开发过程为主要目标,是今后最主要的产品开发模式之一。

2. 市场竞争对并行工程的总体需求

随着全球化市场的形成,企业只有不断缩短产品开发时间、提高质量、降低成本并改进服务,才能在激烈的市场竞争中立于不败之地。为了增强企业的竞争力,我国绝大部分企业进行了不同程度的技术改造。但是,单纯添置计算机平台、应用软件和先进设备并不能给每个企业都带来期望的效益,关键是要把企业中的各个部门作为企业的有机组成部分加以集成和优化运行。

并行工程就是在当前环境下企业改进与提高自身产品开发能力的有效途径。并行工程技术支持实现企业的信息集成以及产品开发过程集成,从而可大大减少人员的占用,降低实施费用,加快产品开发进程。并行工程注重在 CIMS 信息集成的基础上实现产品开发过程的集成,以期不断开发出满足用户需求的新产品去占领市场。

3. 并行工程的核心内容

一种被普遍接受的观点认为并行工程是对 CIMS 的继承和发展。这一点对我国企业实施并行工程显得尤为重要,即并行工程是企业按一定步骤实施制造系统自动化的指导性策略。并行工程包含如下四个方面的核心内容。

(1)产品开发队伍重构。将传统的部门制或专业组变成以产品为主线的多功能集成产品开发团队。它被赋予相应的职责权利,对所开发的产品对象负责。

(2)过程重构。从传统的串行产品开发流程转变成集成的、并行的产品开发过程。并行过程不仅是活动的并发,更主要的是下游过程在产品开发早期参与设计过程;另一个方面则是过程的改进,使信息流动与共享的效率更高。

(3)数字化产品定义。主要包括两个方面,数字化产品模型和产品生命周期数据管理;数字化工具定义和信息集成。

(4)协同工作环境。用于支持开发团队协同工作的网络与计算机平台。针对并行工程的核心内容,并行工程包含了组织结构变革、新的用户需求策略、必要的支撑环境、产品开发过程改进等四个关键要素。

6.5 敏 捷 制 造

敏捷制造(agile manufacturing, AM)是一种战略决策,是现代制造系统的组织模式和生产模式,也是一种制造系统工程方法。敏捷制造的出发点是基于对未来产品和市场发展的分析,它是 21 世纪企业生存、竞争所必需的,表示了一种对不可预见、持续变化市场的驾驭能力。

敏捷制造就是指制造系统在满足低成本和高质量的同时,对变幻莫测的市场需求的快速反应。因此,敏捷制造的企业,其敏捷能力应当反映在以下六个方面:

（1）对市场的快速反应能力。判断和预见市场变化并对其快速做出反应的能力。

（2）竞争力。企业获得一定生产力、效率和有效参与竞争所需的技能。

（3）柔性。以同样的设备与人员生产不同产品或实现不同目标的能力。

（4）快速以最短的时间执行任务（如产品开发、制造、供货等）的能力。

（5）企业策略上的敏捷性。企业针对竞争规则及手段的变化、新竞争对手的出现、国家政策法规的变化、社会形态的变化等做出快速反应的能力。

（6）企业日常运行的敏捷性。企业对影响其日常运行的各种变化，如用户对产品规格、配置及售后服务要求的变化、用户订货量和供货时间的变化、原料供货出现问题及设备出现故障等做出快速反应的能力。

AM 的基本思想是通过把动态灵活的虚拟组织结构、先进的柔性生产技术和高素质的人员进行全方位的集成，从而使企业能够从容应付快速变化和不可预测的市场需求。它是一种提高企业竞争能力的全新制造组织模式。

1. AM 的主要概念

1）全新企业概念

制造系统通过企业网络建立"虚拟企业"，以竞争能力和信誉为依据选择合作伙伴，组成动态公司。它不同于传统观念上的企业，虚拟企业从策略上讲不强调企业全能，也不强调一个产品从头到尾都是自己开发、制造。

2）全新的组织管理概念

简化过程，不断改进。提倡以"人"为中心，用分散决策代替集中控制，用协商机制代替递阶控制机制。提高经营管理目标，精益求精，尽善尽美地满足用户的特殊需要。企业强调技术和管理的结合，在先进柔性制造技术的基础上，通过企业内部的多功能项目组与企业外部的多功能项目组，把全球范围内的各种资源集成在起，实现技术、管理和人的集成。企业的基层组织是多学科群体，是以任务为中心的一种动态组合。企业强调权力分散，把职权下放到项目组。

3）全新的产品概念

敏捷制造的产品进入市场以后，可以根据用户的需要进行改变，得到新的功能和性能，即使用柔性的、模块化的产品设计方法。依靠极大丰富的通信资源和软件资源，进行性能和制造过程仿真。敏捷制造的产品保证用户在整个产品生命周期内满意，企业的这种质量跟踪持续到产品报废为止，甚至包括产品的更新换代。

4）全新的生产概念

产品成本与批量无关，从产品看是单件生产，而从具体的实际和制造部门看，却是大批量生产。高度柔性的、模块化的、可伸缩的制造系统的规模是有限的，但在同系统内可生产出产品的品种却是无限的。

2. AM 的基本特点

1）AM 是自主制造系统

AM 具有自主性，每个工件的加工过程、设备的利用以及人员的投入都由本单元自己掌握和决定，这种系统简单、易行、有效。另一方面，以产品为对象的每个 AM 系统只负责一个或若干个同类产品的生产，易于组织小批量或者单件生产，如果项目组的产品较复杂时，可以将之分成若干单元,使每个单元对相对独立的分产品的生产负有责任,分单元之间分工明确,协调完成一个项目组的产品。

2)AM 是虚拟制造系统

AM 系统是一种以适应不同产品为目标而构造的虚拟制造系统,其特色在于能够随环境的变化迅速地动态重构,对市场的变化做出快速的反应,实现生产的柔性自动化。实现该目标的主要途径是组建虚拟企业。其主要特点是:①功能的虚拟化;②组织的虚拟化;③地域的虚拟化。

3)AM 是可重构的制造系统

AM 系统的设计不是预先按规定的需求范围建立某过程,而是使制造系统从组织结构上具有可重构性、可重用性和可扩充性三方面的能力。

3. AM 企业的主要特征

敏捷制造的特征及要素构成了敏捷企业的基础结构,通过一系列功能子系统的支持使敏捷制造的战略目标得以实现。

通常,敏捷制造的技术分为产品设计与企业并行工程、虚拟制造、制造计划与控制、智能闭环加工与企业集成五大类。

目前,敏捷制造还处于研究中,其目的是使企业对面临的市场竞争做出快速响应,由于虚拟制造是敏捷制造的关键和核心,敏捷制造的实现有赖于虚拟制造的完成。

敏捷制造的核心是虚拟公司,虚拟公司是把不同公司、不同地点的工厂或车间重新组织协调工作的一个临时公司或联盟体。当市场上出现新的机遇时,能发挥各自所长,以最快速度、最优组织赢得战机,待任务完成后,又各自独立经营,或组建另一个虚拟公司。虚拟公司在正式运行之前,必须分析这种组合是否最优,能否正常协调运行,并对这种组合投产后的效益和风险进行有效的评估。为了实现这些分析和有效评估,就必须把虚拟公司映射为虚拟制造系统,通过对该系统的运行进行实验。因此,虚拟制造系统是实施敏捷制造的关键。

6.6 精 益 生 产

精益生产(lean production,LP)是 20 世纪 50 年代日本工程师根据当时日本的实际情况——国内市场很小,所需的汽车种类繁多,又没有足够的资金和外汇购买西方最新生产技术,而在丰田汽车公司创造的一种新的生产方式。这种生产方式既不同于单件生产方式,也不同于大批量生产方式,它综合了单件生产与大批量生产的优点,使工厂的工人、设备投资、厂房以及开发新产品的时间大为减少,而生产出的产品和质量却更多更好。这种生产方式到了 20世纪 60 年代已经成熟,它不仅使丰田,而且使日本的汽车工业甚至日本经济达到今天世界领先水平。这种生产方式直到 20 世纪 90 年代才被第一次称为"精益生产"。

精益生产的核心内容是准时制生产方式,该种方式通过看板管理,成功地制止了过量生产,实现了"在必要的时刻生产必要数量的必要产品",从而彻底消除产品制造过程中的浪费,以及随之衍生出来的种种间接浪费,实现生产过程的合理性、高效性和灵活性。准时制方式是一个完整的技术综合体,包括经营理念、生产组织、物流控制、质量管理、成本控制、库存管理、现场管理等在内的较为完整的生产管理技术与方法体系。

精益生产是在准时制生产方式、成组技术以及全面质量管理的基础上逐步完善的,它强调以社会需求为驱动,以人为中心,以简化为手段,以技术为支撑,以"尽善尽美"为目标。主张消除一切不产生附加价值的活动和资源,从系统观点出发将企业中所有的功能合理地加以组合。利用最少的资源、最低的成本向顾客提供高质量的产品服务,使企业获得最大利润和最佳应变能力。其特征具体可归纳为以下八个方面:

(1)简化生产制造过程,合理利用时间,实行拉动式的准时生产,杜绝一切超前、超量生产。采用快换工装模具新技术,把单一品种生产线改造成多品种混流生产线,把小批次大批量轮番生产改变为多批次小批量生产,最大限度地降低在制品储备,提高适应市场需求的能力。

(2)简化企业的组织机构,采用"分布自适应生产",提倡面向对象的组织形式。强调权力下放给项目小组,发挥项目组的作用。采用项目组协作方式而不是等级关系,项目组不仅完成生产任务而且参与企业管理,从事各种改进活动。

(3)精简岗位与人员,每一生产岗位必须是增值的,否则就撤除。在一定岗位的员工都是一专多能,互相替补,而不是严格的专业分工。

(4)简化产品开发和生产准备工作,采取"主查"制和并行工程的方法。克服了大量生产方式中由于分工过细所造成的信息传递慢、协调难、开发周期长等缺点。

(5)综合了单件生产和大量生产的优点,避免了前者成本高和后者僵化的缺点,提倡用多面手和通用性大、自动化程度高的机器来生产品种多变的大量产品。

(6)建立良好的协作关系,克服单纯纵向一体化的做法。把70%左右产品零部件的设计和生产委托给协作厂,主机厂只完成约占产品30%的设计和制造。

(7)准时制的供货方式,保证最小的库存和最少的在制品数。为实现这种供货关系,应与供货商建立起良好的合作关系,相互信任,相互支持,利益共享。

(8)"零缺陷"的工作目标。精益生产追求的目标不是尽可能好一些,而是"零缺陷",即最低成本、最好质量、无废品、零库存与产品的多样性。

精益生产方式是以最少投入来获得成本低、质量高、产品投放市场快、用户满足为目标的一种生产方式。它与大批量生产方式相比,工厂中的人员、占用的场地、设备投资、新产品开发周期、工程设计所需工时、现场存货量等一切投入都大为减少,废品率也大为降低,而且能生产出更多更好的满足用户各种需求的变形产品。

精益生产方式由于其优异之处显著,各国工业界纷纷引进和实践这一生产方式,有些已取得了成功,可以断言,精益生产方式将对世界制造业产生重大的影响。

6.7 绿 色 制 造

1. 绿色制造的提出及可持续发展制造战略

制造业是创造财富的主要产业,但同时又大量消耗人类社会的有限资源,并且是环境污染的主要根源。

制造过程是一个复杂的输入/输出系统。输入生产系统的资源和能源,一部分转化为产品,而另一部分则转化为废弃物,排入环境造成了污染和危害。要想提高加工系统的效益(社会效益和经济效益),系统在输出产品的同时,应保证较少的输入和附加输出物,使系统达到有效利用输入和优化输出的效果。

20 世纪 70 年代以来,工业污染所导致的全球性环境恶化达到了前所未有的程度。整个地球面临资源短缺、环境恶化、生态系统失衡的全球性危机。20 世纪的 100 年消耗了几千年甚至上亿年才能形成的自然资源。工业界已逐渐认识到,工业生产对环境质量的损害不仅严重地影响了企业形象,而且不利于市场竞争,直接制约着企业的发展。

可持续发展的制造业,应是以不损害当前的生态环境和不危害子孙后代的生存环境为前提,最有效地利用资源(能源和材料)和最低限度地产生废弃物和最少排放污染物,以更清洁的工艺制造绿色产品的产业。一种干净而有效的工业经济,应是能够模仿自然界具有材料再循环利用能力,同时又产生最少废弃物的经济。

事实上,环境问题融入商业对企业来说不仅是一种威胁,更是一种机会。这是由以下因素造成的:

①法律约束:各种环境法规和技术标准、环境税和排污费等对企业的约束,不仅增加了企业成本,而且增加了企业的环境风险。

②贸易限制:指国际贸易对环境有害产品加以限制。

③消费选择:指消费者对绿色产品的需求增加和认可。

因此,如何使企业进行环境友善生产是当前环境问题研究的一个重要方面,绿色制造由此产生。伴随着新产品更新换代和生产方式的革命,低耗节能、无损健康的绿色产品将接踵而来。绿色汽车、绿色计算机、绿色冰箱、绿色彩电等绿色产品已进入千家万户,成为人们的首选产品,制造过程的绿色化是企业的重要任务。

2. 绿色产品

绿色产品就是在其生命过程(设计、制造、使用和销毁过程)中,符合特定的环境保护和人类健康的要求,对生态环境无害或危害极少,资源利用率最高,能源消耗最低的产品。未来市场竞争的深化,焦点不仅是产品的质量、寿命、功能和价格,人们同时更加关心产品给环境带来的不良影响。

绿色产品的特征是:小型化(少用材料),多功能(一物多用),使用安全和方便(对健康无害),可回收利用(减少废弃物和污染)。

产品的"绿色度"是衡量产品满足上述特征的程度,目前还不能定量地加以描述。但是,绿色度将是未来产品设计主要考虑的因素,它包括:

(1)制造过程的绿色度。原材料的选用与管理,以及制造过程和工艺都要有利于环境保护和工人健康,废弃物和污染排放少,节约资源,减少能耗。

(2)使用过程的绿色度。产品在使用过程中能耗低,维护方便,不对使用者造成不便和危害,不产生新的环境污染。

(3)回收处理的绿色度。产品在使用寿命完结或废弃淘汰时易于降解或销毁。

3. 绿色制造

绿色制造是综合考虑环境影响和资源利用效率的现代制造模式,其目标是使产品从设计、制造、包装、运输、使用到报废处理的整个生命周期内,废弃资源和有害排放物最少,即对环境的负面影响最小,对健康无害,资源利用率最高。

绿色制造的核心内容是:用绿色材料、绿色能源,经过绿色的生产过程(绿色设计、绿色工艺技术、绿色生产设备、绿色包装、绿色管理等)生产出绿色产品。

绿色制造追求的两个目标:①通过资源综合利用、短缺资源的代用、可再生资源的利用、二次能源的利用及节能降耗措施延缓资源的枯竭,实现持续利用;②减少废料和污染物的生成和排放,提高工业产品在生产过程和消费过程中与环境的相容程度,降低整个生产活动给人类和环境带来的风险,最终实现经济效益和环境效益的最优化。

实现绿色制造的途径有三条:①改变观念,树立良好的环境保护意识,并体现在具体行动上,可通过加强立法、宣传教育实现;②针对具体产品的环境问题,采取技术措施即采用绿色设计、绿色制造工艺、产品绿色程度的评价机制等,解决出现的问题;③加强管理,利用市场机制和法律手段,促进绿色技术、绿色产品的发展和延伸。

企业实施绿色制造的关键是技术设计和企业管理。

(1)技术设计。为了实现绿色制造,必须进行物料转化和产品生命周期两个层次的全程控制。产品生命周期是包括市场分析、产品设计、工艺规划、加工制造、装配调试、包装运输、产品销售、用户服务和报废回收的整个过程。产品生命周期的每个环节都直接或间接影响到资源的消耗和环境污染。实施绿色制造就是要对每个环节进行重新审视和规划。

(2)企业管理。企业对产品生命周期全过程的管理包括材料管理、工艺管理、设备管理。随着绿色的概念逐渐深入人心,绿色制造的发展呈现出全球化、社会化、集成产业化、并行化、智能化等特点。绿色制造的实施将导致一批新兴产业的形成,它对未来制造业的可持续发展至关重要。

6.8 智能制造(IM)

6.8.1 智能制造的内涵与特征

1. 智能制造的内涵

"绿色、智能、超常、融合、服务"是由中国机械工程学会在《中国机械工程技术路线图》中为我国机械制造业未来发展归纳的五大趋势。由此可见,我国将智能制造放在机械制造业今后发展的重要位置,这不仅着眼于中国机械工程技术发展的实际,也体现了世界机械工程技术发展的大趋势。

智能制造系统(intelligent manufacturing system,IMS)通常是指由智能机器和人类专家共同组成的人机一体化系统,在产品制造的各个环节以一种高度柔性与集成的方式,借助计算机模拟人类专家的智能活动,进行分析、判断、推理、构思和决策,取代或延伸制造环境中人的部分脑力劳动,同时收集、存储、完善、共享、继承和发展人类专家的制造智能。

智能制造是面向产品全生命周期,在现代传感技术、网络技术、自动化技术、拟人化智能技术等先进技术的基础上,通过智能化的感知、人机交互、决策和执行技术,实现设计过程、制造过程和制造装备的智能化。

智能制造模式突出了知识在制造活动中的价值地位,而知识经济又是继工业经济后的主体经济形式,因而可以说,智能制造是影响未来制造业发展的重要生产模式,是现代制造技术发展的一个战略方向。

当前,制造系统正在由原先的能量驱动型转变为信息驱动型,这就要求制造系统不但要具备柔性,而且还要表现出智能,否则难以处理如此大量而复杂的信息。此外,瞬息万变的市场需求和激烈竞争的复杂环境,也要求制造系统表现出更高的灵活、敏捷和智能性。为此,智能制造受到工业界和各工业国家的高度重视。

2. 智能制造系统的特征

智能制造系统 IMS 是智能制造 IM 模式的载体,是一种具体的工程应用系统。IMS 的理念是建立在自组织、分布自治和社会生态学机理上的,目的是通过设备的柔性和计算机人工智能的控制,自动完成规划、加工、控制和管理的过程,力图提高高速变化环境的制造适应性和有效性。

与传统制造系统相比,理想的 IMS 具有如下特征:

(1)自律能力。即搜集与理解环境信息和自身信息,并进行分析判断和规划自身行为的能力。具有自律能力的设备称为"智能机器"。"智能机器"在一定程度上表现出独立性、自主性和个性化,甚至相互间还能协调运作与竞争。强有力的信息技术、知识库以及基于知识的模型是自律能力的基础。图 6.16 所示为具有自律能力的智能制造系统,若系统中某台钻削加工机床上的刀具发生了折断,系统检测后将自动使传送带减慢传送速度,以便后面机床替代加工;同时,系统进行分析决策,试图通过提高切削速度、加大进给量等措施,缩短加工时间,以保持原有传送带的速度,使制造系统维持原有加工效率不变。

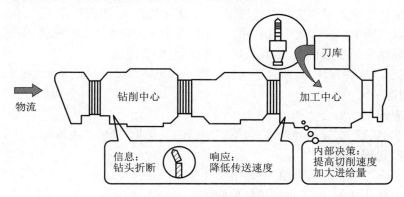

图 6.16　自律性智能制造系统

(2)人机一体化智能。IMS 不单是"人工智能"系统,而是人机一体化智能系统,是一种混合智能。基于人工智能的智能机器只能进行机械式的推理、预测、判断,只能具有如专家系统的逻辑思维,最多做到形象思维,如神经网络,而完全不能实现灵感思维,只有人类专家才能真正同时具备逻辑思维、形象思维和灵感思维的能力。因此,想以人工智能全面取代制造过程中人类专家的智能,独立承担起分析、判断、决策等任务是不现实的。人机一体化智能,一方面突出了人在 IMS 中的核心地位,同时在智能机器的配合下,更好地发挥出人的潜能,使人机之间表现出一种平等共事、相互协作的关系,使二者在不同的层次上各显其能,互相配合,相得益彰。

(3)虚拟现实技术。这是实现虚拟制造的支持技术,也是实现高水平人机一体化的关键技术。虚拟现实技术是以计算机为基础,融合信号处理、动画技术、智能推理、预测、仿真和多媒体技术为一体,借助各种音像和传感装置,虚拟展示现实生活中的各种过程,虚拟未来产品及其制造过程,从感官和视觉上使人完全"沉浸"在如同真实的制造环境之中。这种人机结合的新一代智能界面,是智能制造的一个显著特征。

(4)自组织与超柔性。IMS 中的各组成单元能够根据工作任务的需要,自行组成一种最佳的工艺结构,其柔性不仅表现在运行方式上,而且表现在结构形式上,所以称这种柔性为超柔性,如同多位人类专家组成的群体,具有生物特性。

(5)学习能力与自我维护能力。IMS 在操作运行中不断充实知识库,具有自学习能力。同时,在运行过程中自行进行故障诊断,并具备对故障自行排除、自行维护的能力,这种特征使IMS 能够实现自我优化并适应各种复杂的环境。

3. 制造"智能"的界定

智能制造是制造业自动化和信息化发展的高级阶段和必然结果,具有鲜明的时代特征,内涵也不断完善和丰富。

究竟什么是智能制造? 制造的"智能"如何界定? 仁者见仁,智者见智。若按照上述智能制造的内涵和特征,在企业制造的全过程中全部实现智能化,即使现在做不到,未来肯定会实现。

当前,制造业发展模式正在发生深刻的变化,信息技术与制造技术的融合是制造业发展模式变化的集中体现,信息技术应用于产品研发设计过程,大大提高了设计效率和质量,已实现无纸化生产;信息技术应用于生产制造过程,可以优化物料流,实现精益生产;信息技术应用于经营管理,可以实现资源的高效整合利用。为此,美国学者提出"人工智能、机器人、数字化制造"三大技术相结合的制造模式,也就是制造智能化,即智能制造。

国内著名学者朱剑英认为,具有下列特征之一的机械系统或制造系统,就可称为智能机器系统和智能制造系统:

(1)多信息感知与融合。

(2)知识表达、获取、存储和处理,包括识别、计算、优化、推理与决策等。

(3)具有联想记忆功能。

(4)具有自学习、自适应、自组织、自维护功能。

(5)具有自优化功能,即系统越用越好用。

(6)智能的分解与集成。

6.8.2 智能加工与智能机床

1. 智能加工

在传统机械加工中,具有一定技能和经验的操作者起着决定性作用。在加工过程中,操作者需要:①用自己的眼、耳、鼻、身等感觉器官监视加工过程及设备工作状况和工件加工质量;②根据自己的感受和经验,通过大脑判断加工过程是否正常,并作出相应的决策;③用手脚四肢对加工过程实施相应的操作和处理。

智能加工是让机器代替熟练技术工人完成上述工作,是在没有人干预情况下自动进行的。智能加工是综合应用力、热、光、磁、电、声等类似人不同感觉器官的传感器,检测加工过程中的结构变形、切削热、机械振动、工作噪声等物理现象;根据已掌握的加工知识和工艺知识,建立加工过程的数据模型;依据加工模型理论值与检测值的比较,计算出相关的调整量,并以此驱动执行机构的动作,对加工状态进行自动调整,按照给定的约束有条理地进行加工作业。

与传统加工方式相比,智能加工综合应用了传感检测技术、信息处理技术、人工智能技术及实时控制技术等,不仅具有自适应调整和控制能力,还具有自学习功能,可根据系统作业过程不断积累经验,创造新知识。

智能加工是一种柔性度和自动化水平更高的制造技术,它不仅减轻人们的体力劳动,还能减轻人们的脑力劳动,使产品制造过程能够自动、连续、准确、高速、可靠地进行。

2. 智能机床

所谓智能机床,即为在加工过程中能够自我感知、智能监测、智能调节、智能决策和维护,保证高效、优质、低耗多目标优化运行的机床。

图 6.17 所示为某智能机床基本结构示意图。在该机床加工过程中,不同类型的传感器对加工过程、加工精度、机床和工具工作状态等进行在线监测,根据智能分析诊断模块对刀具磨损/破损、工艺系统颤振等异常状态进行诊断。当加工过程出现异常时,便启动知识处理机,参照已存储积累的知识,决策修正加工条件,排除机床的异常状态。智能系统的决策推理由两个模块完成:一是预测推理;二是控制推理。预测推理模块是事前对异常情况进行推理,形成异常情况处理对策表,当异常情况发生时供检索调用;控制推理模块是对所发生的异常情况及时采取处理对策。为了确保实时性,由管理模块对所发生的事件进行时间管理。

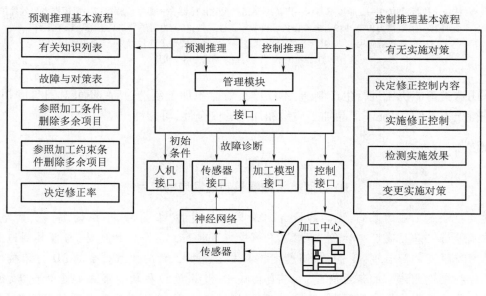

图 6.17 智能机床基本结构示意图

图 6.18 所示为一智能加工中心机床的主机结构。该机床选用了一个六自由度力传感工作台,分别用来检测 x、y、z 三个轴向分力和三个力矩分力。力传感工作台固定在一个二维失效保护工作台上,当力矩超过额定载荷时,它将自动移动并发出报警信号。在刀杆内安装有内

置式力传感器和失效保护元件,用来检测和传递切削力信息,以保证机床安全运行。在机床立柱和主轴箱等表面布置有应变位移传感器,可直接检测机床在受热或受力状态下的机床结构变形。在机床附近还设置有视觉传感器和噪声传感器,用来监视机床的整个加工过程。此外,该机床在其立柱上还设计了一个特殊的执行机构,可根据机床的实际变形作出相应的位移补偿。

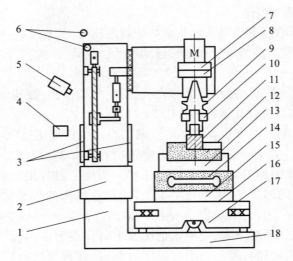

图 6.18　智能加工中心的主机结构

1—立柱;2—执行机构;3—变形传感器;4—声传感器;5—视觉传感器;6—温度传感器;7—扭矩推力失效保护
元件;8—扭矩推力传感器;9—失效保护元件或可塑性元件;10—力传感器;11—工具;12—工件;
13—夹具和精确定位机构(具有六自由度);14—六轴力传感工作台;15—二维失效保护
工作台;16—工作台;17—床鞍;18—机座

采用这类智能机床进行生产制造,不仅可有效监视加工制造过程,还可对刀具磨损、加工变形进行误差补偿,保证了产品加工质量和加工的安全性、可靠性。

拓展阅读

3D 打印技术在模具制造领域的应用

模具行业是工业的基础,模具的设计制造具有典型的"多品种、小批量"特征,而金属 3D 打印技术恰好在满足高度个性化、高端客户需求方面具有无可争议的优势,与模具制造业的产业特征有着极高的配合度,为高效、高精度模具加工提供了新的技术。金属 3D 打印技术率先打破了传统制造业体系的常规局面,以其自由成形、复杂设计和功能集成的显著优势,很好地解决了模具行业面临的成形限制、开发周期长、制造成本高、成形效率和品质低等问题,有助于提高复杂精密模具或模具零件数字化、网络化及智能化设计制造水平,对模具的设计制造,以及材料、生产技术、行业标准等各方面都产生了深远的影响,其制造方式简单、生产效率高、生产过程节能环保和安全可靠等优势更加契合模具的发展方向。因此,金属 3D 打印技术正成为模具高效、高精度制造的新关键技术,图 6.19 所示为金属 3D 打印加工过程。

图 6.19　金属 3D 打印加工过程

思 考 题

1. 什么是现代制造技术？它具有哪些主要特征？
2. 快速原型制造技术的过程是什么？有哪些方法？
3. 逆向工程技术与传统的复制方法相比，有哪些优点？
4. 高速切削加工的原理和特点是什么？
5. 并行工程的核心内容主要是什么？
6. 敏捷制造的特点是什么？
7. 精益生产的主要特征是什么？
8. 绿色制造的目标是什么？

第7章 模具制造中的测量技术

本章学习目标及要求

(1) 了解测量过程与测量方法。
(2) 了解模具检验的样板及其应用。
(3) 掌握常规检具及量具的用法。

模具制造过程分为零件的加工过程和装配过程,无论哪个过程,都离不开测量技术。在零件的加工过程中,为了使零件的加工精度满足图纸设计要求,需要对零件进行检验和测量,从而判断出该零件是否合格,并做出相应处理。在采用修配法装配时,需要通过检验和测量确定修配量,由此可见,测量技术在模具制造中具有重要作用。模具测量技术就是研究模具零部件几何量的测量和检验,其基本要求是使测量误差控制在允许范围内,保证所需的测量精度。正确选择测量方法和测量仪器,保证高效率、低成本是保证模具制造精度的重要手段之一。

测量和检测在计量上是有严格区别的,在模具检验的过程中,无法直接测出实物的数据,往往会借助于测量手段实现。一般可以简单地认为:检测是在已知理论数据的情况下,将其与实物的测量数据进行比较,以判断数据超差与否、工件是否合格;而测量则是在对被测量物体的尺寸、几何公差等并不知道的情况下,对物体进行实测而得到数据,这个过程本身并不能判断工件合格与否。

1. 测量过程

一个完整的测量过程包含如下四部分:

(1) 测量对象。在几何量检测中,测量对象主要是长度、角度、表面粗糙度、形状位置误差以及螺纹、齿轮等的几何参数等,还包括使用计算机扫描等先进测量技术检测复杂曲面形状。

(2) 测量单位。几何测量中常用的长度单位有米(m)、毫米(mm)、微米(μm),角度单位多采用度(°)、分(′)、秒(″)表示。

(3) 测量方法。测量时所采用的测量原理、测量器具和测量条件的总和。

(4) 测量精度。测量结果与被测量的实际值之差。由于在测量过程中不可避免地总会存在或大或小的测量误差,使测量结果的可靠程度受到一定的影响。每个测量者必须了解和分析产生误差的原因,估算其大小,掌握在测量过程中减少或消除误差的方法。

2. 测量方法

模具测量的基本方法有:直接测量、间接测量。

(1) 直接测量。直接在量具或量仪的标尺上获得所测尺寸的整个数值或被测尺寸相对标准尺寸的偏差,如用千分尺或比较仪直接测量零件等。

(2) 间接测量。测量与被测尺寸有关的几何参数,经过计算获得被测尺寸。

此外,按测量器具与被测零件表面是否有机械接触,可分为接触测量与非接触测量;根据零件被测量的多少,可分为综合测量和单项测量;根据测量对模具制造工艺过程所起的作用,可分为主动测量(又称在线测量)和被动测量;根据在测量和取读数时,工件是在运动还是静止,分为动态测量和静态测量等。

在一个具体的测量过程中,可能兼有几种测量方法的特征。例如,在镗床上加工模架导柱孔时,用内径百分表测量孔的直径,则兼有直接测量、相对测量、接触测量和单项测量等特征。

对测量方法的选择,应根据所测模具零件的结构特点、精度要求、生产批量和工厂实际条件等方面综合考虑。

7.1　测量技术基础

7.1.1　模具检验常用的样板

1. 样板的分类

(1)按照用途分类:有下料样板、加工样板、装配划线样板和装配角度样板等。在模具制造中,用得最多的是加工样板。

(2)按照空间形状分类:有平面样板、立体样板(样箱)。中小型冲压模、塑料模、压铸模一般都使用平面样板,但在汽车覆盖件冲压模具中会用到立体样板,又称样箱。

(3)按制作样板的材料分类:有木材、薄铁板、油毡和纸板等样板。一般模具制造中使用的样板都是薄铁板。对这种钢板的要求是淬火变形小、耐磨。在汽车覆盖件模具中会用到树脂、木材等作为样板,木质样板是按照展开的构件实际形状用木板条(或夹板)钉制而成。

常用的加工样板大都是根据模具零件的一些特殊截面,由钳工或线切割等工艺方法将薄钢板做成相应的截面形状,再经淬火和研磨而成。

轮廓样板,按零件内部轮廓尺寸制造,允许有负的偏差。断面轮廓特殊部位形状样板,一般按最大极限尺寸制造,作为特殊形状的验规。

2. 样板的应用

(1)用塞尺或透光目测法检查样板与型腔表面的间隙,用于检验精度要求不高(公差值>0.05 mm)的锻模模膛形状。

(2)对于大、中型弯曲模的凸、凹模工作表面的曲线和折线,几何形状和尺寸精度要求较高时,需要用样板及样件控制。

(3)加工一些回转体的模具零件,其形状和尺寸可由样板检验。检验时用样板的基面靠零件基面来检查成形表面正确与否,这种方法相当于把样板作为一条母线,判断回转体是否合格。

(4)轮廓样板常常用于机械加工前在复杂型面(压铸模、塑料模)上的划线,也可用于钳工装配修调模具镶块的检验。

7.1.2　模具检验常用的三维样型

1. 样型和样架

大型曲面零件的大型覆盖件冲压模具的工作部分,大多由三维曲面构成,表面粗糙度及精度(特别是汽车外覆盖件的形状精度)等级要求较高,加工时,需采用样型和样架等专用检验工具配合加工。样型实际上是一种检验的模型。

(1)主模型。主模型是一些复杂三维曲面冲压件设计、加工、检验的原始依据。可用于检验生产汽车覆盖件的模具、夹具以及检验断面形状的样板、立体样箱,或直接检验冲压样件等。

主模型的结构为(优质木材或塑料制作而成)覆盖件内表面形状,它以一定的基准面装配在特制的主架上,构成主模型。在主模型上有 x、y、z 三方向的坐标线,表示覆盖件在制品上的位置(汽车覆盖件则表示其在汽车坐标系中的位置),塑料主模型与木质主模型相比,塑料主模型在长期保存和使用期间变形小,保管简单,但制造过程较复杂。

一个大型汽车覆盖件零件,若要完成其加工,平均需要四套模具(拉深、修边、翻边、冲孔),而这些模具的形状都要符合同一主模型,所以,主模型用于工艺模型、样板的翻制及最后检验。典型汽车覆盖件主模型与样板的派生关系如图 7.1 所示。

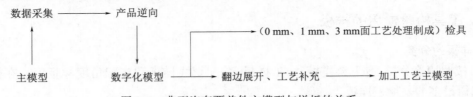

图 7.1　典型汽车覆盖件主模型与样板的关系

注:0 mm 面指制件本身的轮廓线;1 mm、3 mm 面指距离制件 1 mm、3 mm 检测均匀度的平面。

(2)工艺主模型。在覆盖件的主模型上补充了翻边展开线(修边线)以外的形状(工艺补充部分),同时按冲模设计的冲压方向改装基准面,即为工艺主模型。工艺主模型的工艺补充部分画有冲模中心线。工艺主模型是覆盖件冲模制造中所用的各种模型和样板的母模,同时还可作为凸模和压边圈仿形加工的靠模。

(3)投影样板和断面样板。投影样板是根据所测零件有关轮廓投影到平面上的形状和尺寸制造的,用于凸模(型芯)外轮廓和凹模(型腔)内轮廓加工时的划线、检验及修磨。

(4)立体样板。立体样板主要用于控制覆盖件修边模的曲面形状和尺寸。

2. 检具

检具一般是塑料材质,在汽车、拖拉机制造等领域广泛应用。它是利用主模型(或数字化的游离模型)加工出来的,用于检测制件的制造公差、装配状态等工艺内容。检具可分为:单件检具、分总成检具、总成检具,单件检具检测单个制件的加工状态,分总成检具及总成检具检测各个制件之间的装配状态。

7.2　模具零件检验用的常规量具

一般来讲,模具属于单件生产,但它涉及的零部件繁多,装配复杂,从生产实际和测量成本来讲,应尽量采用常规测量工具。

7.2.1　尺寸精度的常规测量工具

1. 游标量具

游标量具是最为常用的长度测量工具,它综合了卡钳和钢直尺的功能。测量时,量值的整数部分从本尺上读出,小数部分从游标尺上读出。量值的小数部分是利用光标原理(主尺上的刻线间距和游标尺上的线距之差)读出的。游标量具分为游标卡尺(见图 7.2)、深度游标卡尺和高度游标卡尺。游标卡尺主要用于测量内、外直径及长度,有时也可测量深度;游标深度卡尺主要用于测量孔和沟槽的深度;游标高度卡尺主要用于测量工件的高度和进行精密划线。

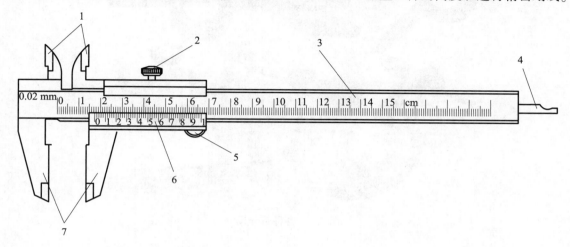

图 7.2　游标卡尺

1—内测量爪(可测量孔及槽宽的尺寸);2—紧固螺钉(可将游标固定在尺身上);3—主尺
(刻度每格 1 mm,用来读取尺寸的整数部分);4—深度尺(与游标连在一起,可测孔及
槽的深度);5—凸钮(与游标连为一体,用于推拉游标);6—游标(有刻度,
用来读取尺寸的小数部分);7—外测量爪(可测量轴及厚度的尺寸)

2. 千分尺

千分尺分为机械式千分尺和数显千分尺(电子千分尺)两类。

(1)机械式千分尺是利用精密螺杆副原理测量长度的通用长度测量工具。精密螺杆在螺母中每转动一圈,即沿轴线移动一个螺距,因此可用螺杆转动的角度来表示移动的距离。测量时,转动的整圈数由固定套管上的刻度读出,小数部分由微分筒圆周上的 50 个等分刻度读出。精密螺杆的螺距常采用 0.5 mm,转动微分筒上的一个刻度,相当于精密螺杆移动 0.01 mm,这就是千分尺的分度值。采用高精度螺杆并利用游标或其他细分读数机构时,可以制成分度值为 0.001 mm 的千分尺。

(2)数显千分尺又称电子千分尺,它的原理和机械式千分尺相同,只是在测量系统中应用了光栅测长技术和集成电路等,测量结果用数字显示出来。

千分尺的品种很多,如图 7.3 所示。改变千分尺测量面形状及尺架等部件即可制成不同用途的千分尺,例如,有用于测量内径、螺纹中径、齿轮公法线或深度等各种形式的千分尺。图 7.4 所示为外径千分尺的结构。

以上两种工具的测量方法都是直接测量。

3. 测微仪(比较仪)

测微仪是利用相对法进行测量的,图 7.5 所示为机械式测微仪(比较仪)。测量时,先将量块组成与被测基本尺寸相等的量块组,再用此量块组使测微仪指针对零,然后换上被测工件,此时测微仪指针指示的即为被测尺寸的偏差值。测微仪的测量精度高,主要用于高精度的圆柱形、球形等零件的测量。

图 7.3　各种千分尺

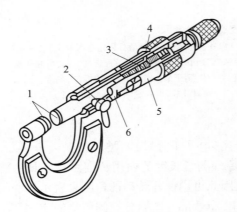

图 7.4　外径千分尺的结构图
1—测量面;2—锁紧装置;3—精密螺杆;
4—螺母;5—微分筒;6—固定套筒

图 7.5　机械式测微仪(比较仪)
的外形图

　　测微仪按采用的放大原理,分为机械式测微仪、光学测微仪和电学测微仪三种。

4. 量规

　　量规是一种没有刻度的专用检验工具,它的制造精度很高,量规的测量值是确定的,不可调。也就是说,某一量规只能测零件某一尺寸特征。用量规检验零件时,可判断零件是否在规定的检验极限范围内,而不能测出零件的尺寸、形状和位置误差的具体数值。测量孔径、轴径的量规称为光滑极限量规。检验孔径的量规称为卡规或环规,如图 7.6 所示。测量高度、深度及长度尺寸的量规分别称为高度量规、深度量规和长度量规,统称为直线尺寸量规。直线尺寸量规只控制被检工件的极限尺寸,通常用于检验精度较低的一般尺寸或粗加工尺寸。测量时采用目测比较、接触感觉及缝隙透光等方法判断被测零件尺寸是否合格。

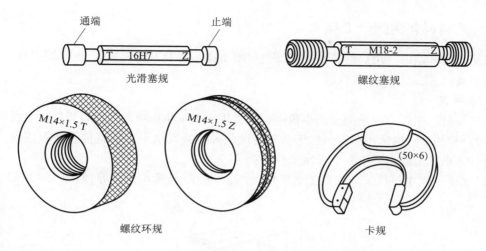

图 7.6　各种极限量规

量规的一端按被检验零件的最小实体尺寸制造称为止规,标记为 Z0;量规的另一端按被检验零件的最大尺寸制造称为通规,标记为 T0。

5. 塞尺

塞尺是由一组具有不同厚度级差的不锈钢薄钢片组成的。塞尺用于测量间隙尺寸。在检验被测尺寸是否合格时,可以用通止法判断,也可由检验者根据塞尺与被测表面配合的松紧程度来判断。一般塞尺钢片最薄的为 0.02 mm,最厚的为 3 mm。图 7.7 所示为塞尺的示意图。

6. 量块

在一些精密模具的制造过程中,测量设备往往不能达到标称的精度要求,这时需要用专用检定测量设备进行测量,量块就是经常用到的检定设备。它的两平行平面间具有精确尺寸,横截面为矩形或方形。两平行平面称为测量面,测量面表面粗糙度很小($Ra \leqslant 0.016$ μm),因此具有良好的研合性。一量块与另一量块的测量面相互推合后,彼此间能紧密贴合。利用这种特性可把不同尺寸的量块组合在一起使用。例如,一套 91 块的成套量块能组成 2~100 mm 尺寸范围内的任何尺寸,如图 7.8 所示。量块用轴承钢制造,最薄的一般为 0.5 mm。

图 7.7　塞尺

图 7.8　成套量块

7.2.2 几何误差的测量工具

测量几何误差的常用仪器有水平仪、平板、测量指示表及万能表架等,也可用工具显微镜、三坐标测量机、投影仪等测量仪器。

1. 水平仪

水平仪是利用重力现象测量微小角度。除了用于测量机床或其他设备导轨的直线度和工件平面的平面度外,也常用在安装机床或其他设备时检验其水平和垂直位置是否正确。水平仪主要分为水平泡式水平仪和电子水平仪两类。

(1)水平泡式水平仪又分为钳工水平仪、框式水平仪、合像水平仪等,如图 7.9 所示。

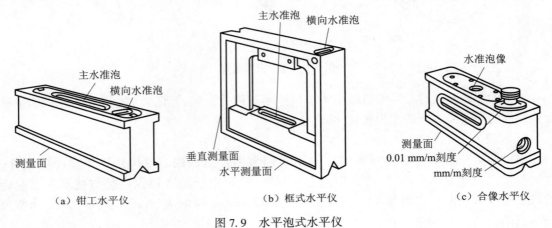

(a)钳工水平仪　　　　　　(b)框式水平仪　　　　　　(c)合像水平仪

图 7.9　水平泡式水平仪

水平泡是一个内壁磨成定曲率半径的玻璃管,管内装有粘滞系数较小的酒精、乙醚等液体,但留有一个气泡。它随玻璃管倾斜而移动,从玻璃管上的刻度可以读出倾斜的角度。钳工水平仪的底面是测量面,它仅能测量被测面相对于水平面的角度偏差。框式水平仪有两个相互垂直的测量面,因此可以在水平和垂直两个位置上测量。合像水平仪是利用光学双像重合的方法来提高读数精度。

(2)电子水平仪。如图 7.10 所示,当测量面处于水平位置时,磁芯处于绕组的中间位置,使电桥保持平衡;当测量面与水平面倾斜 θ 角时,悬有磁芯的细丝由于重力作用仍保持与水平面垂直,磁芯不处于绕组的中间位置,电桥失去平衡而输出电感量,由指示电表指示出倾斜角 θ 的数值,并以数字显示或打印出误差值。

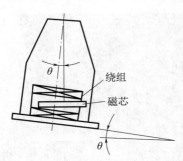

图 7.10　电感式电子水平仪
工作原理

2. 指示表

常用的指示表有钟表式百分表(分度值为 0.01 mm)、钟表式千分表(分度值为 0.001~0.005 mm)、杠杆百分表(分度值为 0.01 mm)和杠杆千分表(分度值为 0.002 mm)等类型。

指示表是利用精密齿条齿轮机构制成的表式通用工具。它常用于零件形状和位置误差以及小位移的长度测量。改变测头形状并配以相应的支架,可制成百分表的变形品种,例如,厚度百分表、深度百分表和内径百分表等。

　　使用打表测量,通常以平板表面模拟基准。在进行垂直度及斜度测量时,还常通过方箱或导柱将基准面进行转换,使被测面(线)转至与测量基准平行,用测平行度的方法测量。测量时,应在整个测量面上打表,取打表读数的最大表动量为定向误差值。

7.2.3　角度和锥度的测量用具

　　在角度和锥度的测量中,属于直接测量的测量工具有角度样板、锥度量块、万能量角器、测角仪、光学分度头、投影仪等。用于间接测量的测量工具有正弦尺、钢球、圆柱、平板以及千分尺、指示表和万能工具显微镜等。

　　(1)角度样板。角度样板常用于检验螺纹车刀、成形刀具及零件上的斜面或倒角等,如图 7.11 所示。角度样板用于检验外锥体,是根据被测角度的两个极限尺寸制成的,因此有通端和止端之分。检验工件角度时,若工件在通端样板中,光隙从角顶到角底逐渐增大;若工件在止端样板中,光隙从角顶到角底逐渐减小,此时表明角度在规定的两极限尺寸之间,被测角度合格。

　　(2)锥度量块。能在两个具有研合性的平面间形成准确角度的量规。利用角度量块附件可以把不同角度的量块组成需要的角度,常用于检定角度样板和万能角度尺等,也可用于直接测量精密模具零件的角度。图 7.12 所示为两种角度量块。

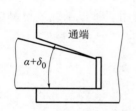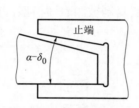

图 7.11　角度样板示意图

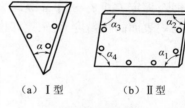

（a）Ⅰ型　　　（b）Ⅱ型

图 7.12　角度量块

　　(3)正弦尺。正弦尺是锥度测量的常用量具,如图 7.13 所示。利用正弦定义测量角度和锥度等的量规又称正弦规,它主要由一钢制长方体和固定在其两端的两个相同直径的钢圆柱体组成。两圆柱的轴心线距离 L 一般为 100 mm 或 200 mm。按 $\sin\alpha=H/L$ 计算被测角度的公称角度,其中,H 为量块组尺寸。根据测微仪在两端的示值之差可求得被测角度的误差。正弦规常用于测量小于 45° 的角度。

7.2.4　表面粗糙度测量工具

　　为了提高模具加工的成形质量和成形极限,需要对加工后的模具零件工作表面质量进

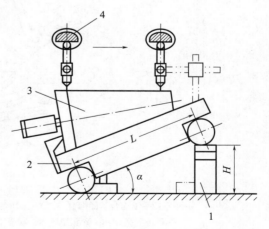

图 7.13　利用正弦尺测量圆锥量规
1—量块组;2—正弦规;3—被测工件;4—扭簧测微仪

行严格控制,特别是产品成形面,要求表面粗糙度应达到 $Ra0.2\sim0.8$ μm,而对于非成形面,如压边面、流道、安装面等也有较高的表面粗糙度要求。表面粗糙度的常用测量工具有以下几种。

1. 表面粗糙度样块

表面粗糙度样块是用比较法检查零件表面粗糙度的一种测量工具,在生产中应用广泛。机械加工后,车、铣、刨、镗工件的表面粗糙度可达 $Ra0.8\sim6.3$ μm;经磨削后的表面粗糙度为 $Ra0.1\sim0.8$ μm;研磨后工件的表面粗糙度可达 $Ra0.012\sim0.1$ μm。表面粗糙度样块一般用于表面粗糙度较大的工件表面的近似评定。

比较法是将被测零件表面与表面粗糙度样块进行比较,从而做出判断。应用时需注意:

(1)表面粗糙度样块的加工纹理方向及材质应尽可能与被测零件相同,否则易做出错误的判断。

(2)比较法多为目测,常用于评定较大或中等的表面粗糙度,也可借助放大镜(用于 $Ra0.4\sim1.6$ μm 的测量)、显微镜或专用的粗糙度比较显微镜($Ra0.4$ μm 以下)进行比较。

用表面粗糙度样板比较法测量简便易行,是实际生产中的主要测量手段。其缺点是精度较差,只能作定性分析比较,评定可靠性受检验人员的经验影响。

2. 双管显微镜(光切显微镜)

如图 7.14 所示,双管显微镜是根据光切法原理测量表面粗糙度的仪器,一般按 Rz(也可按 R_{max})评定,评定 $Rz0.8\sim80$ μm 级的表面粗糙度。测量范围取决于物镜的倍率。对于大型模具零件与内表面的粗糙度,可采用印模法复制被测表面模型,再用双管显微镜进行测量。

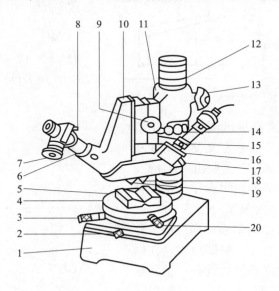

图 7.14 双管显微镜

1—底座;2—工作台紧固螺钉;3、20—工作台纵横百分尺;4—工作台;5—V 形块;6—观察管;
7—目镜测微计;8—紧固螺钉;9—物镜工作距离调节手轮;10—镜管支架;11—支臂;
12—立柱;13—支臂锁紧手柄;14—支臂升、降螺母;15—照明管;16—物镜焦距
调节环;17—光线投射位置调节螺钉;18、19—可换物镜

1）原理

利用光切法测量表面粗糙度的原理如图 7.15 所示。光源发出的光,通过狭缝形成一条扁平的带状光束,以 45°左右的角度投射到被测表面上,调整仪器可使此投射光束自被测表面反射后进入斜置 45°的观察光管,于是从目镜中可看到一条凹凸不平的亮带(*A* 向视图中未打点的部分),此亮带即工件表面上被照亮了的狭长部分的放大轮廓。测量出此亮带的高度 *H*,如图 7.15(c)所示,即可求出被测表面上的实际不平度高度 *h*。

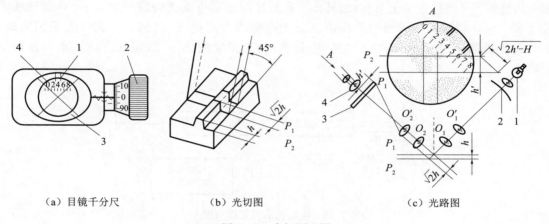

（a）目镜千分尺　　　　（b）光切图　　　　　（c）光路图

图 7.15　光切原理图
1—双标线;2—刻度筒;3—可动分划板;4—固定分划板

2）使用方法及步骤(见图 7.14)

(1)选取一对合适的物镜分别安装在两镜管的下端(对双管固定成整体的仪器,则将物镜板插装在镜管体壳的下方)。

(2)接通光源。

(3)把被测件放在工作台上,若被测件没有位于物镜的正下方,则调整工作台,转动支臂 11 进行对准。

(4)调整物镜工作距离调节手轮 9,使显微镜缓慢下降,直至在被测表面上能看到扁平的绿色光带为止。光带方向要与表面的加工痕迹垂直。

(5)调整物镜焦距调节环 16 和光线投影位置调节螺钉 17,使目镜视场中央出现最窄最清晰的亮带。

(6)测量。转动目镜测微器,使目镜中十字线的水平线平行于光带轮廓的中线(估计方向),然后转动目镜测微器上的刻度套筒,使十字线的水平线分别在亮带最清晰的一边(另一边欠清晰)的基本长度 *l* 范围内,找 5 个最高峰点和 5 个最低谷点并与之相切。读数时要注意视场内毫米刻度的变化情况。

(7)计算。

$$Rz = \frac{1}{2N}\left(\frac{\sum_{1}^{5} \lambda_{\mathrm{p}} - \sum_{1}^{5} \lambda_{\mathrm{v}}}{5} \right) \tag{7.1}$$

式中　*Rz*——微观不平度十点高度均值;

λ_p——被测表面不平度峰值；

λ_v——被测表面不平度谷值；

N——物镜放大倍率。

3. 电动轮廓仪

电动轮廓仪（又称表面粗糙度检查仪或侧面仪）利用触针法测量表面粗糙度。图 7.16 所示为其工作原理图。电动轮廓仪是将特殊触针的针尖沿被测表面以等速度缓慢地滑行，工件表面的微观不平度使针尖上下移动，其移动量通过传感器等装置将信号放大、计算处理或记录下来。轮廓仪按其传感器的工作原理分为电感式及压电式，电感式轮廓仪测量精度高，带有记录装置；压电式轮廓仪结构简单、紧凑，测量精度较低，一般做成直读式而不带记录装置。

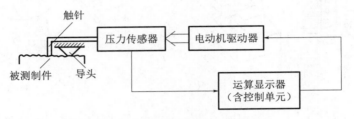

图 7.16　电动轮廓仪工作原理图

图 7.17 所示为电动轮廓仪实物图，一般由传感器、驱动器、指示表、记录器、工作台等部件组成。传感器端部装有金刚石触针，触针尖端曲率半径很小。测量时，将触针搭在工件上，与被测表面垂直接触，驱动箱以一定的速度拖动传感器。由于被测表面轮廓峰谷起伏，触针在被测表面滑行时将产生移动，这种机械的上下移动引起传感器内电量的变化，经电子装置将这一微弱电量的变化放大，并记录得到截面放大图，或者把信号通过适当的环节进行滤波和积分计算，由电表直接读出 Ra 值。

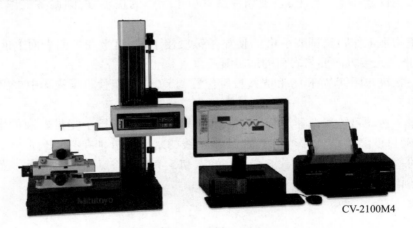

CV-2100M4

图 7.17　电动轮廓仪实物

电动轮廓仪还配有各种附件，以适应平面、内外圆柱面、圆锥面、球面、曲面以及小孔、沟槽等形状的工件表面粗糙度的测量。电动轮廓仪测量迅速方便，测量精度较高。

7.3　万能工具显微镜

万能工具显微镜是长度计量最常见的光学仪器之一,可用于测量零件长度、角度、分度及几何误差。测量可按直角坐标,也可按极坐标进行。可用于测量柱体、立方体零件、螺纹、齿轮、锥体及曲线样板等,也可用于测量切削刀具等。万能工具显微镜是制造业中不可缺少的计量仪器。

7.3.1　万能工具显微镜的结构及测量原理

万能工具显微镜的结构如图 7.18 所示。

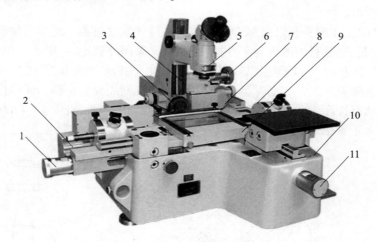

图 7.18　万能工具显微镜
1—纵向微动手轮;2—纵向滑台;3—光圈调节环;4—立柱;5—主显微镜;6—立柱倾斜调节柄;
7—横向滑台;8—顶尖座;9—工作台;10—底座;11—横向微动手轮

万能工具显微镜配有多种附件,利用这些附件可以扩大其使用范围。最常用的附件有:螺纹目镜、双像目镜、灵敏杠杆、测量刀、光学分度台、光学分度头及调焦棒等。

按万能工具显微镜工作台的大小和可移动的距离、测量精度的高低以及测量范围的宽窄,一般可分为小型、大型、万能型和重型工具显微镜。它们的测量精度和测量范围不同,但其基本结构、测量方法大致相同。底座上有互相垂直的纵、横向导轨。纵向滑台及横向滑台可彼此独立地沿纵、横向粗动、微动和锁紧。纵向滑台上装有纵向玻璃刻线尺和安放工件的玻璃工作台,玻璃刻线尺的移动量即被测工件移动量。横向滑台上装有横向刻线尺和立柱,立柱的悬臂上装有瞄准用的主显微镜。被测工件放在工作台上或装在两顶尖之间,由玻璃工作台下面射出一平行光束照明。主显微镜可沿立柱升降以调整焦距,由此显微镜可以看到被测工件的轮廓影像。根据测量螺纹或特殊工件的需要,可使工件倾斜一定的角度,使主显微镜的轴线与被测截面相互垂直,便于精确观测,其倾斜角度可以从刻度筒上读出。

主显微镜用于瞄准工件,上部可装目镜头及投影器。目镜头的种类包括:测量角度、螺纹及坐标的测角目镜;测螺纹和测圆弧的轮廓目镜;测孔间距或对称图形间距的双像目镜等。投影器可将工件影像投影在影屏上,用相对法测量,或利用工作台的移动、转动及读数显微镜测量工件的尺寸。

万能工具显微镜的纵向导轨中部工作滑台可分为平工作台及圆工作台。平工作台上有玻璃台板和 T 形槽,可用螺钉和压板夹紧工件;圆工作台用于分度测量或极坐标测量。

(1)万能工具显微镜的瞄准机构。工具显微镜的瞄准机构用于测量时瞄准工件。各种万能工具显微镜的瞄准机构常用的是显微目镜,万能工具显微镜还可采用光学接触器。

万能工具显微镜的目镜由玻璃分划板、中央目镜、角度读数目镜、反射镜和手轮组成。从中央目镜中可观察到分划板上的米字刻线和被测工件的轮廓影像;从角度读数目镜中可观察到分划板上 0°~360° 的度值刻线和固定游标的分划板 0′~60′ 的分值刻线。转动手轮,可使米字线和度值刻线的分划板转动,其转过的角度可在角度目镜中读出。万能工具显微镜的光学系统如图 7.19 所示。

万能工具显微镜还配备有以接触方式瞄准工件的光学接触器。光学接触器可固定在主显微镜的 3 倍物镜上,接触器的触头与工件接触,照明光源照亮固定的、带有双刻线的分划板,双刻线影像经触头上方的反射镜、主显微镜的物镜放大并成像在米字线分划板上,原理如图 7.20 所示。当测头的位置改变时,从目镜中可读出双刻线像的位移。光学接触器用于测量孔径、槽宽以及端面长度、直线度、平行度等。光学接触器的测量范围为 5~200 mm,可测孔的最大深度(孔径大于 5 mm 时)约为 15 mm。

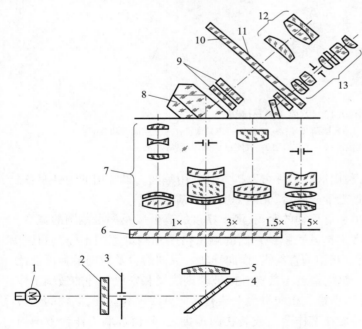

图 7.19 万能工具显微镜的光学系统
1—光源;2—滤色片;3—可变光阑;4—反射镜;5—聚光镜;
6—工作台玻璃板;7—物镜组;8—正向棱镜;9—保护玻璃;
10—刻度盘;11—米字线分划板;12—目镜组;
13—测角读数显微镜

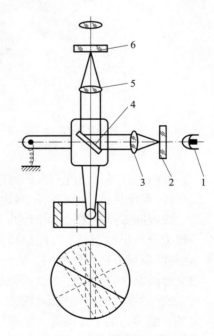

图 7.20 接触瞄准系统原理图
1—光源;2—带双刻线分划板;
3—透镜;4—反射镜;5—放
大物镜;6—主显微镜
米字线分划板

（2）万能工具显微镜纵、横向读数装置。在工具显微镜上，工作台纵、横向移动距离的读数装置常采用类似千分尺的测微螺旋机构，分度值为 0.01 mm 或 0.005 mm。万能工具显微镜则一般采用阿基米德螺旋显微镜，分度值为 1 μm。目前，各种类型的万能工具显微镜的读数装置广泛采用微计算机数显仪。

阿基米德螺旋显微镜的读数方法：在显微镜读数镜头中可以看到三种刻度，一种是毫米玻璃刻线尺上的刻度，其间距代表 1 mm；一种是目镜视野中间隔为 0.1 mm 的刻度；一种是有十圈多一点的阿基米德螺旋刻度和螺旋线里面圆周上 100 格圆周刻度，每格圆周刻度代表阿基米德螺旋移动 0.001 mm。读数时，旋转螺旋分划板微调手柄，使毫米刻线位于阿基米德螺旋双刻线之间，如图 7.21 所示。

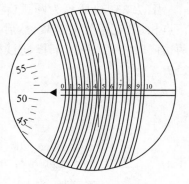

图 7.21　阿基米德螺旋线显微镜的读数

7.3.2　万能工具显微镜的基本测量方法

（1）影像测量法。用主显微镜的米字线对被测工件的影像进行瞄准定位，并由纵、横向读数装置读数。图 7.22 所示为影像法的视场示意图。

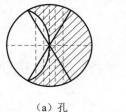 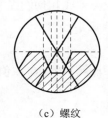

（a）孔　　　　　　　（b）轴　　　　　　　（c）螺纹

图 7.22　影像法的视场示意图

（2）轴切测量法。用主显微镜的米字线与被测工件在水平轴截面内接触的测量刀上的刻线进行瞄准，并由纵、横向读数装置读数。

（3）光学接触法。用光学接触器的球形触头与被测工件相接触，用主显微镜的米字刻线与触头位置有关的双刻线套合，并由纵、横向读数装置读数。

（4）直角坐标测量法。按纵、横两垂直方向测量被测工件的坐标值。

（5）极坐标测量法。旋转工作台和纵、横向的读数装置，读出被测工件的极角和向量半径。

7.3.3　万能工具显微镜在模具零件检验中的应用

1. 样板与模具轮廓的测量

测量样板或对模具轮廓进行检验时，一般采用直角坐标测量法、极坐标测量法或光学接触测量法。测量时，将被测零件平放在工作台台面上，万能工具显微镜的立柱不需要倾斜。测量模具轮廓时，万能工具显微镜的目镜焦距要调到模具刃口表面。无论样板或模具的形状有多么复杂，其轮廓总是由圆弧与直线组成，测量时只要找出直线与圆弧的交点，其轮廓尺寸就不难检测。

图 7.23（a）所示为圆弧检测方法。测量前,先调整测角目镜,使米字线的水平线与圆弧顶点相切,记下横向读数;然后移动纵、横向滑台,用目镜米字线的 60° 或 120° 交角线与圆弧两边同时相切,并记下横向读数,得出两次读数之差为 h,便可由式（7.2）计算出圆弧半径 R。

$$R = \frac{\sin\dfrac{\alpha}{2}}{1 - \sin\dfrac{\alpha}{2}}h = K_1 h \qquad (7.2)$$

式中　α——目镜米字线交角,其值为 60° 或 120°;

　　　K_1——计算系数,当 $\alpha = 60°$ 时,$K_1 = 1$;当 $\alpha = 120°$ 时,$K_1 = 6.463$;

　　　h——测量读数差值。

当被测圆弧较大,视场中只能看到其中一部分时,可采用图 7.23（b）所示方法测量。测量时,使目镜米字线的水平线与圆弧顶点相切于 D 点,将横向滑台移动一个距离 H（最好取整数）,使水平线与圆弧相割;转动侧角目镜变换一个角度 $\alpha/2$,微动纵向滑台,使米字线的中垂线与圆弧相切于 E 点,记下纵向读数;然后反向移动纵向滑台,反向旋转测角目镜变换 α 角度,并使米字线中央垂线相切圆弧于 F 点,再次记下纵向读数,两次纵向读数差为 AB,则可由式（7.3）计算出圆弧半径 R。

$$R = K_2 \overline{AB} - K_1 H \qquad (7.3)$$

式中　K_1、K_2——计算系数,K_1 取值同前;当 $\alpha = 60°$ 时,$K_2 = 0.866$;当 $\alpha = 120°$ 时,$K_2 = 1.897\,1$。

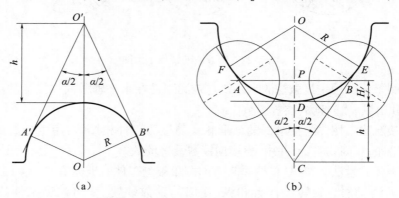

图 7.23　圆弧的检测方法

2. 锥角的测量

用万能工具显微镜测量锥角,一般可以利用仪器附件,如分度台、分度头、测角目镜等进行直接测量。图 7.24 所示的锥角测量为间接测量方法,图 7.24（a）所示为在万能工具显微镜上测量外锥角的方法:将被测工件安装在仪器两顶尖之间,用测量刀测出相距 L 的两端直径 D 与 d,则工件圆锥角为:

$$\alpha = 2\arctan\frac{D-d}{2L} \qquad (7.4)$$

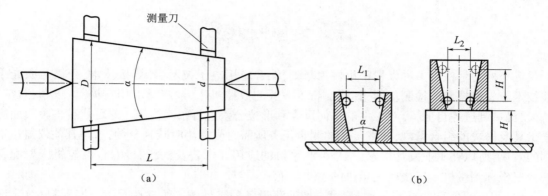

图 7.24　万能工具显微镜测量锥角

精确度要求较高的内锥体测量[见图 7.24(b)],可在万能工具显微镜上用光学灵敏杠杆测量。测量时,工件安置在仪器的玻璃工作台上,用光学灵敏杠杆先在接近内锥体大端处测量,得到读数 L_1,然后在工件下垫上尺寸为 H 的量块组或已知尺寸的标准件,在接近内锥体小端处进行第二次测量,得到读数 L_2,则被测内锥体的锥角为:

$$\alpha = 2\arctan\frac{L_1-L_2}{2H} \tag{7.5}$$

3. 多孔凹模位置度误差的测量

图 7.25 所示为多孔凹模位置度误差的测量,图 7.25(a)所示为一多孔凹模的设计图,图上各孔有位置度的要求。采用万能工具显微镜测量该多孔凹模时,可用直角坐标测量法,如图 7.25(b)所示。

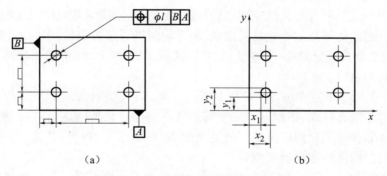

图 7.25　多孔凹模位置度误差的测量

首先按基准 A、B 面找正凹模,使其与万能工具显微镜的纵、横坐标方向一致;然后测出 x_1、x_2 和 y_1、y_2,则孔的圆心坐标 x、y 分别为

$$x = \frac{x_1+x_2}{2}, \quad y = \frac{y_1+y_2}{2} \tag{7.6}$$

将 x、y 与设计给定的尺寸比较,得到偏差值 f_x 和 f_y,则该孔的位置度误差值 f 为

$$f = 2\sqrt{f_x^2+f_y^2} \tag{7.7}$$

其他各孔的位置度误差的测量方法与上述方法相同,可逐孔进行测量和计算。

7.4 三坐标测量机

三坐标测量机是一种以精密机械为基础,综合应用电子技术、计算机技术、光栅与激光干涉技术等先进技术的检测仪器,其精度高于一般的数控机床,被广泛应用在模具、汽车、航空、航天、机械制造等行业,可对工件的几何尺寸和形位公差进行精确检测。它可代替多种表面测量工具及昂贵的组合量规,并把复杂的测量任务所需时间从小时减到分钟,这是其他仪器达不到的效果,所以在工业发达国家,三坐标测量机的应用非常普及,大约每七台数控机床要配备一台三坐标测量机。三坐标测量机的主要功能有:

(1)可实现空间坐标点的测量,可方便地测量各种零件的三维轮廓尺寸、位置精度等。测量精确可靠,适应性强。

(2)由于计算机的引入,可方便地进行数字运算与程序控制,并具有很高的智能化程度。因此,它不仅可以方便地进行空间三维尺寸的测量,还可实现主动测量和自动检测。

(3)三坐标测量机除了具备常规的结构尺寸和几何公差检测功能外,在逆向工程技术和曲面坐标检测方面也具有特殊的优势。

三坐标测量机充分显示了在测量方面的万能性及测量对象的多样性,在模具制造业中应用非常广泛。

7.4.1 三坐标测量机的分类及构成

1. 三坐标测量机分类

(1)按其工作方式可分为:点位测量方式和连续扫描测量方式。点位测量方式是由测量机采集零件表面上一系列有意义的空间点,通过数学处理,求出这些点所组成的特定几何元素的形状和位置。连续扫描测量方式是对曲线、曲面轮廓进行连续测量,多为大、中型测量机。

(2)按其结构分类可分为:桥式测量机、龙门式测量机、水平臂(单臂或悬臂)、坐标镗床式测量机和便携式测量机。

(3)按测量方式可分为:接触式、非接触式。一般来讲,接触式由于需要与工件产生适合大小的反作用力才能有反馈,因此这种测量需要考虑制件过软或过薄时在接触测量过程中产生变形的问题。非接触式目前广泛使用的是光学测量,如激光、白光、蓝光等。相对接触式测量,它的效率高,但精度不如接触式测量高。

(4)按其测量精度可分为:精密型(计量型)和生产型。精密型一般放在具有恒温条件的计量室,用于精密测量,分辨能力为 $0.5 \sim 2~\mu m$;生产型一般放在生产车间,用于生产过程检测,分辨能力为 $5~\mu m$ 或 $10~\mu m$。

2. 三坐标测量机的构成

三坐标测量机的结构形式有:悬臂式、桥式、龙门式、立柱式、坐标镗床式,它们都是由三个正交的直线运动轴构成的,这三个坐标轴的相互配置位置对测量机的精度以及对被测工件的适应性影响较大,其结构形式如图 7.26 所示。

(1)悬臂式结构。结构简单,具有很好的敞开性,但当滑架在悬臂上作 y 向运动时,会使悬臂的变形发生变化,故测量精度不高,一般用于测量精度要求不太高的小型测量机。

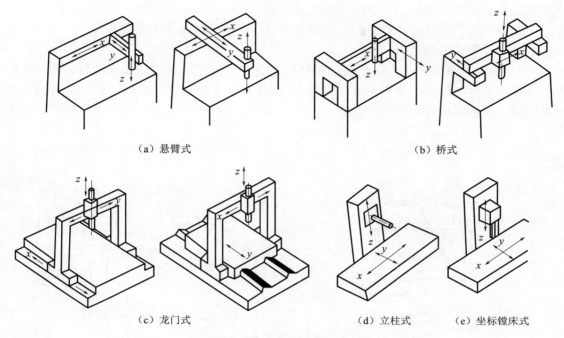

（a）悬臂式　　　　　　　　　　　　　　　　　（b）桥式

（c）龙门式　　　　　　　（d）立柱式　　　（e）坐标镗床式

图 7.26　三坐标测量机的结构形式

（2）桥式结构。桥式结构是目前应用最广泛的一种结构形式,其结构简单,敞开性好;工件安装在固定工作台上,承载能力强,用于中等精度的测量。固定桥式结构桥框固定不动,其主要部件的运动稳定性好,运动误差小,适用于高精度测量,但移动工作台的负载能力较小。桥式结构主要用于高精度的中、小机型。

（3）龙门式结构。龙门式结构与桥式结构的主要区别是它的移动部分只有横梁,移动部分质量小,整体结构刚性好,三个坐标测量范围较大时也可保证测量精度,适用于大机型。

（4）立柱式结构。单柱移动式结构又称仪器台式结构,它是在工具显微镜的结构基础上发展起来的。其优点是操作方便、测量精度高,但结构复杂,测量范围小,适用于高精度的小型数控机型。

（5）坐标镗床式结构（单柱固定式结构）。它是在坐标镗床的基础上发展起来的。其结构牢靠、敞开性较好,但工件的质量对工作台运动有影响,二维平动工作台行程不可能太大,仅用于测量精度中等的中、小型测量机。

（6）便携式测量机。便携式测量机的良好便携性能对柔性生产或流水线生产具有重要意义,越来越受到重视。接触式结构更多采用单臂结构,但由于其臂是由若干个关节臂构成,因而能解决传统上难以测得的死角区,典型的如 FARO 公司生产的三坐标测量臂,如图 7.27 所示。非接触式的光学测量设备采用便携式结构居多,因而在线监测应用比较广泛,但需要显影剂配合使用。相对于固定式的测量设备,便

图 7.27　便携式三坐标测量臂

携式测量机测量精度较低,难以满足高精度的测量。

三坐标测量机主要由测量机主体、测量系统、控制系统和数据处理系统组成。

1)三坐标测量机的主体

图 7.28 所示为小型三坐标测量机的结构示意图。测量机主体包括沿 x 轴移动的主滑架 5,沿 y 向移动的副滑架 4,测头安装在沿 z 向移动轴 3 上,1 是测量工作台。图 7.29 所示为一大型门式三坐标测量机的结构示意图。

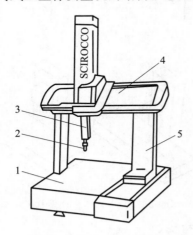

图 7.28　小型三坐标测量机的结构示意图
1—测量工作台;2—测头;3—z 轴;4—副滑架;5—主滑架

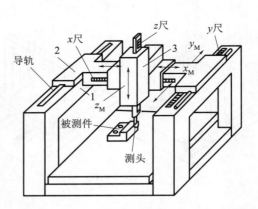

图 7.29　大型门式三坐标测量机的结构示意图
1—导轨;2—横梁;3—轴

(1)导轨。导轨是三坐标测量机的导向装置,直接影响测量机的精度,因而要求其具有较高的直线度。在三坐标测量机上使用的导轨有滑动导轨、滚动导轨和气浮导轨,其中常用的为滑动导轨和气浮导轨,滚动导轨应用较少,因为滚动导轨的耐磨性较差,刚度也比滑动导轨低。目前多数三坐标测量机已采用空气静压导轨(又称气浮导轨或气垫导轨),它具有许多优点,如制造简单、精度高、摩擦力极小、工作平稳等。

(2)工作台。大多数厂家已采用花岗岩、大理石等来制造工作台,这是因为花岗岩变形小、稳定性好、耐磨损、不生锈,且价格低廉、易于加工。有些测量机还装有可升降(z 轴)、可旋转(w 轴)的工作台,以扩大 z 轴的测量范围和测量功能。

2)三坐标测量机的测量系统

三坐标测量机的测量系统包括标尺系统和测头。

(1)标尺系统。标尺系统是用来度量各轴的坐标数值。目前三坐标测量机上使用的标尺大多是光栅尺,有些测量机使用了同步感应器。为了达到更高的精度,有的测量机甚至使用了激光干涉仪。

(2)测头。三坐标测量机通过测头拾取信号,因而测头的性能直接影响测量精度和测量效率、没有先进的测头就无法充分发挥测量机的功能。测头按测量方法可分为接触式和非接触式两类。在接触式测量头中又分为机械接触式测头和电气接触式测头。此外,生产型测量机还配有专用测头式切削工具,如专用铣削头和气动钻头等。

机械接触式测头为具有各种形状(如锥形、球形)的刚性测头、带千分表的测头以及划针式工具。机械接触式测头主要用于手动测量,由于手动测量的测量力不易控制,测量力的变化会降低瞄准精度,因此,只适用于一般精度的测量。

电气接触式测头的触端与被测件接触后可作偏移,传感器输出模拟位移量信号。这种测头既可以用于瞄准(过零发信),也可以用于测微(测量给定坐标值的偏差)。电气接触式测头主要分为电触式开关测头和三向测微电感测头,其中电触式开关测头应用较广泛。

非接触式测头主要由光学系统构成,如投影屏式显微镜、电视扫描头等,适用于软、薄、脆的工件测量。

为了提高测量效率同时探测各种零件的不同部位,常需为测头配置一些附件,如测端、探针、连接器、测头回转附件等,图 7.30 所示为常见的测量接触头。

3)三坐标测量机的控制系统和数据处理系统

(1)控制系统。控制系统是三坐标测量机的关键组成部分之一,其主要功能有:读取空间坐标值、控制测量瞄准系统对测头信号进行实时响应与处理、控制机械系统实现测量所必需的运动、实时监控坐标测量机的状态以保障整个系统的安全性与可靠性等。

三坐标测量机的控制系统分为手动型、机动型和 CNC 型。早期的坐标测量机以手动型和机动型为主,其测量过程是由操作者直接手动或通过操纵杆完成各个点的采样,然后在计算机中进行数据处理。随着计算机技术、数控技术的发展,CNC 型控制系统变得日益普及。它是通过程序来控制坐标

图 7.30　测量接触头

测量机自动进给和进行数据采样,同时在计算机中完成数据处理。图 7.31 所示为系统控制原理图。

图 7.31　系统控制原理图

(2)数据处理系统。数据处理系统包括计算机、专用软件系统、专用程序或程序包。计算机是三坐标测量机的控制中心,用于控制全部测量操作、数据处理和输入/输出。

在用于检测时,通过该系统,操作者可以手动编制检测程序(对话式窗口编程)、自动编制程序(通过引入 CAD 模型自动生成后检测程序)、自学习编程(机器记下所有指令代码,在多批次重复检测时,无须再编程)、脱机编程(在该系统外部编制好程序通过公共接口引入)。

在进行检测时,可以根据定义对检测的尺寸、几何误差进行处理,有的还可以对结果加以

判断和调整。在用于测量时,该系统可以进行大量的数据处理并通过内部的几何元素定义生成相应的几何体,然后通过公共接口将几何体传出该系统以作他用。

7.4.2 三坐标测量机的测量应用

1. 可用于加工的轻型三坐标测量机

三坐标测量机除用于零件的测量外,还可用于如划线、打样冲眼、钻孔、微量铣削及末道工序精加工等轻型加工,在模具制造中可用于模具的装配。

图 7.32 所示为立柱式三坐标划线机,它是三坐标测量机的一种,主要用于金属加工中的精密划线和外形轮廓的检测,特别适用于大型工件制造、模具制造、汽车和造船制造业及铸件加工等。它属于生产适用型三坐标机,可承担检测环境较恶劣的划线和计量测试技术工作。因此,在模具制造中,特别是大型覆盖件冷冲模具制造中,得到广泛应用。

立柱式三坐标划线机,由机械主体部分和数字显微处理系统组成。其机械主体部分主要包括基座、立柱、水平臂、支承箱、测头及一侧带导槽的工作台等。

基座可在工作台导槽中移动或定位锁紧,水平臂可在支承箱中作水平移动。在划线或检测时,工件一次定位即能完成三个面的划线或检测,效率高、相对精度高。数字微处理系统由光栅编码器、无滑滞滚动的角度-长度转换装置和微计算机数显设备等组成。仪器的测程范围大,可作相对或绝对坐标数据显示、米-英制转换和数据打印。该类检测设备由于精度较低,一般不作为数据采集用,也不用于最终加工工序或产品的检测、测量。

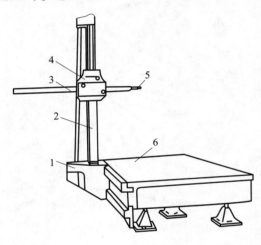

图 7.32 立柱式三坐标划线机
1—基座;2—立柱;3—水平臂;4—支承箱;
5—测头;6—工作台

2. 多种几何量的测量

测量前必须建立坐标系,并根据被测件的形状特点选择测头并进行测头的定义和校验,对被测件的安装位置进行找正。

1)坐标系的概念

(1)机床坐标系。机床坐标系又称绝对坐标系。机床坐标系是测量机出厂时设定的,它的原点一般是在 x、y、z 标尺的初始端。一般在测量机初始启动时,都要"回零",也就是初始化回原点。如果不能正常回零,表明测量机软件或硬件上存在某种错误。一般在较低端的测量机(如较一般的划线机)上会用到机床坐标系,它需要操作者将工件正确摆放,使其某一轴线与机床坐标系的相应轴线平行,建立相对坐标系后,再进行测量。

(2)工件坐标系。测量时一般都使用工件坐标系,该坐标系是操作者在工件检测前生成的坐标系。对于某些大型测量机,在需要承载能力较大的情况下,床身和工作台分开安装,即工作台的变形、破坏不会影响到测量机本身的精度,此时必须用到工件坐标系。

工件测量坐标系设定后,即可调用测量指令进行测量。

2)角度的校验和触头的定义

在触头更换后,系统启动,这时需要把触头的定义输入到指定的地方。由于一般系统采用的是自动补偿接触检测及测量,也就是说实际上检测、测量的是接触头的球心,得到的结果是系统自动增加了一个接触头的半径。

触头或加长杆更换后或在初次进行零件检测、测量时,必须要对测头的各个摆角进行校验,否则会在不同的角度测量(检测)同点的值时出现偏差,这个偏差与加长杆、探针长度、接触头的大小都有关系。一般情况下,大部分测量机厂家都是用标准球(又称基准球)进行校验。

3)工件找正

零件的找正是指在测量机上用数学方法为工件的测量建立新的坐标基准。测量时,工件任意地放在工作台上,其基准线或基准面与测量机的坐标轴(x、y、z 轴的移动方向)不需要精确找正。为了消除这种基准不重合对测量精度造成的影响,需用计算机对其进行坐标转换,根据新基准计算、校正测量结果。

零件找正的主要步骤有:①确定初始参考坐标系;②运行找正程序;③选定第一坐标轴;④调用相应子程序进行测量并存储结果;⑤选定第二坐标轴;⑥调用相应子程序进行测量并存储结果。对于三维找正中的第三轴,系统自动根据右手坐标准则确定。

4)触头选用

被测工件的材质、形状及测量部位都是在测量前选择触头时应考虑的因素。如图 7.33 所示,图 7.33(a)所示为柱形接触头,一般用于测量零件的轮廓边界;图 7.33(b)所示为盘形接触头,一般用于测量宽的沟槽及有闭角的区域;图 7.33(c)所示为球形接触头,它在生产实际中使用最多,孔、面、壁的检测、测量都可以使用它。

　　(a)　柱形接触头　　　　　　(b)盘形接触头　　　　　　(c)球形接触头

图 7.33　测量不同的形状选用的触头

5)触头运动方向

在测量时,触头运动方向的选择必须要在理论上保证测量数据的可靠性及准确度。如图 7.34(a)所示,在测量简单的型面时,从 P 进给方向和从 Q 进给方向测量的结果是不同的,这是由于系统对球头半径补偿所致。当系统判断出运动方向为 P 向进给时,球头半径补偿在 P 向;同理,如判断为 Q 向进给时,补偿方向在 Q 向,二者的差值由此产生。图 7.34(b)所示为合理的不同进给方向。表 7.1 为三坐标测量机在测件的形状、位置、中心和尺寸等方面的应用示例。

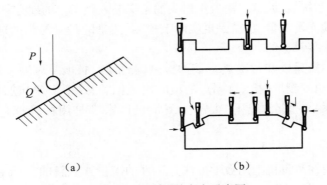

（a）　　　　　　　　　　　　　（b）

图 7.34　测量进给方向示意图

表 7.1　三坐标测量机的应用示例

序号	测量分类	测量项目	测量形状及位置	被测件名称
1	直线坐标测量	孔中心距测量		孔系部件
2	平面坐标测量	和 z 轴平行面的内外尺寸测量		数控铣床的部件
		测头不能接触的部位表面形状、间隙测量		精密部件
3	高度关系测量	高度方向尺寸测量		用球面立铣刀加工的具有三个坐标尺寸的被加工件
		与高度相关的平行度测量		有平行度要求的台阶
4	曲面轮廓测量	把高度分成小间隔的一个平面上的轮廓形状测量		电火花机床用电极
5	三坐标测量	用球形测头接触作不连续点的测量以决定空间形状		电火花机床用电极
6	角度关系测量	安装圆工作台测量与角度相关的尺寸		间隙、凸轮沟槽

拓展阅读

中国模具工业发展历史

模具作为工业配套,其发展水平受汽车、电子、航空航天、军工、医疗、建材等下游行业发展的影响。中华人民共和国成立后我国工业体系经历了从无到有,从有计划的重点工业项目到建立起现代化工业体系的发展过程,模具伴随工业发展,也经历了从无到有、从小到大的发展历程。总的来说,我国模具设计与制造技术的发展经历了手工作坊制造的萌芽阶段、工业化生产的快速发展及产品竞争阶段和现代化生产的品牌竞争阶段。

萌芽阶段为 20 世纪 50 年代至 70 年代末期。由于受社会经济及政治发展状况的影响,我国模具制造在这一阶段发展缓慢,模具制造大多依附于企业的一个配件加工车间,模具制造企业较少且产量低,模具产品的种类较为单一,供需失衡。

快速发展阶段为 20 世纪 80 年代初期至 90 年代中期。在这一阶段,我国开始实行改革开放政策,国内模具制造企业开始引进国外先进生产设备和科学管理理念,并自行研制开发了一批适合我国国情的模具新钢种。模具的产量及生产工艺均得到了较大幅度的提升,整个行业进入了快速发展阶段。

产品竞争阶段为 20 世纪 90 年代中期至 21 世纪初。这一阶段,在消费需求的引领下,模具产品更新换代加快。具有技术优势的国外模具企业开始大举挤入国内模具市场,抢占市场份额。与此同时,中小企业厂商之间相互模仿,产品同质化严重,竞争日益激烈。

品牌竞争阶段为 21 世纪初至今。外资布局国内模具市场加剧了整体市场竞争,一些实力较强的厂商开始注重品牌宣传、产品创新、服务提升和渠道终端建设,并逐步开拓中高端模具市场。此外,下游市场呈现多样化需求,下游客户对品牌的认知度也逐渐提高,我国模具制造产业进入了以品牌竞争为主的新阶段。

面对国际竞争,我国模具工业从初期的摸索、学习借鉴,到现在的追赶,甚至引领,我国模具产业的国际竞争力不断增强。中国、美国、日本、德国、韩国、意大利六国为全球主要的注塑模具和冲压模具生产国,中国的模具产值为世界之最。

思 考 题

1. 测量和检测在计量上是如何区别的?
2. 什么是样板?样板常用于检测模具的哪些方面?
3. 尺寸精度的常规测量工具有哪些?举例说明塞尺在模具测量中的应用。
4. 测量几何误差的常用仪器有哪些?
5. 简述万能工具显微镜在模具零件检验中的应用。
6. 三坐标测量机的主要功能是什么?简述三坐标测量机的构成及分类。
7. 三坐标测量机的测量系统包括什么?简述测头的分类及原理。
8. 简述三坐标测量机在模具制造及测量中的应用。

第8章　典型模具零件加工

本章学习目标及要求

（1）掌握模具加工的一般规律，熟悉模具加工工艺内容的表达方法。

（2）了解凸模类模具加工的特点，掌握凸模零件加工的一般过程，掌握异形凸模采用线切割加工的工艺过程。

（3）了解凹模类模具加工的特点，掌握凹模零件加工的一般过程，掌握凹模采用电火花成形加工及铣削加工的工艺过程。

（4）了解冷冲模模架制造的基本要求及导柱、导套、模座的加工过程。

8.1　凸模类零件加工

8.1.1　凸模类零件的加工特点

凸模是模具的主要零件之一。各类模具中，凸模的形状、要求各不相同，但就加工过程、加工内容来讲，各类凸模都具备以下特点：

（1）一般模具中，凸模都由两部分组成，即工作部分和配合部分，如图 8.1 所示。工作部分主要由成形件形状及尺寸决定，具有较高的尺寸精度及形状位置精度；配合部分与固定板呈 H7/m6 配合，且与工作部分要求同轴。配合部分径向尺寸较工作部分稍大，装入固定板以后，与固定板平面配磨平齐，以保证工作部分垂直。

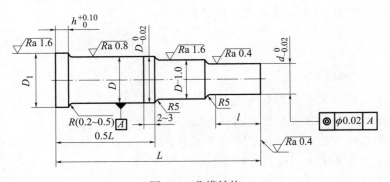

图 8.1　凸模结构

（2）凸模加工一般是外形加工。

（3）当加工有强度要求的凸模时，凸模表面不允许出现有影响强度的沟槽，各连接部分应用圆弧过渡。

8.1.2　圆柱形凸模的加工工艺

图 8.2 所示为一圆柱形拉深凸模,材料为 Cr12,经淬火后硬度为 58~62 HRC,凸模端部的圆角为 R4 mm,中心有一 φ3 mm 的透气孔,其余技术要求如图所示。工艺分析:该凸模截面呈圆形,故加工时可选用车削加工、淬火后经磨削加工达到图纸要求,由于其安装部分与工作部分有同轴度要求,加工时,应安排外圆一次车出成形,磨削时也应一次磨出。并同时磨出轴肩,以保证垂直度要求。因此,在加工时,可选用顶尖孔作为定位基准,另外,为方便工件在外圆磨床上装夹,在工件左侧表面合适位置钻攻 M5 螺纹孔,并拧入一拨杆以供拨盘带动工件旋转,如图 8.3 所示。

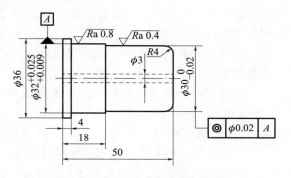

图 8.2　圆柱形拉深凸模

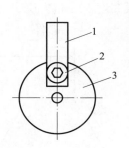

动画

圆柱形凸模
加工仿真设计

图 8.3　拨杆装配示意图
1—拨杆;2—螺钉;3—工件

具体工艺过程如下:

(1)备料。毛坯下料,锻造成 φ45×60 并退火处理。

(2)车。车外圆、钻顶尖孔(由于凸模中心有一 φ3 mm 圆孔,顶尖孔可适当钻大些),要求 φ32 mm 与 φ30 mm 一起车出,并各留 0.5 mm 磨量,车出右端面及圆角 R4 mm;调头车出 φ36 mm,车出左端面,保证凸模长度 50.5 mm,钻出顶尖孔及 φ3 mm 小孔。

(3)钳。划线并钻攻 M5 工艺螺孔。

(4)热处理。淬火并低温回火,检查硬度 58~62 HRC。

(5)磨。磨顶尖孔,磨出外圆 $\phi30_{-0.02}^{0}$ mm 及 $\phi32_{+0.009}^{+0.025}$ mm 并保证同轴度要求。

(6)磨。将凸模装入固定板,与固定板同磨左端面,翻身磨出右端面,保证凸模长度 50 mm。

(7)车。修光圆角 R4 mm。

加工注意事项:

(1)顶尖孔的类型和尺寸在国家标准中已有规定,可从有关手册中查到。由于工件中心已有一 φ3 mm 圆孔,故顶尖孔尺寸应适当加大,以免钻孔后破坏顶尖孔。另外,顶尖孔在热处理后可能会产生变形或存有氧化皮,故在精加工磨外圆前应对顶尖孔进行研磨,研磨的办法一般是在车床上用金刚石或硬质合金顶针加压进行。

(2)要留有合适的精加工余量。余量太多,磨削困难,浪费工时;余量太少,热处理变形后可能加工不出来。一般来讲,应根据工件的材料和几何尺寸选择,具体选择时可参考有关资料。

(3)外圆磨削加工一般采用拨盘、卡箍装夹。

8.1.3 异形凸模的加工工艺

异形凸模由于其形状的特殊要求,加工难度较大,下面介绍几种常用的方法。

1. 电火花线切割加工

采用电火花线切割加工不仅提高了自动化程度,简化了加工过程,缩短了生产周期,而且可以在模具零件淬火后进行,模具的加工精度高、质量好。

为了便于在线切割机床上安装定位,凸模的毛坯外形一般加工成规则的六面体,尺寸也需要适当加大,当一副模具有多个凸模时,可以将多个凸模合并在一个毛坯内进行加工。采用线切割加工的凸模侧壁母线应设计成直通式。

下面以图 8.4 所示异形凸模(截面)为例(材料为 Cr12MoV,热处理淬火后硬度为 58～62 HRC,凸模高度 50 mm),说明电火花线切割加工模具的过程。

异形凸模
加工仿真

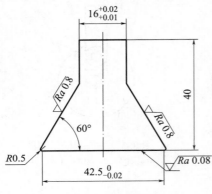

图 8.4　异形凸模

(1)下料。毛坯下料,锻造成 65×60×60 并退火处理。

(2)铣。铣六个面,将毛坯铣成六面体 55×50×50.5。

(3)磨。磨出上下两平面及一角尺面。

(4)钳。划线钻穿丝孔,在程序加工起点(合适位置)处钻出直径为 3～5 mm 的穿丝孔。

(5)热处理。淬火及低温回火,检查硬度 58～62 HRC。

(6)磨。磨上下两平面到工件高度尺寸。

(7)电加工。按图样尺寸及形状编制线切割程序并进行线切割加工。

(8)钳。研磨凸模工作部分。

电火花线切割加工凸模时应在热处理之前加工好穿丝孔,并在工艺卡中注明穿丝孔的位置,以方便程序的编制。现在生产中穿丝孔也经常采用电火花穿孔工艺,根据编程位置加工,比较方便灵活。

2. 成形磨削

成形磨削具有高精度、高效率等优点。为了便于成形磨削,凸模一般设计成直通式,对于半封闭式的凸模,则应设计成镶拼结构,即将凸模分解成几件,分别进行磨削,最后装配成一件完整的凸模。

图 8.5 所示为级进模的凸模,精度要求较高,凸模高 60 mm,材料为 Cr6WV、热处理淬火后硬度为 58～62 HRC。其加工过程如下:

(1)备料。毛坯下料,锻造成 30 mm×45 mm×70 mm 并退火处理。

(2)刨。刨六面图,要求六面互相垂直,留磨量 0.5 mm。

(3)铣。铣圆弧 R20 mm 成 R19.7 mm,留磨量 0.3 mm。

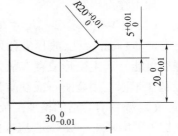

图 8.5　凸模的成形磨削

（4）热处理。淬火及低温回火，检查硬度 58~62 HRC。

（5）磨。磨外形到规定尺寸。

（6）成形磨削。磨圆弧 $R20$ mm。

8.2 凹模类零件加工

8.2.1 凹模类零件的加工特点

凹模（塑料模中常称为型腔）也是模具的主要零件之一。其内腔的形状、尺寸由成形件的形状、精度决定，凹模加工时，一般要求其内腔与底平面保持垂直，上、下面保持平行。

凹模类零件加工时有以下特点：

（1）凹模加工一般是内形加工，加工难度大。凹模的外形一般呈圆形或方形，内形根据需要有时带有许多工艺结构，如圆角、脱模斜度等。当形状简单时可采用车削、磨削、铣削等机械加工的方法加工，当形状复杂时可采用数控机床加工，当模具需要淬火时可采用电加工的方法加工（型腔采用电火花成形、型孔采用线切割）。

（2）凹模淬火前，上面所有的螺钉孔、销钉孔以及其他非工作形状部分均应先加工好，否则会增加加工成本甚至无法加工。

（3）为了降低加工难度、减少热处理的变形、防止淬火开裂，凹模类零件经常采用镶拼结构。

（4）凹模内腔若最终不是由机械加工方法获得（如通过电火花成形等），在淬火前，也应通过机械加工方法加工出内腔的大致形状，以保证热处理零件的淬透性，减少精加工工作量。

（5）加工塑料模时，由于模架已预先加工好，即模板上已加工好导柱、导套孔，在加工型腔时，必须保证型腔相对于导套孔的位置与型芯相对于导柱孔的位置一致，否则模具无法合模。

8.2.2 圆形凹模的加工工艺

图 8.6 所示为圆筒形拉深件的凹模，材料选用 Cr12，热处理淬火 58~62 HRC，其余尺寸及要求如图所示。与圆形凸模的加工一样，圆形凹模的加工基本工艺方法也是车削与磨削，正是采用了这样的加工方法，所以模具设计时，尽可能将模具的外形也设计成圆形，以方便模具加工。

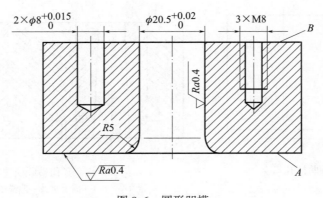

动 画

圆形凹模加工仿真设计

图 8.6 圆形凹模

具体加工过程如下：

（1）备料。毛坯下料、锻造并退火处理，外形各留 5 mm 余量（单面）。

（2）车。先车出 A 面、外形及内孔，内孔留余量 0.3～0.5 mm，用成形车刀车出孔口 R5 mm 圆角，然后调头车出另一端面 B 及整个外形，高度方向留 0.5 mm 余量。

（3）磨。先磨出 B 面，再磨出 A 面。

（4）钳。划线并钻铰 2×$\phi 8^{+0.015}_{0}$ mm，钻攻 3×M8。

（5）热处理。淬火及低温回火，检查硬度 58～62 HRC。

（6）磨。磨平面。

（7）磨。磨内孔到规定尺寸。

（8）钳。修整 R5 圆角。

加工注意事项：

（1）车削加工时，余量要均分，即先测量毛坯的尺寸，然后根据其实测尺寸，分配 A、B 面和外圆的加工余量，保证锻打后毛坯表层有缺陷的部分全部去除。

（2）平面磨削时，一定要以先车面即 A 面作基准，磨出 B 面，然后再磨出 A 面。这样才能保证内腔与模具端面的垂直度要求，否则，会因内腔不垂直而使内腔精加工时余量不均，甚至报废工件。所以，在车加工时，一定要把先车面作上记号，以免搞混。

（3）内孔精磨后，一定要修整及研光孔口圆角 R。这是因为工件经平面及内孔磨削后，孔口原来的圆角 R 被破坏，如图 8.7 所示。孔口圆弧与两垂直面交接处成尖角，影响模具正常工作。修整的办法通常可以用硬质合金车刀小心车出，然后用金刚石锉刀慢慢修光。要注意的是，模具孔口的粗糙度要求低，特别是孔口周向的切削痕会使模具无法正常工作，所以最终修光时，一定要沿着内腔的径向抛光。

（4）当模具由一系列圆孔组成，而且各孔之间要求有很高的位置精度时（如多孔冲裁模），凹模加工可采用坐标镗床或数控铣床加工。此类加工一般是在热处理前进行，凹模经热处理后，加工精度必然会受到淬火变形的影响。因此，对于多腔模，凹模一般做成镶拼结构，如图 8.8 所示，将凹模镶件 2 加工好后镶入固定板 1 中，这样既满足了凹模的热处理要求，又保证了孔距要求。如采用整体结构，则凹模淬火后应采用坐标磨床加工。

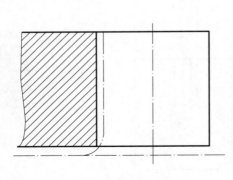

图 8.7 凹模孔口

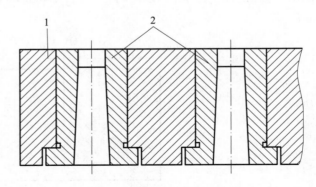

图 8.8 多孔模凹模镶拼结构

1—固定板；2—凹模镶件

8. 2. 3   异形凹模加工工艺

异形凹模加工是模具加工中经常碰到的,与圆形凹模加工相比,异形凹模的加工更为复杂,难度更大,其型孔的加工经常采用线切割加工、型腔的加工则经常采用电火花成形加工和铣削加工。

图 8.9 所示为一拉深凹模,材料选用 Cr12MoV,热处理淬火 58~62 HRC。内腔由直线和两圆弧面组成,孔口有 $R5$ mm 圆角,其余尺寸及精度如图所示。

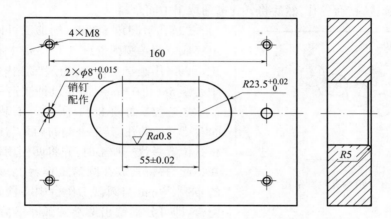

图 8.9   拉深凹模

1. 采用电火花成形加工

具体加工过程如下:

(1)备料。毛坯下料、锻造并退火处理,外形各留 5 mm 余量(单面)。

(2)铣。铣出六面,高度方向留 0.5 mm 余量,其余外形加工到规定尺寸。

(3)磨。磨出上下平面及一角尺面,高度方向留 0.2 mm 余量。

(4)钳。划线,钻、攻螺纹孔,钻、铰销钉孔,去除孔中间余料。

(5)铣。在工具铣床上用成形铣刀铣出孔口圆角 $R5$ mm。

(6)热处理。淬火及低温回火,检查硬度 58~62 HRC。

(7)磨。磨上下平面到规定尺寸。

(8)电。电火花成形加工内腔到规定尺寸。

(9)钳。修光 $R5$ mm 圆角及内腔。

2. 采用电火花线切割加工

具体加工过程如下:

(1)备料。毛坯下料、锻造并退火处理,外形各留 5 mm 余量(单面)。

(2)铣。铣出六面,高度方向留 0.5 mm 余量,其余外形加工到规定尺寸。

(3)磨。磨出上下平面及一角尺面,高度方向留 0.2 mm 余量。

(4)钳。划线,钻、攻螺纹孔,钻、铰销钉孔,钻穿丝孔。

(5)铣。在工具铣床上用成形铣刀铣出孔口圆角 $R5$ mm。

（6）热处理。淬火及低温回火,检查硬度 58~62 HRC。

（7）磨。磨上下平面到规定尺寸。

（8）电。电火花线切割加工内腔到规定尺寸。

（9）钳。修光 $R5$ mm 圆角及内腔。

加工注意事项:

（1）中间余料去除的方法有很多,如用锉锯机切除、用氧-乙炔焰气割等,但经常用的是沿内腔轮廓钻孔来去除余料,如图 8.10 所示。先沿内腔轮廓的周边划出一系列的孔,孔间保留 0.5~1 mm 的余量,钻通各孔,然后将各孔凿通取出中间余料。

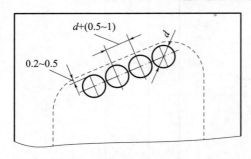

图 8.10　沿内孔轮廓钻孔

（2）孔口圆角 $R5$ mm 的加工可以在工具铣床上完成。两端圆弧 $R23.5_0^{+0.05}$ mm 上孔口圆角的加工可以采用圆盘工作台,为了保证内腔两端圆弧的中心距 55 ± 0.02 mm,需要设计制造一个简易工装（二类工装）如图 8.11 所示。工装上加工 4 个 $\phi8_0^{+0.015}$ mm 的孔,其中外侧的两孔与凹模上的两销钉孔位置一致。加工时,先将凹模用销钉与其连接在一起,并将其放在圆盘工作台上,只要将其中心的 $\phi8_0^{+0.015}$ mm 与圆盘工作台中心预先设置的销轴配合,即可分别铣出两端圆弧。然后,移去圆盘工作台,将工件直接压紧在铣床工作台上,找正两端圆弧中心,铣出内腔直线部分。模具生产中,该圆弧也可以采用数控铣床进行加工,加工过程相对简单。

（3）孔口圆角 $R5$ mm 在加工时注意圆弧 $R23.5$ mm 尺寸要缩小至 $R23$ mm,以免与线切割工序由于定位误差连接不好产生凸台,如图 8.12 所示,从而报废零件。

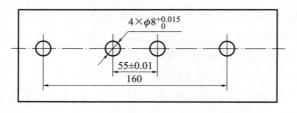

图 8.11　简易工装

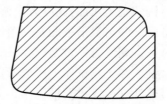

图 8.12　定位误差产生凸台

8.3　模架的加工

各类模具中,为了保证模具在工作时凸凹模之间的正确定位、导向、配合间隙,常常使用标准模架。标准模架由上模座、下模座、导柱及导套组成。使用标准模架,不但可以保证模具的正常工作,还可缩短模具的制造周期,降低成本,减少劳动强度,延长模具的使用寿命。

模架的技术要求内容很多,要求也很高,下面是与加工有关的技术要求:

（1）模架上、下模座间的平行度要求小于或等于 0.05∶300。

（2）导柱、导套对上、下模座间的垂直度要求小于或等于 0.01∶100。

（3）模座的上下平面表面粗糙度要求为 Ra0.4~1.6 μm。导柱、导套配合面的表面粗糙度要求为 Ra0.1~0.4 μm。

8.3.1　模架的加工工艺

1. 导柱、导套的加工

1）导柱的加工

图 8.13 所示为典型的导柱结构,材料为 20 钢,表面渗碳淬火 58~62 HRC,渗碳层深 0.8 mm。

其加工过程如下：

（1）下料。

（2）车。粗车两端面、钻顶尖孔,保证长度 L,车外圆,留 0.5 mm 磨削余量。

（3）热处理。表面渗碳淬火,检查硬度 58~62 HRC。

（4）磨。磨顶尖孔,磨外圆,留研磨量 0.01~0.015 mm。

（5）研磨。研磨外圆,研磨时将导柱装夹在车床上,在导柱表面均匀地涂上一层研磨剂,套上研磨环,导柱由车床带动旋转,用手握住研磨环作轴向往复运动。研磨环形状如图 8.14 所示。调节研磨环上的螺钉可控制研磨量的大小。

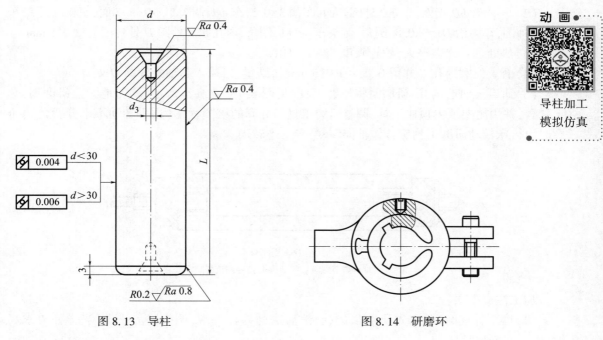

图 8.13　导柱　　　　　　　　　　图 8.14　研磨环

2）导套的加工

图 8.15 所示为典型的导套结构。材料 20 钢,表面渗碳淬火 58~62 HRC,渗碳层深 0.8~1.2 mm。

动画

导套加工
模拟仿真

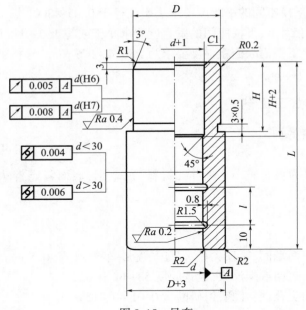

图 8.15 导套

其加工过程如下：

（1）下料。取合适直径的圆棒料下料。

（2）车。车 ϕD 端面，车 ϕD 外圆表面，车槽 3×0.5，车 ϕd，调头车 $\phi D+3$ 端面，使长度为 L，车 $\phi D+3$ 外圆，车内槽 D1.5×0.8，倒角，调头车 $\phi d+1$，倒角，内孔 d 及外圆 D 处各留磨量 0.5 mm。

（3）热处理。渗碳淬火，检查硬度 58~62 HRC。

（4）磨。先磨内孔 d 并留 0.01~0.015 mm 研磨量，再插入芯轴磨外圆 D 处。

（5）研磨。研磨内孔，研磨时将研磨工具（见图 8.16）夹在车床上，均匀地涂上研磨剂，套上导套，并用尾架顶尖顶住工具，调整研磨工具与导套的松紧程度（用手转动不十分费劲），研磨时由机床带动研磨工具旋转作轴向转动，导套不转动。

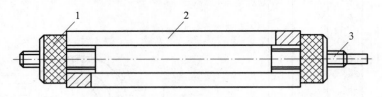

图 8.16 研磨棒
1—调节螺母；2—研磨套；3—调节杆

加工注意事项：

（1）磨削导柱时，要求先研磨顶尖孔，然后磨削导柱一端，调头磨另一端，当导柱要求高时，需一次磨出导柱。

（2）磨削导套时，须加工一芯轴，单件生产时，为了减少芯轴的加工，可先用导柱配磨作芯轴，待导套磨好后再磨导柱外径，此时，如果导套内孔稍有偏差，可用导柱来配，而不致于报废。

（3）批量生产时，可在专用研磨机上进行研磨。

(4)研磨剂的配制见表 8.1。

表 8.1　研磨剂的配制

项目	成分	按重量比例/%	配制方法	说　明
导柱研磨剂	氧化铝	52	将油酸、凡士林、猪油、混合脂加热至 60 ℃,再将氧化铝粉倒入,搅拌均匀即可使用	也可以用混合脂油 60%、硬脂酸 28%、牛骨油 12% 蜂蜡加热到 100 ℃ 冷却后即可使用
导柱研磨剂	油　酸	7		
导柱研磨剂	凡士林	10		
导柱研磨剂	猪　油	5		
导柱研磨剂	混合脂	26		
导套研磨剂	猪　油	25	将猪油熔化与锭子油、氧化铬均匀搅拌即成	—
导套研磨剂	锭子油	25		
导套研磨剂	氧化铬	50		

2. 上、下模座的加工工艺

上、下模座如图 8.17 所示。通常是用铸铁或铸钢(HT200、ZG45)作为毛坯,现在模具生产中模座也经常采用 45 钢或者 Q295 等材料制造。

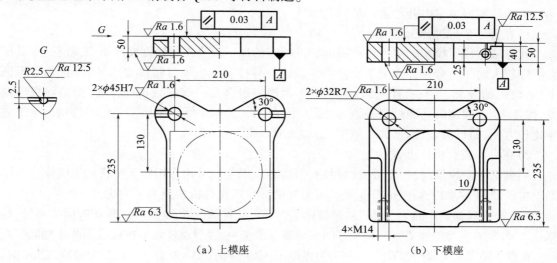

（a）上模座　　　　　　　　　　（b）下模座

图 8.17　模座

模座的加工主要是导柱、导套孔的镗削。镗孔时除应保证导柱、导套孔与导柱、导套的配合精度以外,还应保证上、下模座的孔距一致,孔的中心与模座上、下平面垂直。镗孔前应先在模座上钻孔,并留镗孔加工余量 2~3 mm。

1)上模座的加工

上模座如图 8.17(a)所示,其加工过程如下:

(1)下料。

(2)铣。铣上、下平面,保证尺寸 50.8 mm。

(3)磨。磨上下平面,保证尺寸 50 mm,保证平面度要求。

(4)钳。钳工划线,划前部平面和导套孔线。

(5)铣。铣前部平面。

（6）钻。钻导套孔至 $\phi43$ mm。

（7）镗。和下模座重叠，一起镗孔至尺寸 $\phi45H7$，保证垂直度。

（8）铣。铣 $R2.5$ 的圆弧槽。

（9）检验。

2）下模座的加工

下模座如图 8.17（b）所示，其加工过程如下：

（1）下料。

（2）铣。铣上、下平面，保证尺寸 50.8 mm。

（3）磨。磨上下平面，保证尺寸 50 mm，保证平面度要求。

（4）钳。钳工划线，划前部平面和导柱孔线和螺纹孔线。

（5）铣。铣前部平面，铣两侧面达规定尺寸。

（6）钻。钻导柱孔至 $\phi30$ mm，钻螺纹孔。

（7）镗。和上模座重叠，一起镗孔至尺寸 $\phi32R7$，保证垂直度。

（8）检验。

下面是模座加工时几种常用的镗孔方法。

1）在普通坐标镗床上镗孔

此方法适用于模座的单件生产或非标准模座的加工。当模具精度要求不高，导柱、导套配合间隙较大时。可分别镗出上下模座的导套孔与导柱孔。当模具精度要求较高时，为了保证上、下模座的导套、导柱孔距一致，可将上下两模座组合在一起进行镗削，以完全消除机床误差，保证上、下模座的孔距严格一致，如图 8.18 所示。普通坐标镗床加工模座的特点是加工过程比较方便，但设备造价高，加工效率低、加工成本高。

2）在专用镗孔机床上镗孔

当批量生产模架时，由于导套、导柱孔距离相对固定。可用专用镗孔机床加工模座。这样不但生产效率高，加工精度也有保证。下面是两种专用镗孔机床及加工方法。

（1）卧式双轴镗床加工。卧式双轴镗床工作部分结构如图 8.19 所示。镗床有两根主轴，根据孔距要求，在两立轴间垫以相应尺寸的块规或标准垫块，通过丝杠移动拖板可调两主轴间的距离。每根主轴上可装两把镗刀，第一把刀为粗镗，去除余量的 2/3~3/4，第二把刀为精镗。加工时，可根据孔径精确调整刀具尺寸；调整时，可利用对刀工具调节，调好后，用螺钉紧固，如图 8.20 所示。

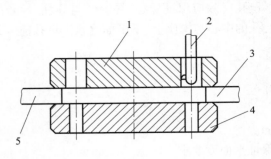

图 8.18　两块模座一起加工

1—上模座；2—镗刀；3、5—垫块；4—下模座

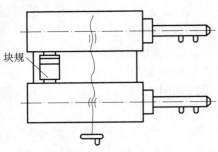

图 8.19　卧式双轴镗床

(2)立式双轴镗床加工。立式双轴镗床工作部分结构如图 8.21 所示,其工作原理及操作过程与卧式双轴镗床基本相同。而立式双轴镗床加工时,模座的安装、加工余量的调整相对容易,加工方便。

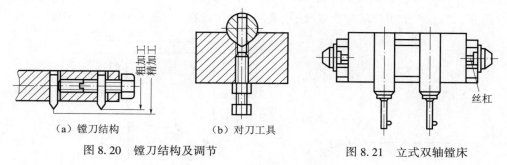

（a）镗刀结构　　　　　（b）对刀工具

图 8.20　镗刀结构及调节　　　　　图 8.21　立式双轴镗床

拓展阅读

大国工匠:中国航天科工六院郑朝阳

郑朝阳参加工作以来,他扎根本职工作,用行动践行着一名共产党员的初心与担当。2021 年,郑朝阳被国资委党委评为"中央企业优秀共产党员"。

郑朝阳的日常工作是为固体火箭发动机加工工艺装备。这些手工打造的工艺装备,其精度远比自动化机床更高,不仅是加工零部组件的最基本保障,更是确保高精尖产品质量的重要部件。

作为项目技能操作带头人,他带头参与了某重点产品的研发装配工作,堪称完美的工匠手艺在项目推进中发挥了关键作用,一个个无法攻克的难题在他手上迎刃而解。一直以来,他默默地坚守在航天一线,带领班组人员创新了一个又一个加工方法,将理想化的"设计原理"变为现实;改造了一套又一套工艺装备,提出 100 多项革新,极大地提高了生产效率。

在某项任务中,面对零件数量多、批量大及精度要求高、生产周期短等难点,郑朝阳带领班组全员集智攻关,结合积累的实践经验,自行设计制造了刀具、钻模、划线工装弯曲模等各类工具 100 件(套),确保了产品质量的稳定,大大提高了生产效率,为该产品顺利完成作出了突出贡献。

正是因为有像郑朝阳一样,无数具有奉献精神的共产党员发挥着先锋模范作用,我们航天事业的强大"心脏"才会如此坚挺,航天事业才会走向更加光明的未来。

思 考 题

1. 凸模类零件的加工特点有哪些?
2. 异形凸模加工常用的方法有哪些?
3. 凹模类零件的加工特点有哪些?
4. 一系列圆孔组成的凹模加工时怎样保证位置精度?
5. 冲压模模架加工时,导柱、导套及模座的技术要求有哪些?加工时如何保证?
6. 编制图 8.22 所示模具零件的加工工艺。

图 8.22(a)所示为冲裁凸模,模具材料为 Cr12MoV,热处理 56~60 HRC。

图 8.22(b)所示为一副弯管模,模具分成前后两部分,管材弯好后,从模具中间分开取出工件。模具材料为 CrWMn,热处理 50~55 HRC。

图 8.22(c)所示为拉深凹模镶块,模具材料为 Cr12MoV,热处理 58~62 HRC。

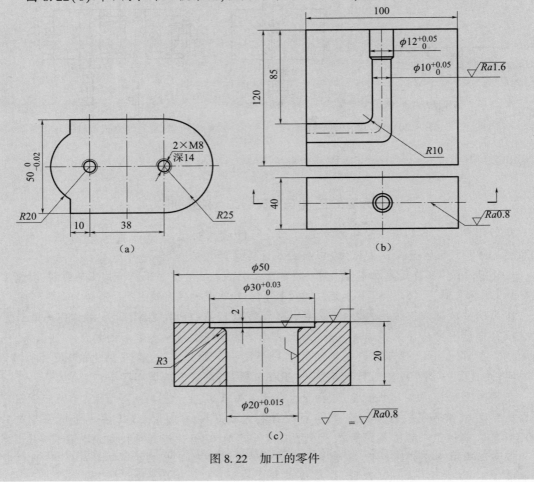

图 8.22 加工的零件

第9章 模具的装配与试模

本章学习目标及要求

(1)了解模具装配的目的、内容及基本工艺方法。
(2)掌握模具零件的各种连接方法。
(3)掌握模具间隙的调整方法。
(4)掌握各类冷冲模装配的基本过程及方法。
(5)掌握塑料模各组件的装配过程及方法。
(6)了解冷冲模模架的装配过程及方法。
(7)了解冷冲模及塑料模具试模的基本过程及方法。

9.1 模具装配概述

9.1.1 模具装配的目的和内容

模具装配就是将模具零件组合在一起,形成模具的过程。模具装配是模具制造过程的最后阶段,装配质量直接影响模具的精度、寿命及使用性能,也影响模具生产的制造周期和生产成本。

模具装配的内容包括:选择装配基准;组件的装配、调整;零部件的修配、调整;检验和试模等。通过上述内容使装配后的模具以较短的周期和较低的成本(二者综合考虑)达到模具设计的技术要求,并试冲(试压)出合格的产品。

简单模具装配时,装配过程及内容由模具钳工自己掌握,复杂模具装配时,则需编制装配工艺规程。模具的装配工艺规程规定了模具零件和组件的装配顺序、装配基准的确定、装配的工艺方法及技术要求、装配过程中所使用的工具和工装、检验方法和验收条件等内容,是模具装配的指导性技术文件。

9.1.2 模具装配的精度要求

模具装配精度包括如下方面:
(1)相关零件的位置精度。如定位销孔与型孔的位置精度;上下模之间、动定模之间的位置精度;型腔、型孔与型芯之间的位置精度等。
(2)相关零件的运动精度。如导柱和导套的配合状态;送料装置的送料精度等。
(3)相关零件的配合精度。如间隙配合、过渡配合的实际状态等。
(4)相关零件的接触精度。如分型面的接触状态;弯曲模和拉深模上下成形表面的一致性等。

冲压模的装配精度主要有:凸凹模的间隙、上下模底面的平行度、导柱导套的配合精度、凸模中心线对上下模座基准面的垂直度等。塑料模的装配精度主要有:型芯、型腔的间隙、动定模座底面的平行度、导柱导套的配合精度及其对固定板的垂直度等。国家标准 GB/T 14662—2006 和 GB/T 12556—2006 分别规定了冲模技术条件和塑料注射模模架技术条件。

9.1.3　模具装配的工艺方法

(1)互换法。互换法是控制零件加工误差,零件装配时无须挑选,装配后即能保证精度的装配方法。互换法装配的特点是装配过程简单、生产效率高、对操作者水平要求不高、易于实现专业化生产、维修方便等,但对零件的加工精度要求很高。

(2)修配法。修配法是在模具的个别零件上预留修配量,在装配时根据实际需要修整预留面来达到装配精度的方法。修配法的特点是在零件制造精度不高的条件下可获得很高的装配精度。但装配的工作量较大,装配质量依赖于操作者的技术水平,生产率较低。

(3)调整法。调整法是利用一个可调整的零件来改变装配的情况从而达到装配精度的方法。它的特点与修配法基本相同。

由于模具生产属于单件生产,装配精度高,所以模具装配常用修配法和调整法,只有一些高精度的连续模使用互换法。随着模具加工条件的改善和模具技术的发展,互换法应用会越来越多。

9.2　模具零件的紧固方法

模具和其他机械产品一样,都是根据各自的技术要求把各零件、组件通过定位和固定的方法连接在一起的。模具零件的紧固方法有以下八种。

1. 紧固件法

紧固件法如图 9.1 所示,通常用定位销和内六角螺钉将零件连接。图 9.1(a)主要用于较大截面成形零件的连接,其圆柱销的最小配合长度 $H>2d$,螺钉拧入连接长度,对于钢件 $H=d$ 或稍长,对于铸铁件 $H=1.5d$ 或稍长;图 9.1(b)为螺钉吊装固定方式,凸模定位部分与固定板配合孔采用过渡配合 H7/m6 或 H7/n6,螺钉直径的大小视卸料力的大小而定;图 9.1(c)、(d)适用于截面形状比较复杂的直通式凸模和壁厚较薄的凸凹模零件,其定位部分配合长度应保持在固定板厚的 2/3 以上,并用圆柱销挤紧。

2. 压入法

压入法主要用于规则形状(圆形、方形)凸模的连接,如图 9.2 所示。定位部分采用 H7/m6、H7/n6 和 H7/r6 配合,适用于冲裁板料厚在 6 mm 以下的凸模和各种模具零件。它利用台阶结构限制凸模的轴向移动,台阶尺寸 $H>\Delta D$,$\Delta D=1.5\sim2.5$ mm,$H=3\sim8$ mm。

压入法的特点是连接牢固可靠,适用于卸料力较大的冲裁凸模的装配。压入法装配过程如图 9.2(b)所示,将凸模固定板平放在两块等高的垫铁上并使其型孔台阶朝上,将凸模的工作端向下放入型孔,用压力机慢慢压入,压入的同时检查凸模的垂直度,并注意其过盈量、表面粗糙度、导入圆角和导入斜度等。压至台阶面接触,然后将凸模上部高出固定板平面的部分磨去。

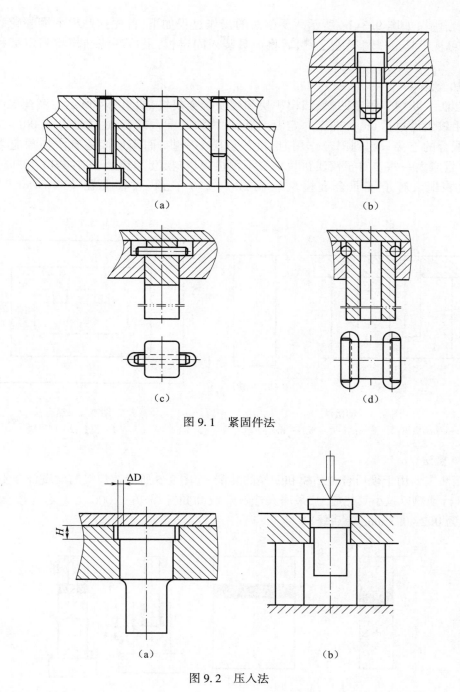

图 9.1 紧固件法

图 9.2 压入法

3. 铆接法

铆接法如图 9.3(a)所示。凸模与固定板的型孔配合部分保持 0.01~0.03 mm 的过盈量,凸模铆接段局部退火以利于铆接,固定板铆接端的周边制成倒角为 $C0.5~C1.5$。主要用于连接强度要求不高的场合,由于工艺过程比较复杂,此类方法应用越来越少,生产中已被反铆法

(挤紧法)代替,如图 9.3(b)所示。反铆法的操作过程如下:首先在凸模上沿外轮廓开一条槽,槽深可视模具工作情况确定,然后将模具装入固定板,最后环绕凸模将固定板材料挤入凸模。

4. 热套法

热套法主要用于固定凹模、凸模拼块和硬质合金模块,如图 9.4 所示。模套与凹模块的配合采用较大的过盈量,加热至一定温度后,凹模块装配入模套,过盈量为 $(0.001 \sim 0.002)D$。当过盈配合的连接只起到固定作用时,过盈量应小一些;而当连接还有增加预应力的作用时,过盈量应大一些。对于钢质拼块一般不预热,只将模套加热至 $300 \sim 400$ ℃并保温一小时,然后装配。对于硬质合金模块应在 $200 \sim 250$ ℃预热,模套在 $400 \sim 450$ ℃预热后装配。

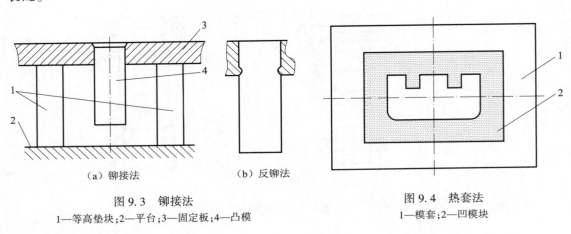

（a）铆接法　　（b）反铆法

图 9.3　铆接法
1—等高垫块;2—平台;3—固定板;4—凸模

图 9.4　热套法
1—模套;2—凹模块

5. 焊接法

焊接法主要用于硬质合金凸模和凹模的装配,如图 9.5 所示。焊接前硬质合金要在 $700 \sim 800$ ℃进行预热以减小其热应力,采用火焰钎焊或高频钎焊,在 1 000 ℃左右焊接,焊料为黄铜,焊缝为 $0.2 \sim 0.3$ mm,焊后缓冷。

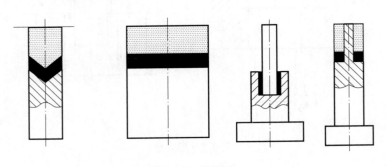

图 9.5　焊接法

6. 低熔点合金法

低熔点合金在冷凝时体积膨胀,利用这一特性,模具装配时可用来固定零件,如图 9.6 所示。常用于被固定的零件有凸模、凹模、导柱、导套等。

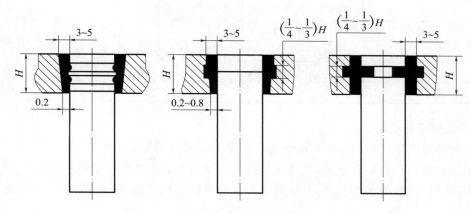

图 9.6 低熔点合金法

低熔点合金固定浇注示例如图 9.7 所示。具体步骤如下：

（1）将凸模 5 和凸模固定板 2 的浇注部分清洗并去油（皂化），然后将其预热至略低于浇注温度。

（2）凸模固定板倒放在平板 1 上，再放上等高垫块 3，然后放上凸模 5 和凹模 4。

（3）由凹模定位，调整凸模位置直至使凸、凹模间隙均匀；位置确定后，浇注低熔点合金，经 24 h 固化后方可使用。

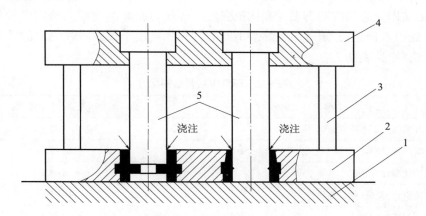

图 9.7 低熔点合金固定浇注示例图
1—平板；2—凸模固定板；3—等高垫块；4—凹模；5—凸模

低熔点合金法工艺简单，操作方便，可在控制好凸模与凹模间隙后浇注，降低了与固定板的配合精度，从而降低零件的加工精度；同时利于有多个凸模的模具的凸模与凹模间隙的调整，适用于多凸模和复杂形状的小凸模的固定；有较高的连接强度，适用于冲裁厚度小于 2 mm 的冲裁凸模的固定；合金的熔点和浇注温度低，并且可以重复利用，合金回收后可以重新熔化，进行浇注。

但低熔点合金法浇注时模具易发生热变形，不适用于轴向抽拔力大和有侧向力工作的零件固定。低熔点合金常用的配方有两种，见表 9.1。

表 9.1　模具制造常用的低熔点合金的配方

配方	名称	Sb	Pb	Bi	Sn	合金熔点/℃	浇注温度/℃
	熔点/℃	630.5	327.5	271	232		
	1 号/%	9	28.5	48	14.5	120	150~200
	2 号/%	5	32	48	15	100	120~150

7. 环氧树脂黏结法

环氧树脂黏结法就是用环氧树脂为黏结剂来固定零件的方法。

环氧树脂是一种有机合成树脂,其硬化后对金属和非金属材料有很强的黏结力,连接强度高,化学稳定性好,收缩率小,黏结方法简单。但环氧树脂硬度低,不耐高温,其使用温度一般低于 100 ℃。

环氧树脂黏结法常用于固定凸模、导柱、导套和浇注成形卸料板等。适用于冲裁料厚不大于 0.8 mm 凸模的固定,这种黏结法可降低凸模固定板与凸模连接孔的制造精度,适合于多凸模和形状复杂的凸模的固定。其缺点是不适用于受侧向力的凸模的固定,且在下一次固定时环氧树脂不易清理。

环氧树脂黏结剂中需加入固化剂、增塑剂、填充剂和其他填料。有很多种配方,分别适合黏结不同的材料。常用的固化剂有乙二胺和邻苯二甲酸酐,它的作用是使环氧树脂凝固硬化,对黏结剂的力学性能影响较大。常用的增塑剂有邻苯二甲酸二丁脂,它的作用是降低黏度,增加流动性,提高固化后的抗冲击强度和抗拉强度。环氧树脂黏结剂按其树脂牌号和添加剂成分的不同分成很多种类,分别适用于黏结不同的材料。常用于模具零件固定的环氧树脂黏结剂的配方有两种,见表 9.2。

表 9.2　环氧树脂黏结剂配方

配方	材料名称及牌号	配比(质量比)
1	环氧树脂 634 号或 6101 号	100 g
	增塑剂:邻苯二甲酸二丁脂	10~15 g
	固化剂:乙二胺	6~8 g
	填料:石英粉(氧化铝粉)	40~50 g
2	环氧树脂 618 号	100 g
	增塑剂:邻苯二甲酸二丁脂	10 g
	固化剂:乙二胺	10 g
	填料:水泥 400#(铁粉、氧化铝粉)	40 g

环氧树脂黏结固定凸模时,应将凸模固定板上的孔做得大一些,被黏结零件的表面应粗糙,其表面粗糙度为 Ra12.5~50 μm。图 9.8 所示为环氧树脂黏结法固定凸模的形式。

环氧树脂黏结凸模的工艺过程与低熔点合金固定法类似,首先对黏结部分清洗去油;然后将凸模固定板倒置于等高垫块上,将凸模和凹模放在凸模固定板上;调整凸、凹模间隙至间隙均匀后开始黏结;经 4~6 h 环氧树脂凝固硬化,12 h 后模具即可使用。

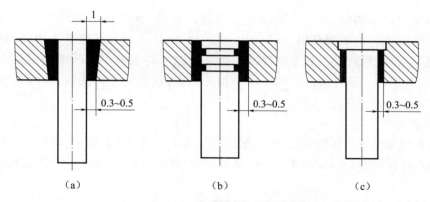

图 9.8　环氧树脂黏结固定凸模

8. 无机黏结法

无机黏结剂是由氢氧化铝的磷酸溶液与氧化铜粉末定量混合制成的。它的黏结强度较高，具有良好的耐热性，但承受冲击能力差。无机黏结法适用于凸模、导柱、导套的固定和硬质合金与钢料、电铸型腔与加固模套的黏结，其配方见表 9.3。

表 9.3　无机黏结配方

配方	名称及规格	配比(质量比)	配制方法
1	氧化铜 200~300 目	3~3.5	①将 6~8 g 氢氧化铝与 10 mL 磷酸混合，搅拌均匀。②倒入 90 mL 磷酸加热至 100~120 ℃，不断搅拌至呈甘油状，取下冷却。③在 1 mL 氢氧化铝的磷酸溶液中加入 5 g 左右的氧化铜粉末，尽量搅拌至棕黑色的胶状体，即为黏结剂
	磷酸	1	
	氢氧化铝	1	
2	氧化铜 280~320 目	适量	
	磷酸	100	
	氢氧化铝	8	

无机黏结固定模具零件的结构形式与环氧树脂黏结固定法基本相同。不同之处是用无机黏结法时，要求黏结缝更小一些，对小尺寸零件其单边缝隙取 0.1~0.3 mm，对大尺寸零件则取 1~1.25 mm。另外，无机黏结的表面应更粗糙些，以增大黏结强度。

9.3　模具间隙的控制方法

冲裁凸、凹模之间的间隙在装配时必须保证其均匀一致；塑料模的型芯与型腔形成了塑料制件的壁厚，在装配时也要保证二者间隙的均匀性。其他种类的模具(如锻模、橡胶模、金属压铸模等)都要保证上下模成形零件合模时的间隙均匀。

为保证间隙均匀，装配时采用如下方法：先固定两者中其中一者的位置，以此为基准控制间隙直至间隙均匀，然后固定另外一部分。控制间隙有多种方法。

1. 垫片法

垫片法如图 9.9 所示。在凹模 5 的刃口四周放置垫片 1，垫片常用金属片或纸片，其厚度等于凸、凹模的单边间隙。然后慢慢合模，并使凸模进入凹模刃口内，观察凸、凹模间隙的配合情况。如果间隙不均匀,敲击凸模固定板的侧面调整间隙,直至均匀为止。这时拧紧上模座 2 上的紧固螺钉以紧固凸模,然后用纸片试冲,由切纸观察间隙是否均匀,如不均匀就松开紧固螺钉重新进行调整,直至间隙均匀为止。之后将上模座与凸模固定板夹紧后同时钻铰销孔,装入销钉。垫片法广泛用于中小型冲裁模,也适用于弯曲模、拉深模和塑件壁厚相等的塑料模。

2. 镀铜法

镀铜法是指在凸模表面镀一层铜,镀层的厚度等于冲裁单边间隙值,然后再按照垫片法调整间隙并最后定位的方法。镀铜法适于形状复杂、凸模数量较多、用垫片法控制比较困难的冲裁模。

镀层在装配后不必去除,在冲裁时会自然脱落。

3. 透光法

如图 9.10 所示,透光法是将上、下模合模后,用灯光从底面照射,观察凸、凹模刃口四周光亮的大小,以此判定间隙是否均匀,再进行调整、固定和定位的方法。透光法只适用于冲裁模间隙控制。

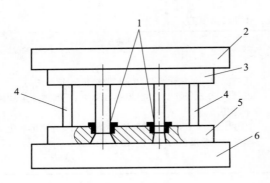

图 9.9　垫片法
1—垫片;2—上模座;3—凸模固定板;
4—等高垫块;5—凹模;6—下模座

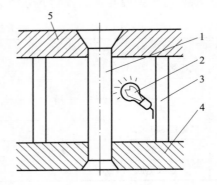

图 9.10　透光法调整配合间隙
1—凸模;2—光源;3—垫铁;
4—固定板;5—凹模

4. 涂层法

涂层法是在凸模表面涂上一层薄膜(磁漆或氢基醇酸漆),然后按前述方法调整、固定和定位的方法。

涂漆时应根据间隙的大小选择不同黏度的漆,或通过多次涂漆和烘干来控制其厚度,直至薄膜厚度等于冲裁间隙值,并使其均匀一致。

5. 测量法

测量法是指凸模放入凹模内,用塞尺检验凸、凹模间隙,根据测量结果进行调整,直至间隙均匀,然后再按照前述方法调整、固定和定位的方法。测量法多用于塑料模等型腔模的间隙控制。

6. 工艺尺寸法

工艺尺寸法如图 9.11 所示。在制造凸模时,将凸模长度适当加长,并放大加长部分的截面尺寸,使其与凹模成精密的滑动配合,并且凸模两段轴心线同轴。装配时使凸模前端进入凹模,从而使凸、凹模间隙均匀,然后将其固定和定位。最后将凸模加长端去除。工艺尺寸法适用于截面为圆形的凸、凹模间隙的控制。

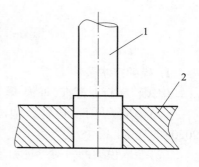

图 9.11　工艺尺寸法
1—凸模;2—凹模

7. 工艺定位器法

工艺定位器法如图 9.12 所示。装配前制出工艺定位器,其尺寸 d_1、d_2、d_3 分别按与凸模 1、凸凹模 4、凹模 2 的实测尺寸采用精密的间隙配合来制造。d_1、d_2 和 d_3 尺寸在一次装夹中加工成形以保证其同轴度。装配时利用工艺定位器来保证各部分间隙均匀。

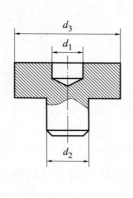

（a）工艺定位器

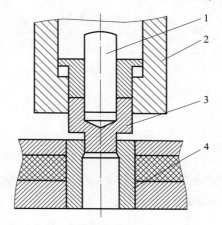

（b）工艺定位器法装配

图 9.12　工艺定位器法
1—凸模;2—凹模;3—工艺定位器;4—凸凹模

8. 工艺定位孔法

工艺定位孔法即是在凹模和固定凸模的固定板相同的位置上加工两工艺孔,装配时,在定位孔内插入定位销以保证间隙的方法,如图 9.13 所示。该方法简单方便,间隙容易控制,适用于较大间隙的模具,特别是间隙不对称的模具(如单侧弯曲模)。加工时可将工艺孔与型腔采用线切割一次割出。

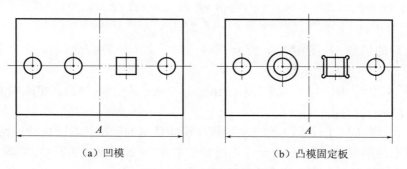

（a）凹模　　　　　　　　　　（b）凸模固定板

图 9.13　工艺定位孔法

9.4　冷冲模架的装配

1. 模架技术条件

中国机械行业标准《冲模 模架 技术条件》(JB/T 8050—2020)的主要内容如下:

(1)模架的零件,应符合中国机械行业标准《冲模 模架零件 技术条件》(JB/T 8070—2020)的规定。

(2)装入模架的每对导柱和导套的配合状况应符合表 9.4 的规定。

表 9.4　导柱和导套的配合要求

配合形式	导柱直径/mm	配合精度		配合后的过盈量/mm
		H6/h5(Ⅰ级)	H7/h6(Ⅱ级)	
		配合后的间隙值/mm		
滑动配合	≤18 18~28 28~50 50~80	≤0.010 ≤0.011 ≤0.014 ≤0.016	≤0.015 ≤0.017 ≤0.021 ≤0.025	—
滚动配合	18~35	—	—	0.01~0.02

(3)装配成套的滑动导向模架分为Ⅰ级和Ⅱ级,装配成套的滚动导向模架分为 0Ⅰ级和 0Ⅱ级。各级精度的模架必须符合表 9.5 的规定。

表 9.5　模架分级技术指标

	检查项目	被测尺寸/mm	精度等级	
			0Ⅰ级、Ⅰ级	0Ⅱ级、Ⅱ级
			公差等级	
A	上模座上平面对下模座下平面的平行度	≤400	5	6
		>400	6	7
B	导柱轴心线对下模座下平面的垂直度	≤160	4	5
		>160	6	5

注:(1)A 为上模座的最大长度尺寸或最大宽度尺寸;B 为下模座上平面的导柱高度。

　　(2)公差等级:按国家标准《形状和位置公差 未注公差值》(GB/T 1184—1996)的规定。

(4)装配后的模架,上模相对下模上下移动时,导柱和导套之间应滑动平稳,无阻滞现象。

装配后,导柱固定端面与下模座下平面保持 1~2 mm 的空隙,导套固定端端面应低于上模座上平面 1~2 mm。

(5)模架各零件的工作表面不允许有裂纹和影响使用的砂眼、缩孔、机械损伤等缺陷。

(6)在保证使用质量的情况下,允许采用新工艺方法(如环氧树脂黏结、低熔点合金)固定导柱导套,零件结构尺寸允许作相应变动。

(7)成套模架一般不装配模柄。需装配模柄的模架,模柄应符合以下要求:压入式模柄与上模座呈 H7/m6 配合;除浮动模柄外,其他模柄装入上模座后,模柄轴心线对上模座上平面的垂直度误差在模柄长度内不大于 0.05 mm。

2. 模架的装配方法

模架有很多种类,各种模架装配的基本方法相似。其中应用最多的是滑动配合的压入式模架,它的导柱和导套与上下模座均采用过盈配合。压入式模架装配按照导柱和导套的装配顺序,有两种装配方法:先压入导柱的装配方法和先压入导套的装配方法。

先压入导柱的装配方法如图 9.14 所示。其装配过程如下:

(1)选配导柱和导套。按照模架精度等级的规定选配导柱和导套,使其配合间隙符合技术要求。

(2)压导柱。在压力机平台上将导柱 2 置于下模座 3 的孔内,用百分表(或宽座角尺)在两个相互垂直方向检验和校正导柱的垂直度;检验校正后压入部分长度的导柱,然后再检验校正,如此反复直至压入完成。用百分表或宽座角尺检验导柱与模座基准平面的垂直度,如不合格则退出重压直至合格。

(3)装导套。如图 9.15 所示,将装有导柱的下模座和上模座 2 反方向放置并套上导套 1;转动导套,用千分表检查导套内外圆配合面的同轴度误差,将同

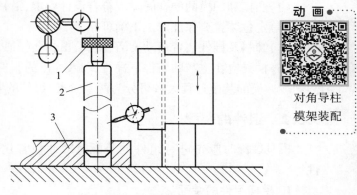

图 9.14 压入导柱
1—压块;2—导柱;3—下模座

轴度的最大误差调整至两导套中心连线的垂直方向,使由于同轴度误差而引起的中心距变化最小。然后将帽形垫块 3 置于导套上,在压力机上将导套压入上模座一定长度,然后取走下模部分,用帽形垫块将导套全部压入模座。

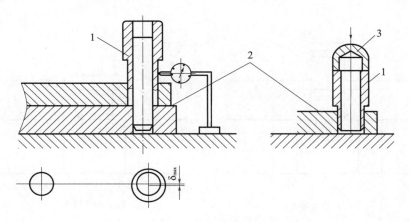

图 9.15 压入导套
1—导套;2—上模座;3—帽形垫块

（4）上模与下模对合。在上模与下模中间垫以等高垫块后,检验模架的平行度精度。先压入导套的装配方法与上述方法基本相同。

9.5 冷冲模的装配

9.5.1 冷冲模装配的技术要求

（1）装配好的冲模,其闭合高度应符合设计要求。

（2）模柄(浮动模柄除外)装入上模座后,其轴心线对上模座上平面的垂直度误差,在全长范围内不大于 0.05 mm。

（3）凸模和凹模的配合间隙应符合设计要求,沿整个刃口轮廓应均匀一致。

（4）定位装置要保证定位正确可靠。

（5）卸料及推件装置活动灵活、正确,出料孔畅通无阻,保证制件及废料不卡在冲模内。

（6）模具应在生产的条件下进行试验,冲出的制件应符合设计要求。

冷冲模的装配过程大致可分为两个阶段:组件的装配和总装配。

9.5.2 组件的装配

模具装配时应先进行组件的装配。冷冲模常用的组件有模柄组件、凸模组件、凹模组件等。

1. 模柄组件的装配

压入式模柄的装配过程如图 9.16 所示。装配前检查模柄与上模座配合段的尺寸精度、表面粗糙度及其轴心线对基准面的垂直度。装配时先用等高垫块 3 将上模座 2 垫起,用压力机将模柄 1 慢慢压入模座,压入的同时检验和校正模柄的垂直度,直至模柄台阶面与安装孔台阶面接触为止。然后检验模柄相对上模座上平面的垂直度,合格后加工止转销孔,安装止转销,最后磨平上端面。

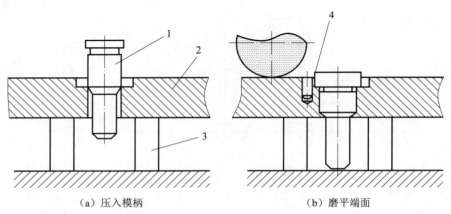

（a）压入模柄 　　　　　（b）磨平端面

图 9.16　压入式模柄的装配

1—模柄;2—上模座;3—等高垫块;4—止转销

其他模柄组件的装配与压入式模柄装配基本相同(浮动模柄除外)。

2. 凸模(凹模)组件

(1)铆接式凸模与固定板的装配。铆接式凸模与固定板的装配如图 9.17 所示,先将固定板 2 置于等高垫块 3 上,将凸模放入固定板的安装孔内,用压力机将凸模慢慢压下,同时检验和校正其垂直度;压入完成(端面留铆接用量后),用凿子和锤子等工具将凸模端面铆合,最后磨平端面如图 9.17(b)所示。图 9.17(c)所示为已完成装配的凸模组件用固定板支承进行刃口磨削。

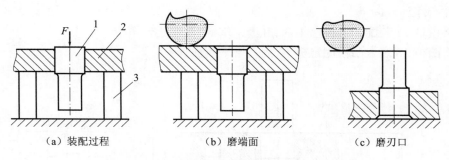

(a)装配过程   (b)磨端面   (c)磨刃口

图 9.17 铆接式凸模与固定板的装配
1—凸模;2—固定板;3—等高垫块

(2)压入式凸模与固定板的装配。压入式凸模与固定板的装配如图 9.18 所示,其装配过程和模柄组件的装配过程相同。

(3)凹模镶块与固定板的装配。凹模镶块大部分采用压入式结构,压入式的凹模镶块与固定板的装配过程和模柄组件的装配过程基本相同。同样装配后将组件的上、下平面磨平,并检验型孔中心线相对于磨后平面的垂直度。

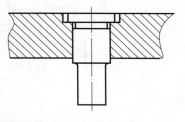

图 9.18 压入式凸模的装配

9.5.3 冷冲模的总装配

1. 冷冲模总装配要点

在模架和组件装配完成之后,冷冲模开始总装配。其装配过程的要点是:

(1)选择装配基准。在装配前首先确定装配基准件和装配基准。基准件的精度和装配精度的要求较高,一般选用凸模或凹模等工作零件为基准件。

(2)确定装配顺序。选择装配顺序时应首先考虑到工作零件即凸模和凹模的工作状态。根据其相互依赖的关系(如凸凹模间隙是否均匀、压力中心和漏料孔的位置等)和保证装配精度的难易程度来确定总装配的顺序,不同类型模具有不同的装配顺序。

装配时应首先装配基准件以保证其精度,然后根据装配关系和装配的难易程度确定其他零件(组件)装配的先后顺序。

(3)控制凸、凹模间隙。在所有装配关系中必须首先严格控制凸、凹模间隙并使其均匀。

(4)其他零件(组件)的装配。其他零件(组件)按照装配顺序装配后,必须保证位置正确、动作无误。

（5）检验、试模。

2. 单工序冲裁模的装配

单工序冲裁模装配的基准件为凹模或凸模,总装配时首先装配基准件所在的下模或上模;然后装配另一工作零件(凸模或凹模);采用垫片法、透光法或镀铜法等方法控制凸、凹模间隙并使之均匀;然后对其他零件(组件)按一定顺序装配;最后检验试冲。为方便调整凸、凹模的间隙,单工序冲裁模一般先装凹模。

图 9.19 为落料模,装配的基准件为凹模,其装配过程如下:

1) 组件装配

（1）将模柄 17 装配于上模座 1 内,并磨平端面,配作止转销 16。

（2）将凸模 18 装入凸模固定板 13 内并磨平端面。

动 画

单工序落料
模仿真装配

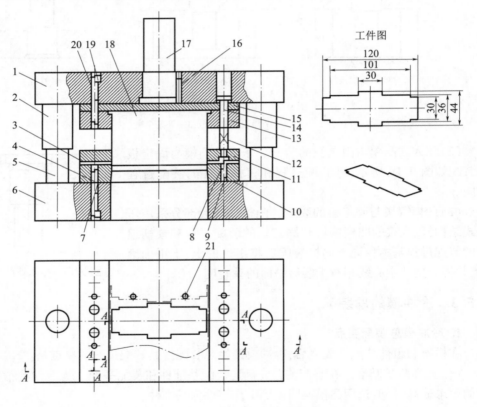

图 9.19　落料模

1—上模座;2—导套;3—导料板;4—销钉;5—导柱;6—下模座;7、8、19—内六角螺钉;
9、20—销钉;10—凹模;11—弹性卸料板;12—弹簧;13—凸模固定板;14—卸料螺钉;
15—垫板;16—止转销;17—模柄;18—凸模;21—挡料销

2) 确定装配基准件

选择凹模 10 为基准件。

3) 总装配

（1）将凹模 10 对正放置在下模座 6 上,使二者中心线重合,划出漏料孔的线并加工漏料孔;按凹模上的螺钉孔和销钉孔的位置在下模座上配制螺钉孔和销钉孔,装入内六角螺钉 7 和销钉 4。

(2)将已装在凸模固定板 13 上的凸模 18 放入凹模 10 内。用平行夹头夹紧凸模固定板、垫板 15 和上模座 1,然后配制螺钉孔,装入内六角螺钉 19。

(3)松开螺钉,用透光法调整凸、凹模间隙直至间隙均匀,按此位置配作凸模固定板和上模座上的销钉孔,装入销钉 20。

(4)将弹性卸料板 11 装在凸模上,使其与凸模的间隙均匀,装入并调整导料板 3,按此位置配钻螺钉孔和销钉孔,装入内六角螺钉 8 和销钉 9。

(5)安装挡料销 21。

(6)检验,试冲。

装配时采用的平行夹头如图 9.20 所示。

3. 复合模的装配

复合模内、外形表面相对位置精度较高,对装配的要求也高。复合模总装配时可选用的基准件有冲孔凸模、落料凹模和凸凹模,由于先装凸凹模后调整凸、凹模间隙比较方便,因此经常选用凸凹模为基准件。装配时先装凸凹模所在的下模(或上模);然后调整凸、凹模间隙后装配上模(或下模);接下来按照一定的装配顺序装配其他零件(组件);最后检验试冲。

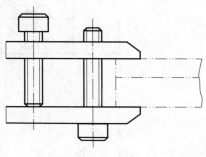

图 9.20　平行夹头

图 9.21 为落料冲孔复合模。其装配过程如下:

(1)组件装配:

①将压入式模柄 23 装配于上模座 1 内,并磨平端面。

②将凸模 17 装入凸模固定板 26 内并磨平端面。

③将凸凹模 9 装入凸凹模固定板 13 内并磨平端面。

(2)确定装配基准件。选择凸凹模为基准件。

(3)总装配。

①安装固定凸凹模组件。将凸凹模放在模架的中心,按此位置加工凸凹模固定板和下模座上的螺钉孔和销钉孔以及下模座上的漏料孔,装入内六角螺钉 10 和销钉 11。

②加工螺钉孔。将凸模 17 和凹模 16 放入凸凹模 9 内,按照垫板 19 上螺钉过孔的位置加工螺钉孔,装入内六角螺钉 21。

③加工销钉孔。用垫片法调整凸模与凸凹模间隙和凸凹模与凹模的间隙,调整到位后,加工销钉孔,装入销钉 20。

(4)其他零件的装配。

①安装弹性卸料板。将弹性卸料板 5 套在凸凹模 9 上,在保证配合间隙后与凸凹模固定板 13 同钻螺钉孔,安装弹簧 6 和卸料螺钉 8。

②装导料销 4、挡料销 27 及弹簧 7。

(5)检验,试冲。

动画
落料冲孔复合模
装配仿真设计

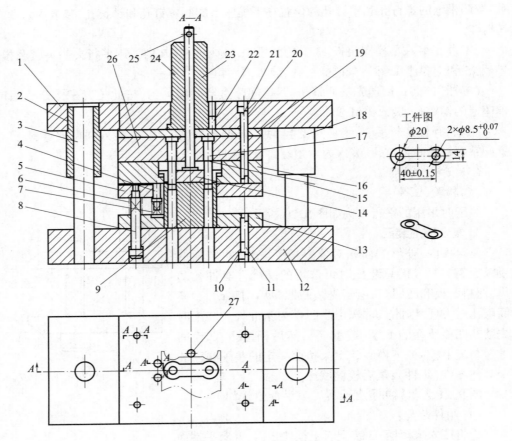

图 9.21　落料冲孔复合模

1—上模座;2、18—导套;3、15—导柱;4—导料销;5—弹性卸料板;6、7—弹簧;8—卸料螺钉;
9—凸凹模;10、21—内六角螺钉;11、20—销钉;12—下模座;13—凸凹模固定板;
14—推件块;16—凹模;17—凸模;19—垫板;22—止转销;23—压入式模柄;
24—打杆;25—横销;26—凸模固定板;27—挡料销

4. 连续模的装配

连续模在送料方向上有多个工位同时冲压。因此连续模对步距精度和定位精度要求很高,装配难度大。装配时必须保证:

(1)上、下模各孔的位置尺寸和步距精度达到要求。

(2)凹模板、凸模固定板和卸料板,三者型孔位置必须保持一致,即装配后凹模板、凸模固定板和卸料板上的各组型孔的中心线一致。

(3)各组凸、凹模间隙均匀并且一致。

连续模装配的基准件一般选择凹模,总装配时先装下模。连续模的凹模分为整体凹模和镶拼凹模,二者的总装配方法不同。整体凹模的步距精度、与凸模的间隙值和各组型孔与凸模固定板和卸料板上型孔的一致性都是由加工保证的,而镶拼凹模的装配精度则是在装配时逐件配作来保证的。

图9.22为冲孔落料连续模,凹模采用整体结构,其装配过程如下:

(1)组件装配:

①将模柄装配于上模座内,并拧入止转螺钉。

②将落料凸模7和冲孔凸模16装入凸模固定板8,校正其垂直度后磨平上端面。

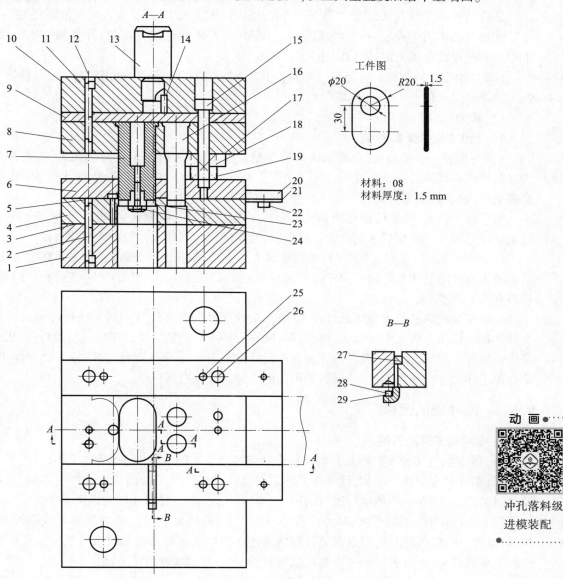

图9.22 冲孔落料连续模

1—下模座;2、12、22、24、26—内六角螺钉;3、11—销钉;4—凹模;5—挡料销;6—弹性卸料板;
7—落料凸模;8—凸模固定板;9—垫板;10—上模座;13—模柄;14—止转螺钉;15—卸料螺钉;
16—冲孔凸模;17—导套;18、29—弹簧;19—导柱;20—导料板;21—承料板;
23—导正销;25—销钉;27—始用挡料销;28—弹簧芯柱

（2）确定装配基准件。选择凹模为基准件。

（3）总装配。

①将凹模 4 放在下模座上,找正位置,加工漏料孔;按照凹模上的螺钉孔和销钉孔的位置配作下模座上的螺钉孔和销钉孔,装入内六角螺钉 2 和销钉 3。

②将凸模组件装入凹模,配作上模座和凸模固定板上的螺钉孔,装入内六角螺钉 12。

③松开凸模固定板上的内六角螺钉 12,调整凸、凹模间隙使其均匀,拧紧螺钉 12 后配作上模座和凸模固定板上的销钉孔,装入销钉 11。

（4）其他零件的装配。包括弹性卸料板 6、导料板 20、挡料销 5、始用挡料销 27、弹簧芯柱 28 和承料板 21 等。

（5）检验、试冲。

5. 其他冲模的装配要点

（1）弯曲模。一般情况下,弯曲模的装配精度要低于冲裁模,但在弯曲工艺中,弯曲件因为材料回弹在成形后形状会发生变化。由于影响回弹的因素较多,很难精确计算,因此,在制造模具时,常要按试模时的回弹值修正凸模(或凹模)的形状。

为了便于修正,弯曲模的凸模和凹模多在试模合格以后才进行热处理。另外,有些弯曲件的毛坯尺寸要经过试模后才能确定。所以,弯曲模的调整工作比一般冲裁模要复杂。

（2）拉深模。拉深时,由于材料要在模具表面滑动,拉深凸、凹模的工作表面粗糙度要小,端部要求有光滑的圆角过渡。由于拉深时材料变形复杂,拉深出的制件不一定合格。因此,试模后常常要对模具进行修整。

拉深模装配时必须安排试装试冲工序,复杂拉深件的毛坯尺寸一般无法通过设计计算确定,所以,拉深模一般先安排试装。试装后,选择与冲压件相同厚度及相同材质的材料,用手工或线切割加工方法,按毛坯设计计算的参考尺寸制成若干个样件进行试冲,根据试冲结果,逐渐修正毛坯尺寸。通常,必须根据试冲得到的毛坯尺寸制造落料模。

9.5.4 冷冲模的试模

1. 冷冲模试模的目的

（1）鉴定制件和模具的质量。制件从设计到批量生产需经过产品设计、模具设计、模具零件加工、模具组装等多个环节,任一环节的失误都会对制件质量和模具性能产生影响。因此,模具组装后,必须在生产条件下进行试冲,只有冲出合格的零件后才能确定模具的质量。

（2）确定制件的毛坯形状、尺寸。在冲模生产中,有些形状复杂或精度要求较高的弯曲、拉深、成形、冷挤压等制件,很难在设计时精确地计算出毛坯的形状和尺寸。为了能得到较正确的毛坯形状和尺寸,必须通过反复调试模具,冲出合格的零件后才能确定。

（3）确定工艺设计、模具设计中的某些设计尺寸。对于一些在模具设计和工艺设计中,难以用计算方法确定的工艺尺寸,如拉深模的凹模圆角,以及某些部位几何形状和尺寸,必须边试冲、边修整,直到冲出合格零件后,才能最后确定。

2. 冲裁模的试模与调整

（1）凸、凹模配合深度。凸、凹模的配合深度,通过调节压力机连杆长度来实现。凸、凹模配合深度应适中,不能太深与太浅,以能冲出合适的零件为准。

（2）凸、凹模间隙。冲裁模的凸、凹模间隙要均匀。对于有导向零件的冲模，其调整比较方便，只要保证导向件运动顺利即可；对于无导向冲模，可以在凹模刃口周围衬以纯铜皮或硬纸板进行调整，也可以用透光法或塞尺测试等方法在压力机上调整，直到凸、凹模互相对中，且间隙均匀后，用螺钉将冲模紧固在压力机上，进行试冲。试冲后检查试冲的零件，看是否有明显毛刺，并判断断面质量，如果试冲的零件不合格，应松开并再按前述方法继续调整，直到间隙合适为止。

（3）定位装置的调整。检查冲模的定位零件（定位销、定位块、定位板）是否符合定位要求，定位是否可靠。如位置不合适，在试模时应进行修整，必要时要更换。

（4）卸料装置的调整。卸料装置的调整主要包括卸料板或顶件器工作是否灵活；卸料弹簧及橡胶弹性是否合适，卸料装置运动的行程是否足够；漏料孔是否畅通；打料杆、推件杆是否能顺利推出废料。若发现故障，应进行调整，必要时可更换。

3. 弯曲模的试模与调整

（1）弯曲模上、下模在压力机上的相对位置调整。水平方向位置的调整，对于有导向的弯曲模，上、下模在压力机上的相对位置由导向装置决定；对于无导向装置的弯曲模，把事先制造的样件放在模具中（凹模型腔内），然后合模即可。模具高度方向的尺寸靠调节压力机连杆获得，调整时，当上模随滑块下行到下止点，能压实样件又不发生硬性碰撞时，模具在压力机上的相对位置就调整好了。

（2）凸、凹模间隙的调整。上、下模的间隙可采用垫硬纸板或标准样件的方法进行调整。间隙调整后，可将下模固定。

（3）定位装置的调整。弯曲模定位零件的定位形状应与坯料一致。在调整时，应充分保证其定位的可靠性和稳定性。

（4）卸件、推件装置的调整。弯曲模的卸料系统行程应足够大，卸料用弹簧或橡皮应有足够的弹力，能顺利地卸出制件。

以上各项工作都完成后，即可进行试模。

4. 拉深模的试模与调整

拉深模的安装和调整，基本上与弯曲模相似。

1）在单动冲床上安装与调整冲模

可先将上模紧固在冲床滑块上，下模放在冲床的工作台上，先不必紧固。先在凹模侧壁放置几个与制件厚度相同的垫片，（要放置均匀，最好放置样件）上、下模合模，在调好闭合位置后，再把下模紧固在工作台面上。

2）在双动冲床上安装与调整冲模

双动冲床主要适于大型双动拉深模及覆盖件拉深模，模具在双动冲床上安装和调整的方法与步骤如下：

（1）模具安装前首先应根据拉深模的外形尺寸确定双动冲床内、外滑块是否需要过渡垫板和所需要过渡垫板的形式与规格。

（2）安装凸模。凸模安装在冲床内滑块上。

（3）安装压边圈。压边圈安装在外滑块上，将压边圈及过渡垫板用螺栓紧固在外滑块上。

（4）安装下模。操纵冲床内、外滑块下降，使凸模、压边圈与下模闭合，由导向件决定下模的正确位置，然后用螺栓将下模紧固在工作台上。

（5）调整内、外滑块的行程。

3）压边力的调整

在拉深过程中，压边力太大，制件易拉裂；压边力太小，则又会使制件起皱。因此，在试模时，调整压边力的大小是关键。压边力的调整方法如下：

（1）调节压力机滑块的压力，使之处于正常压力下工作。

（2）调节拉深模压边圈的压边面，使之与坯料有良好的配合。

（3）先设定一压边力，进行试拉，视拉深情况决定是增加还是减少压边力，然后进行调整。当然，在调整压边力的同时，要适当修整凹模的圆角半径并采取良好的润滑措施加以配合。

4）拉深深度及间隙的调整

（1）拉深深度可分成 2~3 段进行调整。即先将较浅的一段调整后，再往下调深一段，一直调到所需的拉深深度为止。

（2）间隙调整时，先将上模固紧在压力机滑块上，下模放在工作台上先不固紧，然后在凹模内放入样件，上、下模合模，调整各方向间隙，使之均匀一致后，再将模具处于闭合位置，拧紧螺栓，将下模固紧在工作台上，取出样件，即可试模。

9.6　塑料模的装配

塑料模的装配比冷冲模装配复杂，它的具体装配工艺是根据其模具的结构特点制订的。

9.6.1　塑料模装配的技术要求

塑料模具种类较多，结构差异很大，装配时的具体内容与要求也不同。一般注射、压缩和挤出模具结构相对复杂，装配环节多，工艺难度大，其他类型的塑料模具结构较为简单。无论哪种类型的模具，为保证成形制品的质量，都应具有一定的技术要求。

（1）模具装配后各分型面应贴合严密，主要分型面的间隙应小于 0.05 mm；在模具适当的平衡位置应装有吊环或有起吊孔，多分型面模具应有锁模板，以防运输过程中模具打开造成损坏；模具的外形尺寸、闭合高度、安装固定及定位尺寸、推出方式、开模行程等均应符合设计图样要求，并与所使用设备条件相匹配；模具应标有记号，各模板应打印顺序编号及加工与装配基准用的标记。

（2）导向或定位精度应满足设计要求，动、定模开合运动平稳，导向准确，无卡阻、咬死或刮伤现象；安装精定位元件的模具，应保证定位精确、可靠，且不得与导柱、导套发生干涉。

（3）成形零件的形状与尺寸精度及表面粗糙度应符合设计图样要求，表面不得有碰伤、划痕、裂纹、锈蚀等缺陷；抛光方向应与脱模方向一致，成形表面的文字、图案及花纹等应在试模合格后加工；型芯分型面处应保持平整，无损伤，无变形；活动成形零件或嵌件，应定位可靠，配合间隙适当，活动灵活，不产生溢料。

（4）浇注系统表面光滑，尺寸与表面粗糙度符合设计要求；主流道及点浇口的锥孔部分，抛光方向应与浇注系统凝料脱模方向一致，表面不得有凹痕和周向抛光痕迹；多级分流道拐弯处应圆滑过渡。

（5）推出机构应运动灵活，工作平稳、可靠；推出元件配合间隙适当，既不允许有溢料发生,也不得有卡阻现象。

（6）侧向分型与抽芯机构应运动灵活、平稳;斜导柱不应承受侧向力;滑块锁紧楔应固定可靠,工作时不得产生变形。

（7）模具加热元件应安装可靠、绝缘安全,无破损、漏电现象,能达到设定温度要求;模具冷却水道应通畅、无堵塞,连接部位密封可靠、不渗漏。

9.6.2　塑料模组件的装配

1. 成形零件的装配

成形零件包括型腔和型芯等零件。它们的紧固方式有许多种类,因此其装配过程也有许多种类。

1）埋入式型芯的装配

埋入式型芯如图 9.23 所示。固定板沉孔与型芯固定段为过渡配合,固定板的沉孔采用立铣加工,因此在沉孔底部的侧面上就会存在斜度而影响装配。为此,应按固定板沉孔的实际斜度修磨型芯的配合段以保证配合要求。

2）用螺钉固定型芯与固定板的配合

面积较大且高度较低的型芯,常用螺钉、销钉与固定板连接,如图 9.24 所示。其装配过程如下:

（1）在加工好的型芯 1 上压入未淬火的定位销钉套 3。

（2）在型芯螺孔口部抹红丹粉,根据型芯在固定板 2 上所要求的位置,用定位板 4 定位,用平行夹头 5 夹紧型芯和固定板,将螺钉孔位置复印到固定板上,取下固定板,加工固定板上的螺钉孔,用螺钉将型芯初步固定。

（3）在固定板的背面划出销孔的位置,与型芯一起钻、铰销钉孔,压入销钉。

当型芯较小时经常采用螺纹直接连接型芯的形式。装配时先加工好止转销孔,然后热处理;组装时要配磨型芯与固定板的接触平面,以保证型芯在固定板上的相对位置。

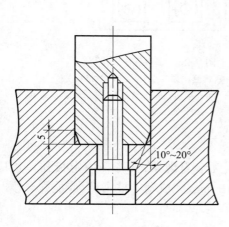

图 9.23　埋入式型芯装配

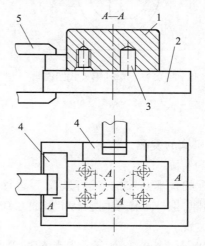

图 9.24　大面积型芯固定结构
1—型芯;2—固定板;3—定位销钉套;
4—定位板;5—平行夹头

动　画
大面积型芯
固定结构

3)单件镶入式凹模

如图 9.25 所示,单件镶入式凹模型腔形状与模板相对位置的调整和定位方法有以下两种:

(1)部分压入后调整。型腔凹模压入模板极小一部分时,用百分表校正其直边部分,当调至正确位置时,再将型腔凹模全部压入模板。

(2)全部压入后调整。将型腔凹模全部压入模板后再调整其位置。用此方法时不能采用过盈配合,一般使其有 0.01~0.02 mm 的间隙。位置调整正确后需用定位件定位以防止其转动。

4)多件镶入式凹模

如图 9.26 所示,在同一模板上需镶入两个以上的型腔凹模,并且要求动、定模精确的相对位置,其装配工艺比较复杂。装配时,小型芯 2 必须同时穿过小型芯固定板 5 和推块 4 的孔,再插入定模镶块 1 的孔中。因此必须保证三者的位置。推块 4 在型腔凹模 3 的孔中,所以动模板上固定型腔凹模孔的位置要按型腔外形的实际位置尺寸来修正。并且选定定模镶块上的孔为装配基准,从推块的孔中配钻小型芯固定板。

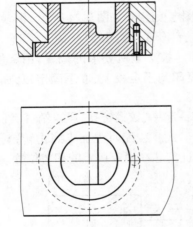

图 9.25 单件镶入式凹模

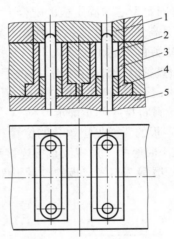

图 9.26 多件镶入式凹模
1—定模镶块;2—小型芯;3—型腔凹模;
4—推块;5—小型芯固定板

2. 推出机构的装配

1)推杆的装配

推杆装配的技术要求是:推杆装配后运动灵活、无卡阻现象,推杆在固定板孔单边应有 0.5 mm 的间隙,推杆工作端面应高出型面 0.05~0.10 mm,完成塑件推出后,应能在合模时自动退回原始位置。

推杆的装配如图 9.27 所示。其装配过程如下:

(1)按照型芯镶块 9 和动模板 7 上的推杆孔和复位杆孔的位置,在支承板 8 上配钻推杆孔和复位杆孔。

（2）装配导柱 3 和装在推板 5 和推杆固定板 6 上的导套 2。使推板和推杆固定板滑动平稳。

（3）按照支承板 8 上推杆孔的位置在推杆固定板 6 上配钻推杆孔和复位杆孔,并加工沉孔。

（4）修磨推杆固定端台肩的厚度,使其比推杆固定板上沉孔的深度小 0.05 mm 左右。

（5）调整推杆和复位杆的长度,使推杆推出面高出型腔 0.05~0.1 mm;使复位杆的推出面低于分型面 0.02~0.05 mm(多余部分磨去)。

2)埋入式推件板的装配

如图 9.28 所示,埋入式推件板装配的技术要求是:既要保证推件板与型芯和沉孔的配合要求;又要保证推件板上的螺孔与固定板的同轴度要求。其装配过程如下:

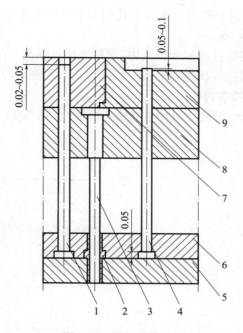

动　画
推杆的装配
仿真设计

图 9.27　推杆的装配
1—复位杆;2—导套;3—导柱;4—推杆;5—推板;
6—推杆固定板;7—动模板;8—支承板;9—型芯镶块

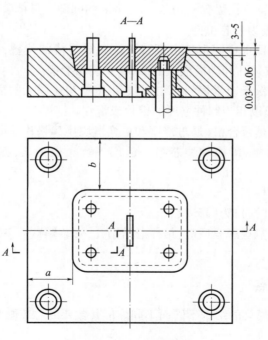

动　画
埋入式推件板
装配仿真设计

图 9.28　埋入式推件板

（1）修配推件板与固定板上沉孔的配合,先修配推件板侧面,使推件板底面与沉孔底面相接触,同时使推件板侧面与沉孔侧面至少保持3~5 mm的接触面,使推件板的上平面高出固定板0.03~0.06 mm。

(2)将推件板放入沉孔内,配钻推件板螺孔。

(3)将推件板和固定板上的型芯孔一起镗出,然后将固定板上的型芯孔扩大。

3. 侧抽芯机构的装配

图9.29所示为斜导柱侧抽芯机构。装配闭模后滑块与定模面至少留有 $x=0.2~0.8$ mm的间隙。

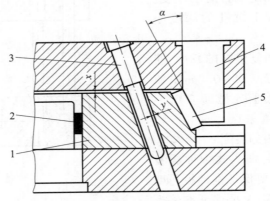

图9.29 斜导柱抽芯机构
1—滑块;2—壁厚垫片;3—斜导柱;4—锁紧楔;5—垫片

斜导柱外侧与滑块上的导柱孔留有 $y=0.2~0.5$ mm的间隙。具体装配过程如下:

(1)型芯装入型芯固定板为型芯组件。

(2)安装导滑槽,按设计要求在固定板上调整滑块和导滑槽的位置,待位置确定后,用平行夹头将其夹紧,钻导滑槽安装孔和动模板上的螺孔,安装导滑槽。

(3)安装定模板锁紧楔,保证锁紧楔斜面与滑块斜面有70%以上的面积贴合。如侧型芯不是整体式,在侧型芯位置垫以相当制件壁厚的铝片或钢片。

(4)闭模,检查间隙 x 值是否合格(通过修磨和更换滑块尾部垫片保证 x 值)。

(5)镗斜导柱孔,将定模板、滑块和型芯组一起用平行夹板夹紧,在卧式镗床上镗斜导柱孔。

(6)松开模具,安装斜导柱。

(7)修正滑块上的斜导柱孔口为圆环状。

(8)调整导滑槽,使之与滑块松紧适应,钻导滑槽销孔,安装销钉。

(9)镶侧型芯。

9.6.3 塑料模总装配要点

塑料模的总装配过程因模具的结构不同而不同。但其主要的总装配顺序不变,具体如下:

(1)确定装配基准。

(2)安装导柱导套和型芯型腔并使间隙均匀。

(3)安装侧抽芯机构和推出机构等。

（4）其他零件（组件）的装配。

（5）检验、试模。

塑料模的合模间隙是由分别装在动、定模上的导柱导套的配合来保证的。因此，塑料模的装配基准有以下两种：

（1）以塑料模的工作零件如定模、动模上的型腔、型芯为装配基准。导柱孔和导套孔先不加工，装配时将加工好的型腔和型芯分别装配在定模和动模上，用垫片法和测量法等方法调整动、定模间隙直至合理，然后按此位置配作导柱孔和导套孔（配镗）。最后安装动模和定模上的其他零件。

（2）以导柱、导套为装配基准。加工时先不确定型腔和型芯的位置，导柱孔和导套孔配作加工完成；根据导柱和导套的位置，确定型腔和型芯在定模和动模上的位置，然后据此位置加工其定位工件；最后安装动模和定模上的其他零件。这种方法多用于小型塑料模，尤其是使用标准模架的塑料模。

9.6.4　塑料模装配实例

图 9.30 所示为热塑性塑料注射模。装配时以导柱导套为基准件。装配过程如下：

1. 装配动模部分

（1）装配型芯固定板、动模垫板、支承板和动模固定板。装配前，型芯 3、导柱 17、21 和拉料杆 18 已压入型芯固定板 8 和动模垫板 9 并已检验合格。装配时，将型芯固定板 8、动模垫板 9、支承板 12 和动模座板 13 按其工作位置合拢，找正并用平行夹板夹紧。以型芯固定板上的螺孔、推杆孔定位，在动模垫板、支承板和动模座板上钻出螺孔、推杆孔的锥窝，然后拆下型芯固定板，以锥窝为定位基准钻出螺钉过孔、推杆过孔和锪出螺钉沉孔，最后用螺钉拧紧固定。

（2）装配推件板。推件板 7 在总装前已压入导套 19 并检验合格。总装前应对推件板 7 的型孔先进行修光，并且与型芯做配合检查，要求滑动灵活、间隙均匀并达到配合要求。将推件板套装在导柱和型芯上，以推件板平面为基准测量型芯高度尺寸，如果型芯高度尺寸大于设计要求，则进行修磨或调整型芯，使其达到要求；如果型芯高度尺寸小于设计要求，则需将推件板平面在平面磨床上磨去相应的厚度，保证型芯高度尺寸。

（3）装配推出机构。推板 14 放在动模固定板上，将推杆 10 套装在推杆固定板上推杆孔内并穿入型芯固定板 8 的推杆孔内。再套装到推板导柱上，使推板和推杆固定板重合。在推杆固定板螺孔内涂红丹粉，将螺钉孔位复印到推板上。然后，取下推杆固定板，在推板上钻孔并攻丝后，重新合拢并拧紧螺钉固定。装配后，进行滑动配合检查，经调整使其滑动灵活、无卡阻现象。最后，将卸料板拆下，把推板放到最大极限位置，检查推杆在型芯固定板上平面露出的长度，将其修磨到和型芯固定板上平面平齐或低 0.02 mm。

2. 装配定模部分

总装前浇口套、导套都已装配结束并检验合格。装配时，将定模板 6 套装在导柱上并与已装浇口套的定模座板 5 合拢，找正位置，用平行夹板夹紧。以定模座板上的螺钉孔定位，对定模板钻锥窝，然后拆开，在定模板上钻孔、攻丝后重新合拢，用螺钉拧紧固定，最后钻、铰定位销孔并打入定位销。

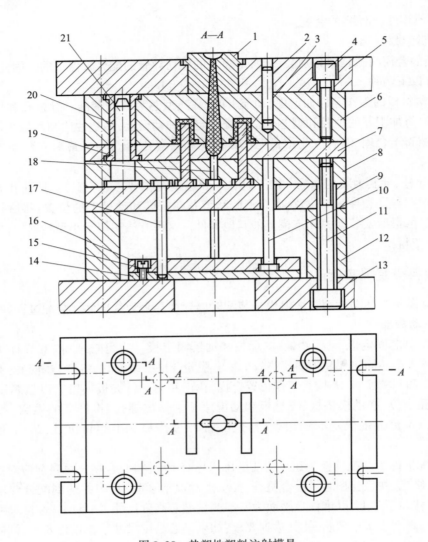

图 9.30 热塑性塑料注射模具

1—浇口套;2—定位销;3—型芯;4、11—内六角螺栓;5—定模座板;6—定模板;7—推件板;
8—型芯固定板;9—动模垫板;10—推杆;12—支承板;13—动模座板;14—推板;
15—螺钉;16—推杆固定板;17、21—导柱;18—拉料杆;19、20—导套

经以上装配后,要检查定模板和浇口套的浇道锥孔是否对正,如果在接缝处有错位,需进行铰削修整,使其光滑一致。

9.6.5 塑料模的试模

与冷冲模一样,模具装配完成后,必须经过试模来验证模具的设计与制造质量及综合性能是否满足实际生产要求。只有经过试模检验并成形出合格制品的模具,才能交付用户使用。同时,试模也是为了找出最佳生产工艺条件。下面结合注射模对塑料模的试模过程进行介绍。

1. 试模前的检验与准备

试模前应检验模具是否达到了装配的技术要求,包括模具外形、内部及各活动部分。试模前的准备工作包括:

(1)原材料的准备。应按照产品设计规定的材料种类、牌号、色泽及技术要求提供相应的试模材料,并进行必要的预热、干燥处理。

(2)试模工艺的准备。根据制品质量要求、材料成形性能、试模设备特点及模具结构类型综合考虑,确定合适的试模工艺条件。

(3)试模设备的准备。按照试模工艺要求,将设备调整至最佳工作状态。机床控制系统、运动部件、加料、塑化、加热与冷却系统等均应正常、无故障。

同时,试模现场还应备好压板、螺栓、垫块、扳手等装模器件与工具和盛装试模制品与浇注系统凝料的容器;试模钳工应准备必要的锉刀、砂纸、油石、铜锤、扳手等现场修模或启模工具,以备临时修模或启模使用。备好吊装设备。

2. 注射模具的试模

(1)料筒清理。开始注射前,应将注射机料筒中前次注射的剩余材料清除干净,以免两种材料混合影响试模制品的质量。料筒的清理方法,通常是用新试模材料将前次剩余在料筒中的残留材料对空注射出去,直至彻底清除干净。

(2)注射量计量。模具注射前,还应准确地确定一次注射所需熔体量。这要根据所试模具单个型腔容积和型腔总数及浇注系统容积进行累加计算,将计算结果初定为注射机的塑化计量值,试模中还需进行调整并最终设定。一般塑化计量值要稍大于一次注射所需熔体量,但不致剩余过多。

(3)试模工艺参数的调整。试模应按事先制订的工艺条件和规范进行,模具也必须达到要求的温度。整个试模过程中都要根据制品的质量变化情况,及时准确地调整工艺参数。

工艺参数调整时,一般应先保持部分参数不变,针对某一个主要参数进行调整,不可所有参数同时改变。改变参数值时,也应小幅渐进调整,不可大幅度改变,尤其是那些对注射压力或熔体温度比较敏感的塑料材料,更应注意。试模中对每一个参数的调整,都应使该参数稳定地工作几个循环,再根据制品质量的变化趋势进行适当调整,不宜连续大幅度地改变工艺参数值。因为工艺条件是相互依存的,每个参数的变化,都对其他参数有影响。改变某个参数后,其作用效果并不能马上反映出来,而是需要足够的时间过程,如温度的调整等。

初次试模时,绝对不能用过高的注射压力和过大的注射量。试模当中发现制品有缺陷时,应正确分析缺陷产生的真正原因。很多情况下,缺陷的产生是由多种因素相互影响造成的,很难准确判断。因此,针对不同的制品缺陷,要仔细分析是由于试模工艺参数不当造成的,还是由于模具设计与制造或制品结构因素引起的。通常,首先考虑通过调整工艺参数解决,然后才考虑修整模具。只有在多项工艺参数调整仍无法满足要求时,才慎重考虑是否需要修整模具。修模能在试模现场短时间解决的,可在现场进行修整,修后再试。对现场无法修整或需很长时间修整的,则应中止试模返回修理。

(4)试模数据的记录。每次试模过程中,对所用设备的型号、性能特点,使用的塑料品种、牌号及生产厂家,试模工艺参数的设定与调整,模具的结构特点与工作情况,制品的质量与缺陷的形式,缺陷的程度与消除结果,试模中的产生故障与采取的措施,以及最后的试模结果等,都应做详细的记录。

对试模结果较好的制品或有严重缺陷的制品及与之对应的工艺条件,都应做好标记封装保存 3~5 件,以备分析检测与制订修模方案时使用,也为再次试模及正式生产时制订工艺提供参考。详细的试模数据,经过总结与分析整理,将成为模具设计与制造的宝贵原始资料。

3. 注射模试模的注意事项

试模时应将注塑机的工作模式设为手动操作,不宜用自动或半自动工作模式,以免发生故障,损坏机器或模具。

模具的安装固定要牢固可靠,绝不允许固定模具的螺栓、垫块等有任何松动。模具侧抽芯应与水平方向平行,不宜上下垂直安装。对于三面或四面都有侧向抽芯的模具,应使型芯与滑块质量较大者于水平方向安装。开机前一定要仔细检查模具安装的可靠性。

模具上的冷却水管、液压油管及其接头不应有泄漏,更不能漏到模具型腔里面。管路或电加热器的导线一般不应接于模具的上方或操作方向,而应置于模具操作方向的对面或下面,以免管线被分型面夹住。

试模过程中,模具设计人员要仔细观察模具各部分的动作协调与工作情况,以便发现不合理的设计。操作人员每次合模时都要仔细观察,各型腔制品及浇注系统凝料是否全部脱出,以免有破碎制品的残片或被拉断的流道、浇口等残留物在合模或注射时损伤模具。带有嵌件的模具还要查看嵌件是否移位或脱落。

拓展阅读

匠人匠心,不断创新铸精品——模具钳工大师王世杰

王世杰,山东省首席技师,泰山产业领军人才,获"富民兴潍"劳动奖章,获山东省"富民兴鲁"劳动奖章,获全国五一劳动奖章,全国机械工业技术能手,全国劳动模范,享受国务院特殊津贴。

自参加工作以来,他在一线岗位上践行社会主义核心价值观,匠人匠心,一份专注一辈子坚守,他把青春和汗水奉献给了他热爱的模具制造专业,在平凡的岗位上,他深入钻研、精益求精,时刻弘扬劳模正能量。他用行动诠释着新时期工匠敬业、精益、专注、创新、奉献的优良品质,树立了一座无言的大国工匠、大企工匠丰碑。

思 考 题

1. 模具零件的连接方法有哪些?
2. 模具装配的基本原则是什么?
3. 调整凸、凹模间隙的方法有哪些?
4. 冷冲模装配的技术要求有哪些?
5. 连续模和复合模的多凸模位置精度应如何保证?
6. 塑料模装配的技术要求有哪些?
7. 冷冲模和塑料模分别是怎样进行试模的?

第10章　模具常用材料及热处理

本章学习目标及要求

(1) 掌握冲压与塑料模具材料的种类及选择方法。
(2) 了解模具材料的热处理要求和表面处理方法。

　　模具材料的材质优劣、性能水平、热处理工艺及表面处理技术是影响模具的承载能力、工作寿命、制造精度、制造成本、产品合格率等的关键因素,因此合理选材并实施正确的热处理是保证模具承载能力和工作寿命的基础。

　　模具种类繁多,工作条件差异较大,其适用的材料也各不相同。模具材料按模具的类别来划分,分为热作模具材料、冷作模具材料、塑料模具材料和其他模具材料等。由于模具钢是制造模具的主要材料,所以,也可将模具材料分为模具钢和其他模具材料两类。

　　在实际生产应用中,冲压模和塑料模使用的较多、较广,所以,本章着重介绍这两种模具材料的选择及其热处理工艺。

10.1　模具零件选材要求及常用材料的选择

10.1.1　模具零件选材要求

　　模具的工作条件不同,工作温度高低不一,失效形式多样,对模具材料的性能要求也各不相同。例如:热作模具用于迫使赤热金属或液态金属成形,因而模具温度周期升降,容易产生热疲劳;热作模具还受到巨大的压力、冲击力以及摩擦力和液态金属的冲刷作用,因而要求模具材料在高温下具有较高的硬度、强度及良好的抗热疲劳性和韧性。冷作模具如冷冲模、冷镦模、剪切片和冷轧辊等,主要用于常温或不太高的温度下迫使金属材料成形,因而要求高硬度、耐磨性和适当的韧性。塑料模具的形状一般比较复杂,但热负荷一般不大,因此对材料的热强性和热疲劳抗力要求不高,但对尺寸精度和表面粗糙度的要求很高,因而对加工工艺性能、耐蚀性和尺寸稳定性等要求较高。同时,不难发现,大多数模具材料都是在承受很大局部压力和强烈磨损条件下工作的,因而对模具材料也有基本的共性要求。

1. 模具材料选择的基本要求

　　(1) 综合性能优良。模具材料应具有一定的硬度和耐磨性,使模具在特定工作条件下能够保持其形状和尺寸的稳定;应具有足够的强度和韧性,既能承受一定的高压又能承受一定冲击载荷作用;应具有一定的抗热性能,包括一定的热强性和热硬性、热稳定性、热疲劳抗力和抗黏着性等,以承受模具工作时可能会因强烈的摩擦而产生的局部高温。

（2）工艺性能良好。所选用的模具材料应具有良好的冷、热加工性能及热处理工艺性能，制造简单，加工方便，能够保证供应且经济性合理等。

2. 模具材料选择时应考虑的因素

（1）模具的工作条件。包括承载力的大小、速度（冲击状况）、工作温度以及腐蚀情况等。

（2）模具的失效。模具的失效形式主要有塑性变形失效、磨损失效及断裂失效。

（3）模具所加工的产品。包括加工产品的批量大小、产品质量的高低、产品的材质等。

（4）模具的结构。包括模具的大小、模具的形状、模具零件的工作性质等。模具的工作零件所用的材料应该比其他零件所用的材料好。

（5）模具的制造工艺。

（6）工厂现有的设备及技术水平等。

当然，在具体选材时，对于以上各因素的考虑应有所侧重，按照模具的工作要求有针对性地选择。

10.1.2　常用模具材料的选择

1. 冲压模材料

目前使用的冲压模材料很多，有碳素钢、低合金工具钢、冷作模具钢、硬质合金、陶瓷材料、铸铁、低熔点合金、高分子材料等，但使用最多的是冷作模具钢和硬质合金。用硬质合金制作冲压模，模具成本比一般合金钢模的成本高 3～4 倍，但同时使用寿命也要提高 20～30 倍。所以，硬质合金在冲压模中应用的越来越多。

对于冲压模材料的选择，有一些基本原则。一般说来，对于形状简单、冲压件尺寸不大的模具工作零件，常选择碳素工具钢；对于形状复杂、冲压件尺寸较大的模具工作零件，常选用合金工具钢或高速工具钢；对于冲压件精度或模具寿命要求较高的模具工作零件，常用硬质合金或钢结硬质合金；对于如汽车覆盖件冲模等大型模具的工作零件，常选择合金铸铁。表 10.1 列举了冲压模常用的材料及热处理硬度要求，供模具材料选择时参考。

表 10.1　冲压模常用材料选择及其热处理要求

零件名称及用途		选用材料	热处理硬度/HRC
冲裁模	形状简单，且尺寸较小	T8A、T10A、9Mn2V、CrWMn、GCr15、9SiCr	58～62
	形状复杂，但尺寸较小	CrWMn、Cr12、Cr12MoV	58～62
	形状复杂，且尺寸较大	CrWMn、Cr6WV、9SiCr、Cr12MoV、65Cr4W3Mo2VNb（65Nb）、YG15、YG20	54～60
	硅钢片冲模	Cr12、Cr12MoV、W6Mo5Cr4V2、W18Cr4V、Cr4W2MoV、CT35、CT33、TLMW50、YG15、YG20、GM	60～68
	精密冲裁模	Cr12MoV、W18Cr4V	58～62
	特大批量	CT35、CT33、TLMW50、YG15、YG20、GM	66～68
	加热冲裁	4Cr5MoSiV、3Ni2WV（CG-2）	60～64

续上表

零件名称及用途		选用材料	热处理硬度/HRC
成形模 大型模具	弯曲模等	T10A、Cr12、9Mn2V、CrWMn、Cr12MoV、Cr6WV	58~62
	拉深、翻边、胀形模	Cr12、CrWMn、Cr12MoV、YG8、YG15	58~62
	汽车覆盖件冲模等	普通铸铁、铸钢（如 HT250、ZG450 等）、合金铸铁	45~50
	大型模镶块	T10A、9Mn2V、Cr12MoV	58~62
上下模座（板）		HT400、ZG310-570、45	（45）调质 28~32
模柄	（普通模柄）	Q275	—
	（浮动模柄）	45	
导柱、导套	（滑动）	20	56~62（渗碳）
	（移动）	GCr15	62~66（渗碳）
固定板、卸料板、推件板、顶板、侧压板、承料板等		45、Q275	—
垫板		45（一般） T8A、9Mn2V、CrWMn、Cr6WV、Cr12MoV（重载）	43~48 52~62
定位板		T8A	54~58
顶杆、推杆、（一般） 拉杆、打杆（重载）		45 Cr6WV、CrWMn	43~48 58~60
挡料销、导料销		45	43~48
压边圈		45、T8A、T10A	43~48 48~52
导正销、侧刃、废料切刀、斜楔、滑块、导向块等		T8A、T10A、9Mn2V、Cr12、Cr6WV	50~62
护套、衬板		20	—
弹簧、簧片		65Mn、60Si2MnA	42~46
螺母、垫圈		Q235	
螺钉、螺栓、销钉		45	43~48

此外，近年来由于模具加工工艺的迅速发展、新工艺不断出现，相继出现了一系列新型模具材料。在选材时也应注意这些新型模具材料的应用。经实践证明，Cr5Mo1V、Cr6WV、Cr4W2MoV、7CrNiMnSiMoV（GD）、7Cr7Mo2V2Si（LD）、9Cr6W3Mo2V2（GM）、Cr8MoWV3Si（ER5）、65Cr4W3Mo2VNb（65Nb）、7CrSiMnMoV（CH-1）、5Cr4Mo3SiMnVAl（012Al），以及硬质合金 GT35、TLMW50、GW50 等替代一些老钢种具有良好的效果。表 10.2 是一些新型冷冲模具钢的性能特点、适用范围及其在冲压模方面的应用举例。

表 10.2　部分新型冲压模具钢的性能特点、适用范围及应用

材料	材料特点及其适用范围	应用举例	
		模具名称	平均寿命对比
65Cr4W3Mo2VNb(65Nb)	要求强韧性高、负荷较重的冷挤压模具及冷镦模具、重载冷冲模	55SiMnVB 钢制汽车板簧冲头	总寿命:3 700~3 800件 Cr12MoV、W6M5Cr4V2 寿命: 2 600件
7Cr7Mo2V2Si(LD)	高强韧性、重载冷作模具	GB66 光冲模	总寿命:4.0万~7.2万件 60Si2Mn 寿命:1.0~1.2万件
7CrNiMnSiMoV(GD)	强韧性且耐磨性好,适用于制造异形、细长薄片冷冲凸模、形状复杂的大型凸凹模、中厚板冲裁模及剪刀片、精密淬硬塑料模具等	簧片凹模 接触簧片级进模凸模	总寿命:60万件 Cr12、CrWMn 寿命:15万件 总寿命:2.5万件 W6Mo5Cr4V2 寿命:0.1万件
7CrSiMnMoV(CH-1)	综合力学性能好,用于制造各种高强韧冷作模具及多孔位、形状复杂的薄板冲裁模、切边模和整形模	中厚 45 钢板落料模	刃磨一次寿命:1 300件 Cr12MoV、T10A 刃磨一次寿命:600件
9Cr6W3Mo2V2(GM)	强韧性和耐磨性配合非常好,冷、热加工性和电加工性优良,用于高强度螺栓滚丝模和电机转子片复式冲模等	转子片复式冲模	总寿命:100~120万件 Cr12、Cr12MoV 寿命:20~30万件
Cr8MoWV3Si(ER5)	与 GM 钢性能特点类似,但抗磨损性优于 GM 钢,且生产加工工艺简单,成本适中,适用于制造大型重载冷镦模、精密冷冲模等	转子片复式冲模	总寿命:250~360万件
8Cr2MnWMoVS	适用于制造大中型精密塑料模具,如注射模、压缩模、吹塑模、压胶模等,或印制电路板冲孔模、薄板精密件冲模等	印制电路板冲裁模	总寿命:15~20万件 T10A、CrWMn 寿命:2~5万件
6W6Mo5Cr4V(6W6)	要求韧性较高且负荷较重的冷挤压冲头或冷镦冲头,易于崩刃、脆断的重载冲裁模和各种冷作模具的上、下冲头	—	—
硬质合金 YG10X、YG15、YG20 等	生产批量特大时的冲裁模、重载冷挤压模	冲裁模	寿命比钢制模提高几十倍
钢结硬质合金 GT35、TLMW50、GW50 等	加工工艺性较好,多用于制造复杂的模具、冷挤压	—	—
Cr4W2MoV	主要用来替代 Cr12 型模具钢制造硅钢片冲裁模,也可用于精冲模	—	—
Cr2Mn2SiWMoV	主要用于制造轻载精密复杂冷冲模	—	—
5Cr4Mo3SiMnVAl(012Al)	冷热模兼用,可用于制造中厚板冲裁模等	—	—
6Cr4Mo3Ni2WV(CG-2)	冷热模兼用,可用于制造中厚板冲裁模及冷镦模和冷挤模	—	—
65W8Cr4VTi(LM1)、 65Cr5Mo3W2VSiTi(LM2)	冷热模兼用	—	—

当然,近年来使用的新型冲压模具材料还包括一些国外引进钢种。例如,从美国引进的D2 钢、D7 钢、A2 钢及 A7 钢等。D2 钢可广泛应用于硅钢和薄板的冷冲模、落料修边模、冷切剪刃、剪切模、拉丝模、螺旋滚丝模以及要求高耐磨性的冲头;D7 钢主要应用于大批量生产的落料模、成形模、滚丝模、硅钢片冲模及其量规、压光工具、切片刀等;A2 钢主要用于落料模、轧辊、成形模、冲头等工模具;A7 钢的用途与 D7 钢相近。

2. 塑料模材料

塑料模具的形状一般比较复杂,无论是热塑性塑料还是热固性塑料,其成形过程都是在加热加压条件下完成的。通常,塑料模具的工作条件有以下特征:

(1)工作温度。热固性塑料和热塑性塑料的压制成形温度通常是在 200~250 ℃,近似于冷作模具的工作温度。

(2)受力情况。对于普通热塑性注射模具,其型腔承受的成形压力为 25~45 MPa;对某些热塑性工程塑料的精密注射模,成形压力有时可达 200 MPa;对热固性注射模,型腔承受的成形压力为 30~70 MPa。

(3)摩擦磨损。注射模和浇注系统会受到熔融塑料对它们的流动摩擦和冲击;脱模时还受到固化后的塑料对其产生的刮磨作用。这些都导致模具型腔表面发生一定程度的磨损,特别是带有玻璃纤维等硬质填料的塑料在成形时,磨损现象更加严重。

(4)腐蚀作用。腐蚀的原因是由于高温塑料分解后挥发出的腐蚀性气体。例如,成形聚氯乙烯、阻燃型或难燃型塑料(如难燃型 ABS 等)以及氟塑料时,高温分解出的 HCl、SO_2 和 HF 等气体均对模具型腔产生腐蚀作用。

由于塑料模的形状一般比较复杂,主要失效形式为磨损、腐蚀、变形和断裂等,因此,对模具材料的硬度、耐磨性、耐蚀性以及强度、韧性和疲劳强度等都有较高的要求。又由于塑料模的热负荷一般不大,因此对材料热强性和热疲劳抗力的要求不高。但塑料模对尺寸精度和表面粗糙度的要求很高,因而要求模具材料具有良好的加工工艺性能、镜面抛光研磨性能、图案刻蚀性能、热处理变形和尺寸稳定性以及其他加工工艺性能等。

可用于塑料模的材料很多,通常使用的渗碳钢、调质钢、碳素工具钢、合金工具钢、不锈钢等都可以用来制造塑料模。常用的钢种有 20 钢、20Cr、12CrNi3A, T10A、T7A, 9Mn2V、Mn-CrWV、9Cr06WMn(9CrWMn)、5Cr06NiMo(5CrNiMo)、5Cr08MnMo(5CrMnMo)、4Cr5MoSiV、3Cr3Mo3VNb,5CrW2SiV(渗碳)、Cr12MoV、Cr6WV、SM1、40Cr13(4Cr13)等。

对于塑料模材料的选择来说,一般对于无填充剂和增强剂的通用软质塑料制品所用的模具,常用中碳钢或合金调质钢,如 45 钢、S48C、40Cr、3Cr2MnMo(简称 P20、3Cr2Mo)和3Cr2MnNiMo 等。如果需要更高的耐磨性或要求耐蚀性,可进行表面镀铬或镀 Ni-P 合金。对于负荷较大的热固性塑料模和注射模,常选用淬硬型塑料模具用钢,如 T7A、T8A、T10A、9SiCr、9Mn2V、CrWMn、GCr15、7CrSiMnMoV、Cr12、Cr12MoV、W6Mo5Cr4V2、基体钢及某些热作模具钢等。对聚氯乙烯或氟塑料及阻燃的 ABS 塑料制品,所用模具钢必须具有较好的抗腐蚀性,如 PCR、AFC-77、18Ni 及 40Cr13 等。制造透明塑料的模具,可选用 18Ni 类、PMS(10Ni3CuAlMoS)、PCR(0Cr16Ni4Cu3Nb)、P20(3Cr2MnMo)系列及 8CrMn、5NiSCa 等。国外常用超低碳的铬系钢制造冷挤压型腔的塑料成型模,如 0Cr2、0CrNi、0Cr4Mo、0Cr5MoV 等钢种。表 10.3 列举了部分塑料模具零件材料的选择及热处理硬度。

表 10.3　塑料模具零件材料选择及其热处理要求

零件名称	选用材料	热处理硬度
导柱、导套等	20、20Cr、20CrMnTi、T8A、T10A	54~58 HRC
型芯、型腔等	9Mn2V、CrWMn、9SiCr、Cr12	≥56 HRC
	3Cr2W8V	42~44 HRC
	35CrMo	1 000~1 100 HV
	T7A、T8A、T10A	≥55 HRC
	45、40Cr、40VB、40MnB	240~320 HB
	球墨铸铁	≥55 HRC
主流道衬套	20、T8A、T10A、9Mn2V、CrWMn、9SiCr、Cr12	≥55 HRC
	3Cr2W8V、35CrMo	42~44 HRC
推杆、拉料杆复位杆	T7A、T8A	52~55 HRC
	45	端≥40 HRC,杆≥225 HB
模板、推件板、固定板、支架等	45、40MnB、40MnVB、Q275	225~240 HB
	球墨铸铁、HT200	≥205 HB

3Cr2MnMo 钢是国际上使用最广泛的预硬型塑料模具钢之一,其化学成分为: $w_C = 0.28\%$ ~ 0.40% , $w_{Si} = 0.20\%$ ~ 0.80% , $w_{Mn} = 0.60\%$ ~ 1.00% , $w_{Cr} = 1.40\%$ ~ 2.00% , $w_{Mo} = 0.30\%$ ~ 0.55%,成分与美国牌号 P20 基本相同。3Cr2MnMo 钢具有良好的可切削性及镜面研磨性能, 适用于制作塑料模和压铸低熔点金属的模具材料。3Cr2MnMo 钢是在 28~40 HRC 的预硬状 态下加工成形,与瑞典的 618 及德国的 GS-2311 状态相当,可直接用于制模加工,并具有尺寸 稳定性好的特点。为了提高模具寿命,可对预硬 3Cr2MnMo 钢实施淬火+低温回火的热处理工 艺,淬火回火后其硬度可达 48 HRC 以上。若对其进行氮化处理,则表层硬度可达到 57~ 60 HRC,模具寿命可达到 100 万次以上。

随着近年来塑料制品日益向大型、复杂、精密的方向发展,如洗衣机桶体、电冰箱内腔、大 型彩电外壳等,对塑料模的表面粗糙度以及表面刻蚀性能等的要求也越来越高。这就促进了 新型塑料模具用钢的开发和研制。在这个方面,国内注重发展易切、镜面抛光预硬塑料模具 钢。表 10.4 列举了一些新型塑料模具材料的性能特点及其适用范围。表 10.5 则列举了国外 的一些新型塑料模具钢。表 10.6 是部分常用模具钢与国外钢号的对照表。

表 10.4　部分新型塑料模材料的性能特点及其适用范围

材　　料	材料特点及其主要适用范围
Y55CrNiMnMoV(SM1)	可用来制造加工热塑性塑料或热固性塑料的模具,还可用于制造胶木线路板冲孔模、精冲模导向板等
Y20CrNi3AlMnMo(SM2)	可用来制造加工热塑性塑料或热固性塑料的模具,还可用于制造胶木线路板冲孔模、精冲模导向板等
5CrNiMnMoVSCa(5NiSCa)	适用于制造透明塑料件的成形模具和其他要求精度高、表面光洁的塑料模具,以及型腔复杂的精密注射模、橡胶模和胶木模等,如加工成形收录机外壳、后盖、磁带门仓及小型精密塑料齿轮、凸轮等塑料模

续上表

材　　料	材料特点及其主要适用范围
8Cr2MnWMoVS	可制造大中型精密塑料模具,如注射模、压缩模、吹塑模、压胶模等,或印制电路板冲孔模、薄板精密件冲裁模等
25CrNi3MoAl18Ni	它是一种时效硬化型精密塑料模具钢,适用于制造各种塑料模具
10Ni3CuAlMoS(PMS)	它是 Ni-Cu-Al 系析出硬化型塑料模具钢,具有可逆回火时效特性;适宜制造工作温度在 300 ℃左右,要求硬度不超过 42 HRC,要求高精度、高镜面或高质量表面花纹的塑料成形模具,如透明塑料和各种热塑性塑料件的注射模。经渗氮处理后,还可用于玻璃纤维增强塑料的精密成形模具
06Ni6CrMoVTiAl	精密塑料模具,适合于中小型厂家采用
0Cr16NiCu3Nb(PCR)	低碳马氏体时效硬化型不锈钢,具有优良的耐蚀性;适用于制造氟塑料、聚氯乙烯等塑料的成形模具
3Cr2MnMo(P20)	中、小型或大型的复杂、精密塑料模
3Cr2NiMo(P4410)	优质预硬型截面厚度≥250 mm 的塑料模具
4Cr2MnNiMo(718)	截面厚度≥400 mm 的模具
0Cr4NiMoV（LJ）	冷挤压成形的精密塑料模具

表 10.5　国外新型塑料模具钢

名　　称	钢　　号
易切、镜面抛光塑料模具钢	美国:412、422、M-250、M-300 日本:YAG、HPM38、MASCI 英国:EAB、SS3、PMS-30 瑞典:STAVAX-13 等
预硬化塑料模具钢	日本:PDS、NAK55、PSL、1MPAX 美国:P20、P21、4240、4145 德国:MOVTREX-A(2312)
超低碳高镍钴马氏体时效钢	MA250、MASIC、PSL、HKNC、YAG 等 国内相应的同类钢种为 PCR、06NiCrMoVTiNb、06Ni7Ti2Cr、00Cr12Ni9Cu2TiNb 等
低镍时效硬化钢	日本:N3M、N5M、NKN 系列 国内相应的同类钢种为 25Cr、SM2、PMS、Cr12Mn5Ni4Mo3Al 等
粉末冶金高速钢	美国:PS 型 日本:HAP、ASP 型
耐蚀型塑料模具钢	美国:T-414、T-420、T440 日本:PSI、NAKLOL 英国:ES 瑞典:ASSAB-8407
渗碳型塑料模具用钢	瑞典:8416 美国:P2、P4

表 10.6　国内常用模具钢号与国外钢号对照表

中国钢号	ASTM A681	JIS G4404	BS EN ISO 4957
3CrW8V	H22	SKD5	X30WCrV9-3
4Cr5MoSiV1	H13	SKD61	X40CrMoV5-1
5Cr06NiMo	L6	SKT4	55NiCrMoV7
9Cr06WMn	01	SKS3	95MnCr5
CrWMn	—	SKS31	—
Cr12MoV	D2	SKD11	X153CrMoV12
Cr12	D3	SKD1	X210Cr12
3Cr2Mo	P20	—	35CrMo7
3Cr2MnNiMo	718	—	40CrMnNiMo8-6-4

10.2　模具材料的热处理

1. 冲压模热处理

冲压模多在常温下工作,材料的塑性变形抗力大,模具的工作应力大。因此模具一般要求具有较高的硬度和耐磨性、足够的强度、适当的韧性。为此,常对冷作模具钢进行强韧化处理。这些处理工艺主要包括:低淬低回、高淬高回、微细化处理、等温和分级淬火、形变热处理、喷液淬火、快速加热淬火、消除链状碳化物组织的预处理工艺、片状珠光体组织预处理工艺等。

根据冷冲模使用的条件不同,对热处理的具体要求也不同。例如,对于薄板冲裁模主要要求尺寸精度和耐磨性,其热处理工艺应在获得高硬度的同时减小热处理变形。厚板冲裁模的载荷较重,当其产生早期脆断失效时,应在保证强韧性的基础上提高耐磨性。可以通过使晶粒细化、碳化物弥散化、基体强韧化达到。此外,还要防止产生回火脆性。每一种材料都应根据它的使用目的来采取不同的热处理工艺。即使是同种材料,在不同的热处理工艺下所获得的性能也是不同的。例如,对 T8A、CrWMn 等钢制模具,应在保证淬火硬度、淬硬深度的前提下,尽可能选择低限淬火温度和高限回火温度;Cr12MoV 钢模具采用低温淬火(950~1 000 ℃)和低温回火(200 ℃)时,可获得较高的硬度及抗压强度,但韧性太差,若采用中温淬火(1 030 ℃)和中温回火(400 ℃),可获得优良的强韧性;W18Cr4V 钢采用 1 230~1 250 ℃淬火,W6Mo5Cr4V2 钢采用 1 170~1 190 ℃淬火,并经 550~570 ℃回火 3 次后,可获得较好的综合机械性能。表 10.7 列举了冲压模常用材料的热处理工艺。

表 10.7　冲压模常用材料的热处理工艺

钢　号	淬　火		回火温度/℃
	加热温度/℃	淬火介质	
T8A	780~820	水或油	160~180
T10A	760~810	水或油	160~180
CrWMn	820~850	油	140~160

续上表

钢　号	淬　火		回火温度/℃
	加热温度/℃	淬火介质	
9Mn2V	780~840	油	160~180
GCr15	840~850	油或水	150~160[1]
9SiCr	830~860	油	180~250[2]
Cr12	950~980	油	180~200
3Cr2W8	1 050~1 100	油	580~680
60Si2Mn	870	油	250
Cr12MoV	950~1 000	油	200~450
6W6	1 180~1 200	油	570(3 次)
GD	870~930	油	175~230
65Nb、75Nb	1 080~1 180	硝盐或油	540~560[3]
LD[4]	1 100~1 150	油	530~570(2~3 次)
DT	1 000~1 020	油	200~650
GM、ER5	1 100~1 160	油	500~550
CH	880~920	油或空	200
012Al	1 090~1 120	油	520~560
CG-2	1 100~1 140	油	520~560
TLMW50	1 020~1 050	油	200~500
GW50	1 050~1 100	油	180~200
GT35	960~980	油	180~200

注：(1) 对承受冲击小的模具可取下限回火温度,受冲击较大者取上限温度。受冲击很大的模具不宜用 GCr15 钢制作。

(2) 回火温度视模具要求而定。对于承受冲击较小而要求耐磨的模具,可采用 180~200 ℃回火;对于承受较大冲击的凸模,可提高回火温度至 250 ℃。对于形状复杂的模具还采用等温淬火低温回火,以进一步提高韧性和断裂抗力。

(3) ϕ50 mm 以下的凸模经 1 160 ℃加热后,油冷、空冷均可淬透。

(4) LD 钢制模具若采用真空加热淬火+真空氮碳共渗处理,则可在提高强韧性的同时大幅度提高耐磨性,其工作寿命将进一步显著提高。

　　需要指出的是,以上所列出的热处理工艺只是常规处理,对于同一种材料,用作不同场合时,其热处理工艺也应相应的有所不同。例如:3Cr2W8V 钢用于热冲头时,可采用 1 275 ℃加热,300~320 ℃等温淬火;用作热挤压模具时,可采用 1 200 ℃淬火,680 ℃回火 2 次;用作半轴摆模时,可采用 900 ℃淬火,600 ℃回火 2 次;用作锤锻模时,可采用 880 ℃加热,450 ℃等温淬火,480 ℃回火等。因此,在具体实施时,应根据具体工作条件、受力状况、制品的生产批量、模具大小等再进行具体选择或做适当调整,以满足具体使用要求。例如,当强调模具的冲击韧性时,应采用较低的淬火温度,当要求模具具有较高的高温强度时采用较高温度淬火。

2. 塑料模热处理

　　根据一般塑料模具的工作条件,模具经过热处理应获得适中的硬度和足够的强韧性,应确保淬火微小变形。而且塑料模型腔面的粗糙度要求较高,在热处理加热时要注意保护型腔,严格防止表面发生各种缺陷。热固性塑料模受负荷很重,热处理应保证其有足够的变形抗力。表10.8是常用塑料模材料的热处理工艺。

表 10.8 常用塑料模材料的热处理工艺

钢 号	淬 火		回火温度/℃
	加热温度/℃	淬火介质	
T10A	760~780 810~830	水 碱	160~270
Cr12MoV	960~980	二元硝盐或空气	400
P20	830~860	油	580~650
718	830~870	油	180~300 或 500~650
5NiSCa	880~930	油	550~680
SM1	830~850	油	620~660
SM2	880~900	油	500~520
8Cr2MnWMoVS	860~880	空气	550~620
钢号	固溶处理工艺		时效处理工艺
06Ni6CrMoVTiAl	800~850 ℃油冷		520 ℃±10 ℃,6~8 h
PMS	840~890 ℃空冷		480~510 ℃,3~5 h
25CrNi3MoAl	880 ℃水淬或空冷		520~540 ℃,6~8 h
PCR	1 050 ℃空淬		460~480 ℃,4 h
P4410	860 ℃淬火、650 ℃回火,加工成形后可采用火焰局部加热(800~825 ℃),在空气中自然冷却或用压缩空气吹冷		

10.3 模具材料的表面处理

模具的主要工作部位是刃口和凸模、型孔、型腔的表面,这些部位往往要求高硬度、高耐磨性、抗咬合性和耐蚀性等。所以需要对模具进行表面处理,使表面获得特殊的性能,或者是进一步提高其固有的性能。这些性能主要是表面的耐磨性、抗咬合性、抗冲击性、抗热黏附性、抗冷热疲劳性及抗腐蚀性等。表面强化处理,是提高模具使用寿命的重要途径。

模具的表面处理手段很多,几乎所有的表面处理及表面强化处理方法均在模具表面上得到应用。用于模具的表面处理主要有三种:第一种是改变模具表面化学成分的方法;第二种是各种涂层的被覆法;第三种是不改变表面化学成分的方法。具体来说,主要有渗碳、渗氮、渗硼、渗铬、氮碳共渗、多元共渗、气相沉积、热喷涂、激光表面处理、离子注入、表面淬火及各种表面镀覆和熔覆等。这些处理都可以大幅度提高模具的使用寿命。如热锻模应用 Ni-Co-ZrO$_2$ 复合电刷镀,可提高模具寿命50%~200%;采用化学沉积 Ni-P 复合涂层,硬度可达 78~80 HV,耐磨性相当于硬质合金,对于玻璃纤维填充的塑料模有很好的效果;采用 DVC、PVC 在各种工模具上沉积 TiC、TiN,可有效地改善模具表面的抗黏着性和抗咬合性,延长模具寿命。下面就模具材料常用的表面处理方式加以简单介绍。

1. 渗碳

在渗碳介质中加热、保温,使钢的表层渗入碳原子并向内部扩散,形成一定碳浓度梯度的渗尾的表面处理过程称为渗碳,目的是提高材料的表面硬度、接触疲劳强度、耐磨性等而同时保留芯部的良好韧性渗碳后必须进行淬火加低温回火的处理。主要用于要求承受很大冲击载荷、高强度和良好抗脆裂性能、使用硬度为 58~62 HRC 的小型模具。

通过表面渗碳处理可显著提高模具的使用寿命。例如,W18Cr4V 钢制冲孔冲模,经渗碳淬火后,使用寿命比常规工艺处理提高 2~3 倍。

2. 渗氮和氮碳共渗

向钢件表层渗入氮以提高表层氮浓度的表面处理过程称为渗氮。渗氮的目的是提高材料的表面硬度、耐磨性、疲劳强度及抗咬合性,提高模具的抗大气、过热蒸汽的腐蚀能力以及抗回火软化能力等。渗氮主要适用于受冲击较小的薄板拉深模、弯曲模,以及冷挤压模、热挤压模和压铸模等。

为了使渗氮有较好的效果,必须选择含有铝、铬、钼元素的钢种,以便渗氮后能形成 AlN、CrN 和 Mo_2N 等。模具钢常用渗氮钢种有:Cr12、Cr12MoV、3Cr2W8V、38CrMoAlA、4Cr5MoVSi、4Cr5W2VSi、5Cr06NiMo、5Cr08MnMo 等。

氮碳共渗又称软氮化,是向钢件表面同时渗入氮和碳,并以渗氮为主的表面处理工艺。主要应用于热态下工作的压铸模、塑料模、热挤压模以及锤锻模等,并能显著提高其使用寿命。如 Cr12MoV 钢制 M6~M12 螺栓冷镦凹模经氮碳共渗后的工作寿命可提高 3~5 倍。再如 3Cr2W8V 钢制铝合金压铸模用于压铸照相机机身时,经氮碳共渗后的使用寿命可提高约 8 倍,且工件脱模顺利,不粘模。

3. 渗硼及其复合渗

渗硼是将钢件置于含硼介质中,经加热、保温使硼向钢件表层渗入以提高其含硼量的表面处理方法。渗硼层一般由 $FeB+Fe_2B$ 双相或 Fe_2B 单相构成,其中 FeB 脆性大。渗硼主要适用于受冲击较小、主要以磨粒磨损失效的模具,如冲裁模、拉深模、冷挤压模和热挤压模等。45 钢制硅碳棒成形模经渗硼后,使用寿命比不渗硼的提高 3 倍以上。

为减小渗硼层的脆性,保证模具的耐磨性,渗硼后应进行淬火和低温回火处理。为了使渗硼模不仅表面硬,而且还具有减磨润滑性能,可在渗硼后再渗硫,即在高硬度渗硼层的基础上再覆盖一层减磨性良好的渗硫层,使模具表面具有由减磨层、硬化层和过渡层组成的复合结构。

为了进一步提高模具寿命,也可采用硼氮复合渗工艺,增加渗层厚度,降低渗硼层的脆性,强化过渡层,从而避免渗硼层的剥落。

4. TD 法

利用以硼砂为基础的盐浴向钢件中渗钒、铌、铬等,并形成碳化物表面涂层的表面处理方法称为反应浸镀法,即 TD 法。它是用熔盐浸镀法、电解法及粉末法进行扩散型表面硬化处理技术的总称。可用于要求高耐磨的各种冷作模具和热作模具,是钢件渗钒、渗铌、渗铬、渗钛等的常用方法。

渗钒后的模具寿命比渗氮处理的要高几倍甚至几十倍。渗铌后模具的寿命比常规处理的要提高几倍至几十倍。渗铬后的模具具有优良的耐磨性、抗高温氧化和耐磨损性能,适用于碳钢、合金钢和镍基或钴基合金工件，可使模具寿命大幅度提高。

TD 法设备简单，操作方便，成本低，而其表面强化效果与 CVD 和 PVD 法相近，在国外是最受重视的表面强化技术。

5. 气相沉积

气相沉积是利用气相中发生的物理、化学变化，改变表面成分，在工件（模具）表面形成具有特殊性能的金属或硬质化合物涂层的一种新技术，包括化学气相沉积（CVD）和物理气相沉积（PVD）。

CVD 可以在材料上沉积 TiC、TiN、Ti（C，N）薄膜。由于处理温度较高，只适于用硬质合金、高速钢、高碳高铬钢、不锈钢和耐热钢等材料制造的模具，而且沉积处理后要进行淬火回火。

进行 PVD 处理时，工件的加热温度一般都在 600 ℃以下。目前主要有三种 PVD 方法，即真空蒸镀、真空溅射和离子镀，其中以离子镀在模具制造中的应用更广。真空蒸镀多用于透镜和反射镜等光学元件、各种电子元件、塑料制品等的表面镀膜，在表面硬化方面的应用不太多。真空溅射可用于沉积各种导电材料，但由于溅射会使基体温度升高到 500~600 ℃，故只适用于在此温度下具有二次硬化的钢材及其所制造的模具。离子镀所需温度较低，涂层与基体的结合力较高，且沉积速度较其他气相沉积方法快，由此在模具上的应用日渐广泛。其中应用较多的是活性反应离子镀（ARE 法）和空心阴极离子镀（HCD 法）。

PVD 与 CVD 相比，主要优点是处理温度低，沉积速度快、无公害等，主要不足是沉积层与工件的结合力较小，镀层的均匀性稍差。

6. 热喷涂

热喷涂是将固体喷涂材料加热到熔化或软化状态，通过高速气流使其雾化，然后喷射、沉积到经过预处理的模具表面而形成具有各种不同性能的涂层。

7. 表面淬火

表面淬火是对钢件表面快速加热，在芯部接受传热升温之前就又快速冷却，从而只对表面实现淬火的工艺。在模具制造中，表面淬火多用于轻载、小批量的小型模具的热处理。

常用表面淬火方法有高频加热表面淬火、火焰加热表面淬火和接触电阻加热表面淬火、激光表面淬火等。例如，GCr15 钢制轴承保持架冲孔用的冲孔凹模，经激光硬化处理后的使用寿命是常规处理的 2 倍多。

8. 离子注入

离子注入是将模具放在离子注入机的真空靶室中，在高电压的作用下，将含有注入元素的气体或固体物质的蒸汽离子化，加速后的离子与工件表面碰撞并最终注入工件表面而形成固溶体或化合物表层。

离子注入的优点：注入层与基体结合牢固，工件无热变形，表面质量高，特别适合高精密模具的表面处理。

9. 其他技术

除了以上表面强化手段外，用于模具表面的强化手段还有喷丸表面强化、电火花表面强化及各种表面镀覆和熔覆等。这些处理都可以不同程度地强化模具材料的表面，提高模具的使用寿命。

　　面对如此众多的表面强化处理方式,在选择时,应根据具体情况而定。例如,适合塑料模的表面处理方法有:镀铬、渗氮、氮碳共渗、化学镀镍、离子镀氮化钛、碳化钛或碳氮化钛、PCVD 法沉积硬质膜或超硬膜等。

拓展阅读

崔崑院士的家国情怀

　　崔崑,男,汉族,1925 年 7 月 20 日出生于山东济南,中国工程院院士,全国道德模范,金属材料专家,华中科技大学教授。

　　钢铁号称工业的脊梁,高性能特殊钢更是托举一个国家钢铁工业水平的巨臂。崔崑院士是中国著名的金属材料专家,一生矢志于祖国的钢铁事业,为模具材料国产化及新型钢种的发展做出了重要贡献,他心系国家发展,积极为中国金属材料行业的发展建言献策,十分关心中国工程院的工作,为中国工程院的发展做出了重要贡献,他热爱祖国、追求真理、尊重科学、勇于创新、严谨治学、为人师表、敬业奉献,是中国工程科技界学习的榜样。

　　崔崑院士从教 60 余年,作为党员,他忠诚于中国共产党的教育事业,他严格要求自己,爱岗敬业、为人师表、默默奉献,是广大党员干部和教师的楷模。多年来,他始终心系学生,忘我工作,在教学、科研和管理工作中辛勤耕耘,取得了引人瞩目的成绩,赢得了师生的爱戴和同行的高度赞誉,90 多岁高龄的他仍然牵挂着学校、学院和学科的发展,将毕生精力奉献给了祖国的高等教育事业。

　　崔崑院士认为,大学是人生中最珍贵、最值得怀念的一段时间,希望学生们珍惜这一宝贵时刻,勤奋学习,健全体魄,提高人文素质,学好扎实本领,热心公益事业,增强社会责任感,为实现中华民族伟大复兴的中国梦做出应有的贡献。

思　考　题

1. 请解释下列名词术语:渗碳、TD 法、气相沉积、热喷涂、表面淬火、离子注入。
2. 模具零件材料的选用原则有哪些? 冲压模材料和塑料模材料的选择原则有哪些?
3. 冲压模的热处理基本要求有哪些? 其热处理工艺有什么特点?
4. 对模具材料进行表面处理的目的是什么? 处理手段有哪些?

参 考 文 献

［1］ 张荣清.模具制造工艺[M].2版.北京:高等教育出版社,2016.
［2］ 成虹.模具制造技术[M].2版.北京:机械工业出版社,2016.
［3］ 付建军.模具制造工艺[M].2版.北京:机械工业出版社,2017.
［4］ 许发樾.模具制造工艺与装备[M].2版.北京:机械工业出版社,2015.
［5］ 黄毅宏.模具制造工艺[M].北京:机械工业出版社,2011.
［6］ 曹凤国.特种加工手册[M].北京:机械工业出版社,2010.
［7］ 李发致.模具先进制造技术[M].北京:机械工业出版社,2003.
［8］ 白基成,刘晋春,郭永丰,等.特种加工[M].北京:机械工业出版社,2013.
［9］ 王隆太.先进制造技术[M].2版.北京:机械工业出版社,2015.
［10］ 甄瑞麟.模具制造技术[M].北京:机械工业出版社,2007.
［11］ 祁红志.模具制造工艺[M].北京:化学工业出版社,2009.
［12］ 宋建丽.模具制造技术[M].北京:机械工业出版社,2012.
［13］ 林成全.模具制造[M].北京:北京航空航天大学出版社,2015.
［14］ 赵月静,王永明.现代模具加工技术[M].北京:金盾出版社,2015.